高职高专规划教材

建筑 Revit 建模基础

赵世广 编著
钟 建 主审

中国建筑工业出版社

图书在版编目（CIP）数据

建筑 Revit 建模基础/赵世广编著. —北京：中国建筑工业出版社，2017.8（2023.1重印）
高职高专规划教材
ISBN 978-7-112-21086-2

Ⅰ.①建… Ⅱ.①赵… Ⅲ.①建筑设计-计算机辅助设计-应用软件-高等职业教育-教材 Ⅳ.①TU201.4

中国版本图书馆 CIP 数据核字（2017）第 191299 号

本书是基于 Revit 2017 编写的建筑建模教程，从基础到复杂的命令操作都有所涉猎。

全书分为 15 章，第 1~13 章结合典型案例讲授建模、渲染以及图纸的设计与打印等操作，对软件的工具、命令进行分步骤的操作演示，简单扼要、深入浅出；第 14 章讲授了协同设计的内容，第 15 章当中对族的创建和参数化设计进行了初步的讲授，最后还对 Revit 2017 新增重要功能进行了讲解；全书每一章节都配有视频教程，便于读者学习。

本书可作为大中院校在校学生 Revit 软件学习教材、教学参考书及培训教材，也是 Revit 初学者和爱好者入门学习的理想教材，对建筑师、工程管理人员及工程技术人员也均有参考价值。

本书配套资料请进入 http://book.cabplink.com/zydown.jsp 页面，搜索图书名称找到相应资料点击下载（注：配套资源需免费注册网站用户并登录后才能完成下载，资源包解压密码为本书征订号 30715）。视频教学资料可扫封底二维码观看。

责任编辑：朱首明　周觅
责任校对：焦乐　关健

*

高职高专规划教材
建筑 Revit 建模基础
赵世广　编著
钟建　主审

*

中国建筑工业出版社出版、发行（北京海淀三里河路9号）
各地新华书店、建筑书店经销
北京红光制版公司制版
北京建筑工业印刷厂印刷

*

开本：787×1092毫米 1/16 印张：22¼ 字数：537千字
2017年8月第一版　2023年1月第五次印刷
定价：**47.00**元（附网络下载）
ISBN 978-7-112-21086-2
（30715）

版权所有　翻印必究
如有印装质量问题，可寄本社退换
（邮政编码100037）

前　言

　　BIM 技术已经成为建筑行业一个绕不开的话题——建筑设计、施工建设、开发商、技术研究等单位无不涉足其中，究其原因，笔者认为一是 BIM 技术确实有其先进性，其次是涉足其中的各个行业确是从这项技术当中获得了便利。具体到某一个项目，一个专业的、准确的、信息完备的模型是前提，在其基础上我们才能说此项目工程的全过程管理与运维是有效的。那么如何建立起这样一个模型也正是本教程要讲授与探讨的。

　　本教程是针对 Revit 2017（需要指出的是，Revit 只是 BIM 软件的一种）编写，作为一个高校教师和一个有着多年建筑设计经验的从业者，笔者相信自己在学习此软件过程中遇到的困难与大多数读者是一样的，例如在教学过程当中，有些学生由于不知道如何使用 Revit 建构一个异形的体量就放弃了原有的设计方案，笔者在学习软件之初也遇到过无法建构出自己想要的体量效果这一难题，软件应该是为设计服务的、而不是成为一个障碍。基于此，本教程从基础命令开始讲授，引导读者学习，慢慢发展到比较复杂的命令，在此过程中着重讲授操作的原理与思路，当建模涉及建筑结构或构造上的专业背景知识时也进行了讲解，力求培养读者解决问题的能力，"授人以渔"，相信读者在学习完成后会获得技术上的自信，可以从容应对各种体量的建模工作。

　　本书编写过程中四川建筑职业技术学院钟建教授给予了大力支持，在此谨表示衷心感谢。

　　限于时间与水平，本书不足之处在所难免，恳请读者批评指正并反馈给作者，也衷心希望本书能对读者的 BIM 学习有所帮助！

目 录

1 Revit 界面介绍及基本操作 ·············· 1
  1.1 通用界面与选项常规设置 ············ 1
  1.2 项目环境界面 ·················· 3
  1.3 视图操作 ···················· 6
  1.4 图元操作 ···················· 9
  1.5 Revit 重要概念讲解 ·············· 16
2 标高与轴网 ····················· 22
  2.1 标高的创建与修改 ··············· 22
  2.2 轴网的创建与修改 ··············· 26
3 墙体的创建与修改 ·················· 28
  3.1 基本墙体的创建与修改 ············· 28
  3.2 墙体垂直结构的修改与墙饰条的使用 ······ 31
  3.3 叠层墙的创建与修改 ·············· 35
  3.4 编辑墙轮廓与墙连接 ·············· 37
  3.5 幕墙的创建与编辑 ··············· 40
  3.6 内墙的绘制及添加门窗 ············· 48
4 楼板、屋顶及天花板创建与修改 ············ 52
  4.1 楼板的创建与修改 ··············· 52
  4.2 天花板的创建与修改 ·············· 62
  4.3 屋顶的创建与修改 ··············· 63
5 梁柱布置 ······················ 77
  5.1 结构柱的创建与修改 ·············· 77
  5.2 梁的创建与修改 ················ 80
6 楼梯、坡道和栏杆扶手 ················ 83
  6.1 楼梯的创建与修改 ··············· 83
  6.2 栏杆扶手的创建与修改 ············· 92
  6.3 坡道的创建与修改 ··············· 100
  6.4 洞口工具的使用 ················ 102
7 概念体量与内建体量 ················· 105
  7.1 概念体量 ···················· 106
  7.2 内建体量 ···················· 137
8 场地的创建与修改 ·················· 155
  8.1 场地建模 ···················· 155

	8.2 修改场地	171
9	房间和面积及家具布置	173
	9.1 家具/洁具布置	173
	9.2 房间和面积	175
10	渲染与动画	185
	10.1 项目渲染	185
	10.2 漫游动画	191
11	图纸设计与打印	195
	11.1 对象与视图管理	195
	11.2 图纸注释	211
	11.3 图纸的布置与打印	236
12	明细表工具	248
13	组、零件与部件	259
	13.1 组工具的使用	259
	13.2 零件与部件	265
14	协同设计	275
	14.1 链接	275
	14.2 工作集	289
15	族的创建与参数化设计初步	306
	15.1 注释族的创建	306
	15.2 模型族的创建	327
	15.3 全局参数的使用	346

1 Revit 界面介绍及基本操作

1.1 通用界面与选项常规设置

在 Revit 成功安装之后，双击桌面上的快捷图标，启动 Revit 进入其通用界面（或者称欢迎界面），如图 1.1-1 所示，界面上显示的缩略图标是最近打开使用过的项目文件和族文件的历史浏览纪录；在其左侧是功能按钮，其主要功能是帮助我们快捷地打开或新建项目文件、样板文件或者族，关于上述几种文件类型的含义特别是"样板文件"和"族"的概念，我们会在 1.5 节中专门进行讲解。

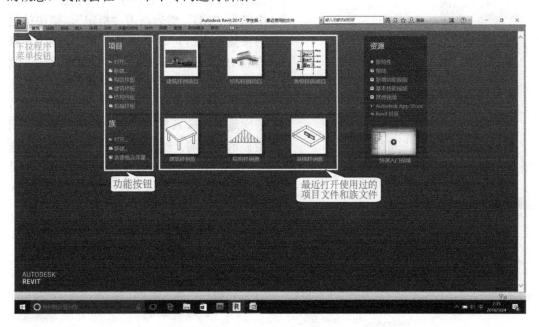

图 1.1-1 Revit 通用界面

界面的左上角是应用程序菜单按钮，点击，我们会发现其下拉菜单中主要是针对文件操作的命令，例如新建、打开或者导出文件等，如图 1.1-2 所示；在下拉程序菜单的右下角，点击"选项"，弹出选项对话框，在其中可以对很多选项进行常规设置及修改——如在"常规"中可以对"保存提醒间隔"、"用户名"等指标进行设置，如图 1.1-3 所示；在"文件位置"中可以对用户文件和族样板文件的路径进行设置，如图 1.1-4 所示。读者可点击选项对话框中的其他选项进行查看，熟悉其内容，以便日后在操作中、修改某些指标时，可以迅速找到相应的修改位置。

【指定快捷键操作】下面通过一个实例操作来学习如何对选项下的"快捷键"进行修改

图 1.1-2 应用程序菜单

和指定。点击选项面板上的"用户界面",如图 1.1-5 所示,再点击"快捷键"后的"自定义",弹出快捷键对话框,如图 1.1-6 所示。在快捷键对话框中,可在"搜索"输入栏(图 1.1-6 上方箭头所示位置)中输入关键词快速查找命令,如输入"墙",则与墙有关的快捷命令则会在下方显示,这时可在下方的"按新键"输入栏(图 1.1-6 下方箭头所示位置)中输入新的快捷键命令,然后点击"指定","确定"即修改完毕。现在我们进行实例操作,在搜索输入栏中输入"快捷",下方则显示当前快捷键的快捷命令语句为"KS",如图 1.1-7 所示,在下方"按新键"输入栏中输入"KG"然后点击"指定",则快捷键的快捷命令语句显示为 KS 和 KG 两个,修改成功,如果想删除某个快捷命令语句,则点击将其选中,再点击"删除"即可。操作完毕我们现在来检验效果,在通用界面下,依次敲击字母 K 和 G,则快捷键对话框被调用显示在前端。经过此操作读者应该对"选项"中各项指标的设置与修改有了一定的了解,读者可自行尝试其他操作,尽快消除对

图 1.1-3 "选项"设置页面

图 1.1-4 "文件位置"设置页面

Revit 软件的陌生感（本书中数值如无说明，单位均为 mm）。

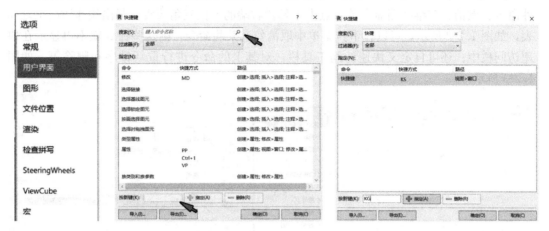

图 1.1-5　修改快捷键第一步操作　　图 1.1-6　"快捷键"对话框　　图 1.1-7　快捷键修改操作

1.2　项目环境界面

点击通用界面上的"建筑样例项目"缩略图标，进入 Revit 项目环境界面，如图 1.2-1 所示，界面的形式是我们比较熟悉的 Ribbon 界面，下面依次就界面上的各个组成部分进行讲解。

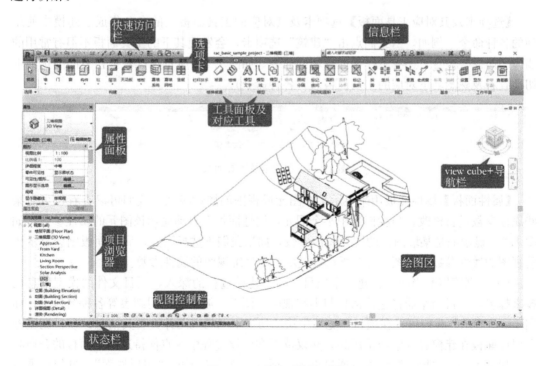

图 1.2-1　项目环境界面图

【快速访问工具栏】在此面板下集成了 Revit 软件常用的工具命令，如打开、保存文件命令、撤销、三维视图命令等，点击工具栏右端的下拉三角箭头，弹出快速访问工具列表，如图 1.2-2 所示，可以在下拉菜单中取消勾选某些命令，则这些命令就不再显示在快速访问栏中；还可自定义快速访问工具栏，对其上的命令进行重新排序和删除等，如图 1.2-3 所示。

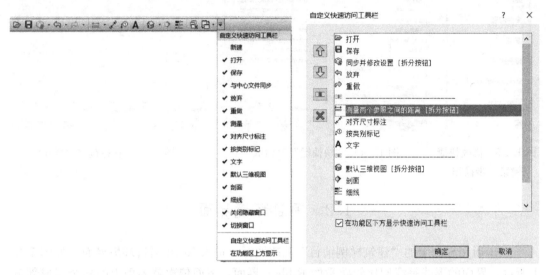

图 1.2-2　"快速访问工具栏"工具列表　　图 1.2-3　"自定义快速访问工具栏"列表

【选项卡及其对应工具面板】选项卡及其对应的工具面板上的命令集成了建模中使用到的各种命令，例如，当我们点击"建筑"选项卡，会发现其下的工具面板不但有常用的墙体、门窗等命令，还有工作平面等辅助命令，如图 1.2-4 所示，读者可在不同的选项卡切换查看及熟悉其下对应的工具面板（含各种命令）。

图 1.2-4　选项卡及工具面板

【属性面板】属性面板用来显示某个图元或视图的属性参数，我们可以查看也可对某些属性参数进行修改。当我们选中某个图元，属性面板会自动显示该图元的属性参数，如图 1.2-5 显示的是某墙图元的图元属性参数，如果我们不选择图元，属性面板则会显示当前视图的属性参数，如图 1.2-6 所示，显示的是三维视图的属性参数。

【项目浏览器】当我们新建一个项目，随着建模过程的深入，项目文件的模型信息也越来越多，项目浏览器将这些信息归类在视图、图纸、族、组、明细表等各种名目下，如图 1.2-7 所示。我们可以在项目浏览器中快速切换不同的视图并查看其信息。项目浏览器和属性面板在建模过程中经常用到，建议读者在建模过程中一直保持这两个面板的开启状态，如果不小心关掉，我们可以通过点击选项卡"视图"下的"用户界面"，再勾选项目浏览器和属性即可恢复。

点击项目浏览器某个类别前的加号会显示该类别下的枝状图，如图 1.2-8 所示，楼层

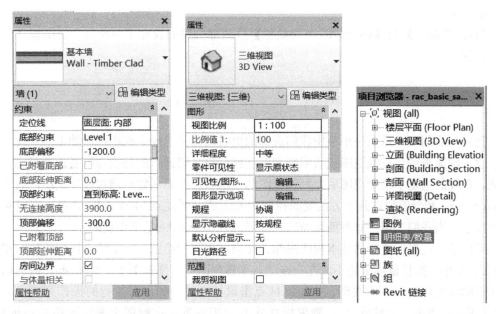

图 1.2-5　图元属性面板参数　　图 1.2-6　视图属性面板参数　　图 1.2-7　项目浏览器

平面下有 Level 1、Level 2 等平面视图，点击则可进入该楼层平面视图；立面类别下有东、南、西、北四个立面，点击则可进入立面视图。在"视图（all）"上点击右键，会出现浏览器组织选项，点击则会弹出浏览器组织对话框，如图 1.2-9 所示，我们可以按照自己的意愿改变项目浏览器显示的组织方式，读者点击尝试此操作。

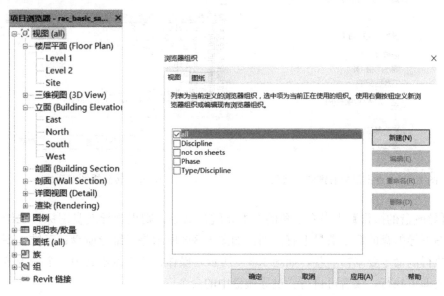

图 1.2-8　项目浏览器类别展开图　　　图 1.2-9　项目浏览器组织对话框

【状态栏】我们点选了某个操作命令时，状态栏会提示该命令如何进行操作，当完成一步操作，状态栏又会提示下一步操作，读者对某个操作不是很熟悉时，可根据状态栏的提示进行下一步操作。

【视图控制栏】与【view cube+导航栏】这两部分我们放在下一小节"视图操作"中进行讲解。

1.3 视图操作

首先，要明确的是上一小节中我们讲到的项目浏览器也属于视图操作的工具，无论是平、立、剖面视图，三维视图或者明细表等注释信息之间进行的切换都可通过项目浏览器完成，在我们选定了某个视图后，则该视图的显示状态和显示效果通过视图绘图区右上方的 view cube 和导航栏以及下方的视图控制栏来完成。要注意 view cube 只有在三维视图下才显示，当我们选定平立剖面此类二维视图时，view cube 是不出现的。

下面学习用鼠标进行的基本视图操作：在当前视图的绘图区上下滚动鼠标滚轮，则视图放大/缩小；按住鼠标滚轮不放左右拖动，平移视图；三维视图下，按住 shift 键的同时按住鼠标滚轮可旋转查看视图。在绘图区点击鼠标右键，弹出可执行的操作列表，如图 1.3-1 所示；点击"区域放大"，则鼠标样式变为矩形框，在视图上某区域拖动矩形框，则该区域放大显示；点击"缩小两倍"则视图缩小；点击"缩放匹配"，视图自动调整大小与视图匹配显示；点击"查找相关视图"，则弹出视图列表如图 1.3-2 所示，可以快速选择要切换的其他视图。

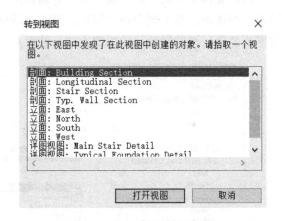

图 1.3-1 点击鼠标右键弹出选项　　　　图 1.3-2 转到视图对话框

【导航盘的操作】点击右上角的二维导航盘命令，则出现导航盘图标，二维视图和三维视图下导航盘的命令数量上有差别：如图 1.3-3 所示是二维导航盘；三维视图下的导航盘可执行的命令要丰富一些，如图 1.3-4 所示，操作方法是点击其中一个命令按住鼠标左键不放即可执行，读者可自行尝试导航盘中的命令。

三维视图下 view cube 会出现在导航盘的上方，view cube 立方体的各个面以及各个角点都代表着不同的查看模型的角度，如图 1.3-5 所示，比如我们点击"前"则模型显示的是正前立面；点击某个角点，模型又会显示成轴测视图；点击 view cube 的任意一点按住鼠标不放，任意移动鼠标时则可动态观察模型。

 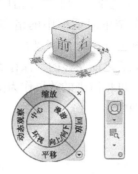 

图 1.3-3　二维导航盘　　　图 1.3-4　三维导航盘　　　图 1.3-5　view cube

点击"view cube"右下角的三角按钮，则会弹出关联菜单，如图 1.3-6 所示，在其中可以进行设置主视图、设置当前视图等操作。可以将某个观察角度的视图设置为主视图，当我们对模型进行了进一步的动态观察操作或视点发生变化时，点击 view cube 左上角的主视图按钮可快速返回之前选定的主视图；此外还可以选择某个角度的观察视图将其设为当前视图。

【视图控制栏】绘图区下方的视图控制栏是用以控制视图的显示状态和显示效果的工具面板，其上集成的命令如图 1.3-7 所示。

"比例"控制图纸中不同比例下模型图元的显示比例，在二维视图中区别较明

图 1.3-6　"view cube"下拉菜单

显，三维视图下显示效果无差别，读者可尝试在平面视图下切换比例并观察其变化。"详细程度"提供"粗略，中等，精细"三个显示效果级别，选择"精细"时视图中模型的细节要丰富一些，"视觉样式"控制模型的显示效果，有六种常用模式可供选择，如图 1.3-8 所示，通常建模过程中我们选择"着色"模式，图 1.3-9 为"隐藏线"模式下的显示效果，读者可自行尝试其他选项。需要注意的是"真实"和"光线追踪"模式下比较占用内存资源，可能会影响操作速度。"打开/关闭日光路径"模拟不同时区的日光路径以便对建筑做日光分析，此按钮执行打开/关闭操作；"打开/关闭阴影"在有无阴影间进行切换，

图 1.3-7　视图控制栏

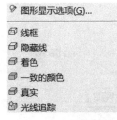

图 1.3-8 视觉样式

图 1.3-10 是阴影打开时的显示效果。

"显示渲染对话框"点击则会弹出渲染对话框，如图 1.3-11 所示。在结束对话框中的诸多参数设定之后，点击"渲染"按钮，系统会开始对模型进行渲染，同时会出现渲染进度指示条，渲染完成后之前灰显的"保存到项目中"、"导出"命令会变为高亮显示，可将渲染的效果作为图片导出或保存在项目浏览器"渲染"类别中。

图 1.3-9 "隐藏线"显示模式

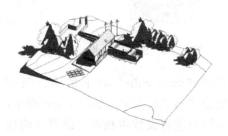

图 1.3-10 "阴影"显示效果

"裁剪/不裁剪视图"控制是否进行视图裁剪。"显示/隐藏裁剪区域"控制是否显示裁剪范围框。"解锁/锁定三维视图"控制视图锁定与解锁。可将当前视图锁定，锁定时无法进行动态观察。"临时隐藏/隔离"在建模过程中，有时需要将某些图元隔离出来单独进行观察或将其隐藏，这时可用此命令完成，我们通过一个操作来熟悉此命令：先点选视图

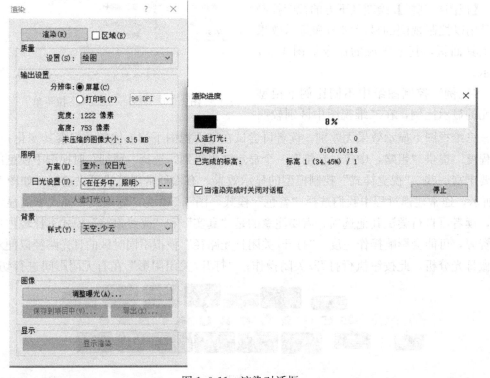

图 1.3-11 渲染对话框

中的屋顶，点击"临时隐藏/隔离"按钮，选择隔离图元，如图1.3-12所示，此时被选中的图元被单独隔离出来，如图1.3-13所示，当我们需要取消这种状态时，点击"重设临时隐藏/隔离"按钮即可恢复。"显示隐藏的图元"可将视图中所有隐藏的图元临时显示出来。"临时视图属性"显示临时视图及对临时应用样板属性进行设置。"显示分析模型"显示或隐藏结构分析模型。"高亮显示位移集"将移动过的图元在视图中高亮显示。"显示约束"有时在对某个图元进行操作时发现此图元被锁定或约束，而在操作前我们往往发现不了，显示约束可以让我们快速查看被锁定约束的图元。

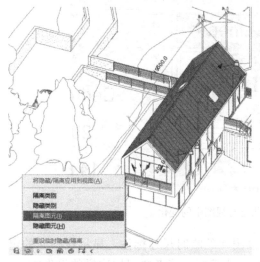
图1.3-12 "临时隐藏/隔离"选项

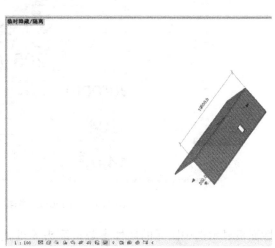
图1.3-13 图元隔离模式

1.4 图 元 操 作

这一节中我们学习针对图元的选择、编辑以及修改操作。我们打开"建筑样例项目"点击项目浏览器楼层平面中的"Level 2"进入平面视图。

【图元选择】Revit中当我们将鼠标接近某个图元且未点击鼠标之前，该图元会高亮显示，同时会显示该图元的信息，如我们将鼠标放置在卫生间上部的隔墙上，这时该墙高亮显示，并显示了具体的图元信息图，如图1.4-1所示。

接下来点击鼠标选中此墙图元，这时视图上会出现几种变化，如图1.4-2所示，数字1箭头处修改选项卡变为"修改 | 墙"，我们称之为"修改上下文选项卡"模式，意味着我们选中的图元进入了可编辑状态；箭头2处是选项栏，可输入及修改参数；箭头3处属

图1.4-1 点选图元前显示的图元信息

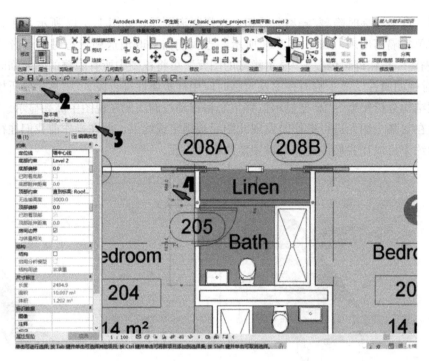

图 1.4-2　图元进入编辑状态时视图中的变化

性面板显示选中图元的属性参数；箭头 4 处是该图元的临时尺寸标注，显示该图元的定位；图元选中后上述变化处都可以对图元进行修改或编辑，读者要习惯这样的操作方式，一般来说，"上下文选项卡"是通过修改选项卡下的工具面板上的工具对图元进行修改，如"移动"、"复制"、"镜像"等；选项栏是通过输入或修改参数的方式编辑图元；属性面板可以修改图元的图元属性与类型属性（须点击"编辑类型"按钮），这一部分下一节当中会做详细讲解；临时尺寸可以通过修改尺寸上的数字来驱动图元的位置等操作。点选图元时按住 Ctrl 键可以同时选取多个图元，按住 Shift 键可以将已选中的图元取消选择；点击视图空白处或者按 Esc 键可以取消选择。除了点选以外，我们还可以通过框选来选择图元，在视图中按住鼠标左键不放从左至右拖动，则整体进入矩形选框的图元都被选中；从右至左拖动时，矩形选框接触到的图元都被选中。请读者操作演练这两种框选方式。

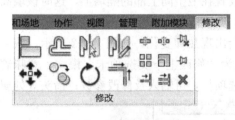

图 1.4-3　"修改"工具面板

【图元修改编辑操作】下面学习修改选项卡下"修改"工具面板上的"修改"工具操作，包括"对齐"、"偏移"、"镜像"、"移动"、"复制"等工具的操作方法，如图 1.4-3 所示。

绘制一段墙体，步骤如下：点击项目浏览器楼层平面中的"Level 1"，切换至一层视图平面，点击"建筑"选项卡下的墙，再点选"墙：建筑"命令，此时属性面板会显示与墙命令有关的属性参数，当前的墙类型是基本墙，点击下拉列表选择其他墙类型，叠层墙"Exterior-Brick Over Block w Metal Stud"，图 1.4-4 (a)、图 1.4-4 (b)、图 1.4-4 (c) 依次显示了上述的步骤操作。

【图元属性与类型属性】选中墙类型后，去"属性"面板查看该墙类型的属性参数，

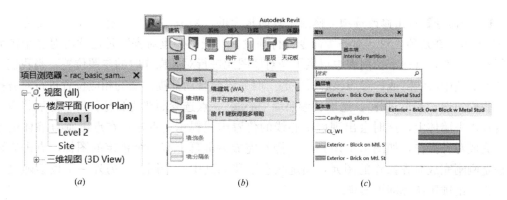

图 1.4-4　绘制墙体

(a) 切换视图；(b) 执行"墙：建筑"命令；(c) 选择墙体类型

如图 1.4-5 所示，上面显示了当前被选中墙体的图元属性，我们修改上面的参数会对当前选中图元以及接下来使用该类型图元绘制时产生作用，并不会对同类型其他图元产生影响；当我们点击属性面板上的"编辑类型"按钮，则会弹出类型属性对话框，在其上所做的参数修改将会对此项目中全部同一类型的图元产生影响，请读者对图元属性及类型属性的概念加以区分。

修改属性面板上的"顶部约束"类型改"未连接"为"直到标高：Level 2"，如图 1.4-6 所示，在视图中任意空白处绘制方向不同的两段墙体；再点击建筑选项卡下"工作平面"工具面板上的"参照平面"命令，如图 1.4-7 所示，在视图中绘制一参照平面，如图 1.4-8 所示。

图 1.4-5　当前使用墙体的类型属性

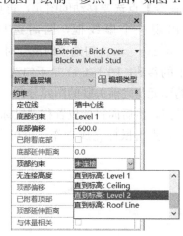

图 1.4-6　修改顶部约束

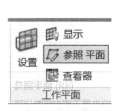

图 1.4-7　"参照平面"命令

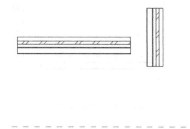

图 1.4-8　绘制参照平面

【对齐命令】点击修改选项卡修改工具面板上的"对齐"命令，这时选项栏变为如图1.4-9所示，在选项栏对"对齐"命令进行预设。勾选"多重对齐"是连续可对多个图元进行对齐操作，首选下拉列表中提供了当对墙图元进行对齐操作时的参照位置，当我们选择"参照墙中心线"或"参照核心层中心"时系统会自动捕捉到墙的相应位置进行对齐操作。我们勾选"多重对齐"，选取"参照墙中心线"，点选参照线为目标位置，然后将鼠标放置在水平墙体上，这时会出现墙中心线的位置虚线提示，点击；在点击垂直墙体的下缘，完成对齐操作，如图1.4-10所示。操作完成后屏幕上有一个锁定的图标，点击它可以锁定刚刚完成对齐操作的图元，锁定状态下移动其中一个图元，另外一个也会随之移动，再点击锁定图标即可解锁。

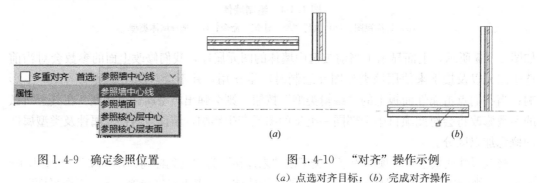

图1.4-9　确定参照位置　　　　　　图1.4-10　"对齐"操作示例
　　　　　　　　　　　　　　　　　(a) 点选对齐目标；(b) 完成对齐操作

【移动命令】点选要移动的图元，再点击工具面板上的"移动"命令，这时选中的图元周围会出现一个虚线框，同时选项栏显示为与移动命令相关的选项设置——勾选"约束"时移动是在水平和垂直方向上进行的，不勾选则是任意方向上的移动，图1.4-11是不勾选"约束"时图元的移动效果；"分开"的意思是可将要移动的图元与之前关联的图元分开。设置好选项栏里面的参数后，在视图中点击鼠标作为一个基点，然后向目标位置移动鼠标，这时临时尺寸标注会显示移动的距离，移动到想要的距离，点击鼠标完成操作，也可直接输入尺寸敲击回车键完成操作，如图1.4-12所示。

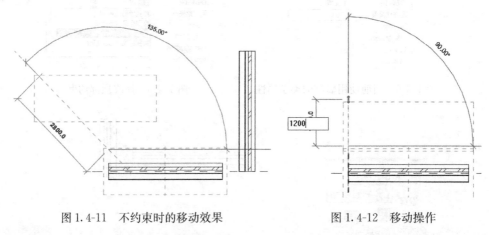

图1.4-11　不约束时的移动效果　　　　图1.4-12　移动操作

【偏移命令】点选之前绘制的墙体，点击工具面板上的"移动"命令，对选项栏里的参数进行设置，通常我们选择数值方式 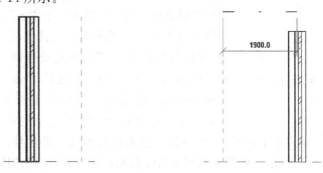 进行偏移，在数字栏里面输入要移动的距离，将鼠标靠近要偏移的图元，并且轻微在两个方向上移动时，在其两侧会轮番出现一个虚线，如图1.4-13所示，指示的是将要偏移到的位置，在目标方向上点击完成操作，如果我们勾选了"复制"则原图元的位置不变，在新的位置上偏移出新的图元，相当于复制的效果；如果不勾选"复制"选项，则图元偏移到新的位置，相当于移动的效果；如果我们在选项栏里对偏移命令以图形的方式进行操作，则操作流程为：点选图元，单击鼠标，拖动鼠标此时屏幕上会显示距离，到合适的位置点击完成偏移操作，如图1.4-14所示。

图1.4-13 虚线指示偏移目标位置　　图1.4-14 完成偏移操作

【复制命令】点选图元，点击"复制"命令，还是先对选项栏进行设置，勾选"约束"意为约束移动方向，"多个"意为一次性可复制多个，设置完成开始复制操作，在视图上点击作为基点，拖动鼠标到合适位置点击复制一个，因为我们勾选了多个，可继续拖动鼠标到合适位置复制下一个，如图1.4-15所示。

【旋转命令】点选图元，点击工具面板上的"旋转"命令，此时图元的中心会作为默认的旋转基点，同时出现一条可转动的旋转基准线，先点击基准位置再旋转基准线到合适角度点击，完成旋转操作，如图1.4-16所示。选项栏上的分开和复制的使用可参照之前的讲解。关于旋转中心，当我们点选"地点"时，则可以在屏幕上指定新的旋转基点，不再使用系统默认的旋转基点，读者可自行尝试。

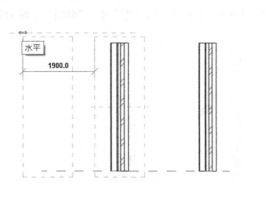
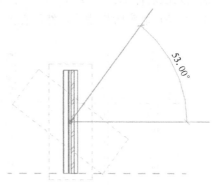

图1.4-15 连续复制　　　　　　　　图1.4-16 旋转命令

【镜像命令】工具面板上提供两种镜像方式——"镜像-拾取轴"与"镜像-绘制轴"。镜像命令要通过一个基准镜像轴来完成，那么工具面板上的这两种镜像方式的区别其实就是前者使用现有的线或边作为镜像轴，后者需要绘制一个镜像轴出来。操作：点选图元，点击"镜像-拾取轴"命令，勾选选项栏上的复制，拾取之前绘制的参照平面，完成镜像；点选图元，点击"镜像-绘制轴"命令，拖动鼠标在合适的位置绘制一条线，完成镜像。

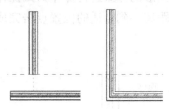

图 1.4-17　修剪/延伸命令延伸后效果

【修剪/延伸命令】工具面板提供了三种此类工具，分别是："修剪/延伸为角"，点选不平行的两个图元（例如墙或梁）以形成角；"修剪/延伸单个图元"，可以修剪或延伸一个图元（例如墙，线或梁）到其他图元定义的边界；"修剪/延伸多个图元"，可以修剪或延伸多个图元到其他图元定义的边界。点击"修剪/延伸"命令，然后依次点选要编辑的图元，注意点选时要点击图元要保留的部位，图 1.4-17 为执行修剪/延伸命令前后的效果对比。

点击"修剪/延伸单个图元"，然后依次点击目标图元、要延伸的图元，如图 1.4-18（a）、图 1.4-18（b）所示，则图元延伸至目标图元；这时又可以使用修剪命令，点击图元上要保留的部分则操作完效果如图 1.4-18（c）所示。

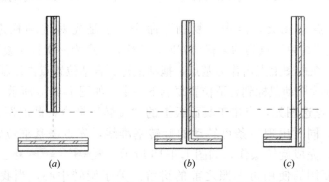

图 1.4-18　修剪/延伸命令延伸再修剪后效果

绘制几段墙体如图 1.4-19（a）所示，点击"修剪/延伸多个图元"命令，然后点击图 1.4-19（b）箭头所指墙体，然后在要保留的墙体上面框选，则另外一侧墙体被修剪掉，

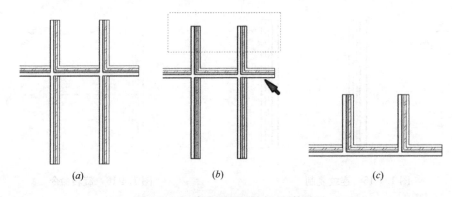

图 1.4-19　多个图元的修剪/延伸效果

如图 1.4-19（c）所示。此外此命令还可以一次延伸多个图元。

【拆分】命令，用于将一个完整的图元（如墙、线等）拆分成两个或两个以上独立的图元。操作流程很简单，点击"拆分"命令，然后靠近要拆分的图元，拖动鼠标到合适的位置点击即完成拆分，图 1.4-20 图示了上述操作三个步骤，这时再点击图元会发现已被拆分成两部分，也可连续点击把图元拆分成更多的部分。在点击"拆分"命令的同时，勾选选项栏中的"删除内部段" ☑删除内部线段 选项则拆分命令通过点击图元上不同的点可将图元的两点间的部分删除掉，如图 1.4-21 所示。

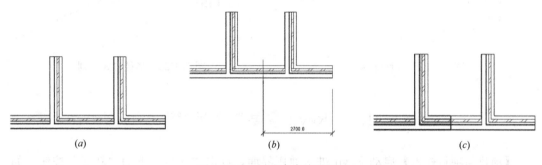

图 1.4-20 拆分命令步骤图示

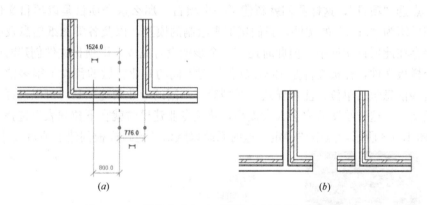

图 1.4-21 拆分命令勾选"删除内部线段"时效果

【阵列】点选图元，点击"阵列"命令，图中选项栏的指标设置如下：线性阵列是在直线路径上的阵列；半径阵列是对图元进行旋转阵列；勾选"成组并关联"时阵列后的图元会形成一个组，"组"的概念类似于 Autocad 中的"块"的概念，通常我们不必勾选此选项；项目数是新建的阵列图元个数；移动到第二个是在屏幕上指定的阵列距离是下一个图元相对于第一个图元的距离，勾选最后一个是屏幕上指定的阵列距离是总的距离，图元间的距离根据阵列个数来等分这个总距离。操作流程：我们选择"线性阵列"，不勾选"成组并关联"，设置好上述选项后，在屏幕上点击并拖动鼠标至合适的位置点击完成操作，如图 1.4-22 所示；当我们选择半径方式阵列时，选中的图元上会出现旋转参考线，以供指定角度，如图 1.4-23 所示，指定角度后系统会根据设置自动完成阵列。

15

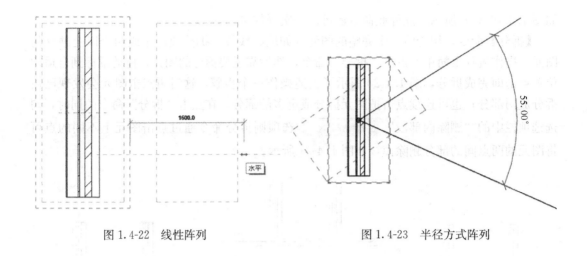

图 1.4-22　线性阵列　　　　　　　　图 1.4-23　半径方式阵列

1.5　Revit 重要概念讲解

【项目与项目样板】启动 Revit 进入通用界面，点击"项目"下的"新建"按钮，如图 1.5-1 所示；弹出新建项目对话框，如图 1.5-2 所示，对话框中显示可以新建项目或项目样板，点选"项目"，这样我们就新建了一个项目，那么这个项目是以项目文件形式存在的，即后缀为".rvt"的文件，我们接下来绘制的模型，以及各类图纸信息及明细表信息都将储存在此项目文件中。但此时还有一个步骤没有完成，即项目文件创建时要先为其指定一个样板文件，样板文件是 Revit 软件针对不同的专业所做的预设了很多信息的项目样板，这些信息包括单位、注释样式、线型等，不同的专业新建项目时可以选择与专业统一的样板文件，这样绘图效率会大大提高，建筑专业建模时就在下拉列表里选择"建筑样板"，如图 1.5-3 所示，点击"确定"这时系统以默认的建筑样板创建了项目文件。

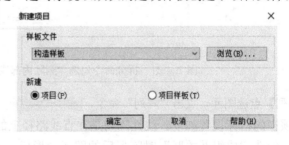

图 1.5-1　新建项目操作　　　　图 1.5-2　新建项目对话框

点击项目浏览器下的"立面"视图，点击"南"立面，如图 1.5-4 所示，这时项目中关于标高的样式不是我们平时绘图时常用的样式，也不符合国家的制图标准和规范，说明此项目样板不适合，我们需要另外选择建筑项目样板来创建项目文件。

点击新建项目对话框中的"浏览"，弹出"选择样板"对话框，如图 1.5-5 所示，打开下载资源中第一章"素材文件"文件夹，点击样板文件夹中的"中国样板"，点击"确定"，还是切换到南立面视图，可以发现此标高样式是符合我国的制图规范的，如图 1.5-6 所示。此外应注意，项目样板文件是以后缀".rte"格式存在的。

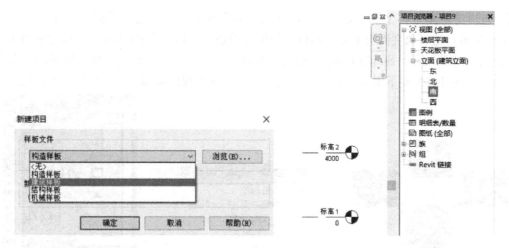

图 1.5-3　选择项目样板文件　　　　图 1.5-4　立面视图中标高符号

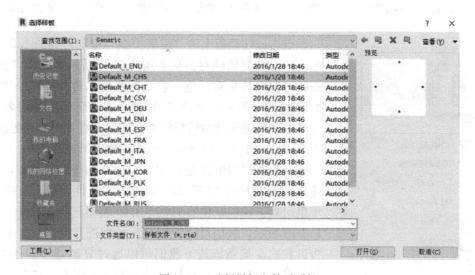

图 1.5-5　选择样板文件对话框

【族】族在 Revit 中是特别重要的概念，因为 Revit 所有图元都是基于族的，或者说一个项目文件就是由各种族构成的。族有三种类别：系统族、内建族和载入族，如图 1.5-7 所示。系统族是系统自带的图元组，如建模时用到的墙、楼板和门窗等，前文提到的样板文件就预定义了很多系统族，系统族是无法删除的。系统族下又有很多类型（图元），不同类型可能会在图元属性上有所不同，但其隶属同一个族在类型属性有很大的共同性，下面举例说明。

点击"建筑样例项目"进入项目环境界

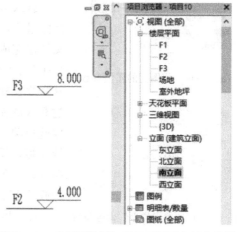

图 1.5-6　"中国样板"下立面视图中标高符号

面，点击项目浏览器上的"Level 1"，如图 1.5-8 所示，再点选洗手间上部的门，如图 1.5-9 所示，这时属性面板上会显示该门的属性参数，如图 1.5-10 所示，在属性面板上可以看到该门图元属于 Single-Flush（单扇门）族，类型为 800×2100，在这里单扇门就是一个族，同时这个族下现有 800×2100 这个类型，下面我们添加一个类型到单扇门族里。

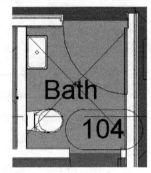

图 1.5-7　族类别　　　　图 1.5-8　在项目浏览器中切换视图　　图 1.5-9　点选门图元

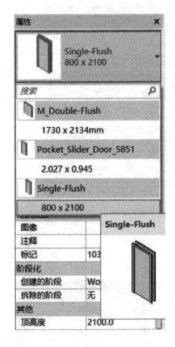

图 1.5-10　门图元的属性参数

图 1.5-11　"编辑类型"命令位置

点击属性面板上的"编辑类型"命令，如图 1.5-11 所示，弹出类型属性对话框如图 1.5-12 所示，点击"复制"按钮，弹出名称对话框，输入新类型名称为 1000×2100，如图 1.5-13 所示，点击"确定"，这时新建的类型名称已经显示在类型属性对话框的类型栏里，将下面的宽度改 800 为 1000，如图 1.5-14 所示，点击"确定"完成操作，这时就已经在单扇门族里新建了 1000×2100 这个新的类型，点击建筑选项卡下的"门"命令，这时在属性面板下拉列表中单扇门族下我们新建的 1000×2100 类型已经在其中，如图 1.5-15 所示，我们可以使用此门类型进行绘制。这个实例告诉我们在某系统族下我们可以通过复制建立新的类型，并且对这个新类型做属性参数上的部分修改，这个思路对我们理解系统族的概念及下一阶段的建模都是很有帮助的。

载入族，基于族样板在项目外自定义创建的族，可以是体量族，也可以是模型类别的族或注释类别的族，自定义创建完成后可载入到项目中，也可以单独存储为后缀为".rfa"的文件。载入族具有高度的自定义性，并且可以反复修改及载入，很多系统族无法完成的建模任务都需要通过载入族完成，是最常使用的族类型。同新建项目文件时要选择项目样板文件一样，新建载入族时也要选择合适的族样板，操作流程为：点击应用程序菜单中的"新建-族"命令，在弹出的"新族-选择样板文件"对话框中选择合适的族样板，指定族名称，点击"打开"完成操作，如图 1.5-16、图 1.5-17 所示。

内建族，在项目环境下通过"内建模型"或"内建体量"命令新建的族，只能存储在

图 1.5-12　类型属性对话框

图 1.5-13　复制类型并命名

当前项目文件里,不能单独存为".rfa"文件,一般情况下只有创建不需要重复使用的特殊图元时才使用内建族。

对于以上三种族类别,在接下来的建模过程中会一直牵涉到,对其概念及其使用,我们也会有更深的理解和把握,以上就是第一章的内容,这一章中我们熟悉了 Revit 的操作界面,学习了图元的"选择"和"编辑"工具,图元属性和类型属性的区别,以及如何对视图进行查看和对显示效果进行设置,请读者结合教学视频掌握上述操作,为接下来的建模做好准备。

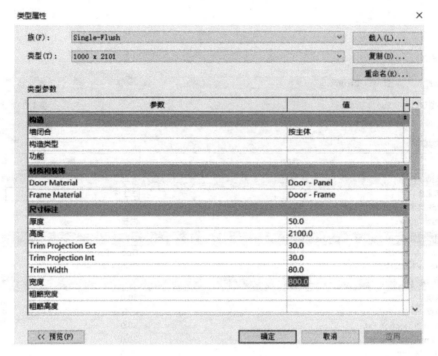

图 1.5-14　修改宽度

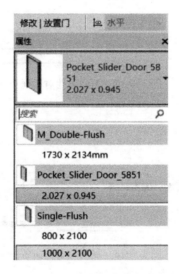

图 1.5-15　新建类型出现在列表中

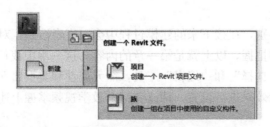

图 1.5-16　"新建-族"命令

图 1.5-17　新建-选择族样板文件对话框

2 标 高 与 轴 网

从这章开始我们会结合项目案例"售楼部"(请先熟悉素材文件夹里的图纸)逐步学习 Revit 建模的全过程,建模是 Revit 的核心环节之一,一个精准的、信息完备的模型是整个项目的基础。在本章中先来学习标高与轴网的创建与编辑。

2.1 标高的创建与修改

以往我们使用二维平面绘图软件绘图时,会先确定轴网和柱网用以定位,在 Revit 中则以确定标高开始,因为用 Revit 创建的是三维的建筑模型,所以很多图元在绘制时不但要规定平面上的尺寸还要设置高度上的信息,那么高度方向上的定位工具即为标高,所以请大家明确,用 Revit 建模时:标高先于轴网。

先来创建一个新的项目文件,在通用界面"项目"下点击"新建"按钮,在新建项目对话框中选择"建筑样板",如图 2.1-1 所示,浏览到第二章素材文件夹找到"中国样板",点击"确定"完成创建。进入文件后切换到南立面视图,如图 2.1-2 所示,通过观察可以发现图中现有的标高与平面视图的楼层平面是一一对应的,在 Revit 中,创建标高时会同时在项目浏览器楼层平面中创建对应的平面视图;创建标高的命令在基准工具面板下,即图中上方箭头所示位置,同时需要注意,在平面视图中是无法创建标高的,只有在立面、剖面视图中才可以。

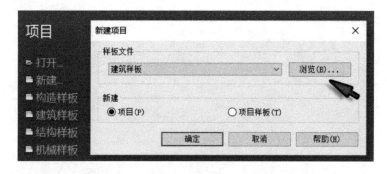

图 2.1-1 新建项目文件并指定样板文件

为方便大家学习,我们现将除正负零以外的现有标高删除,按照项目图纸创建标高。点击标高命令,在选项栏里勾选"创建平面视图",捕捉到 F1 标高的标头位置向上拖曳鼠标,这时可以根据临时尺寸值来确定高度,如图 2.1-3 所示,也可直接利用键盘输入高度值,如图 2.1-4 所示,点击鼠标向另一侧一栋捕捉到另外标头位置时释放鼠标,完成标高创建,如图 2.1-5 所示。

在创建新标高时,Revit 会以上一次创建的标高为准依次递增,所以这时我们创建的

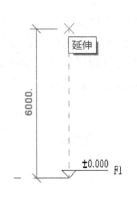

图 2.1-3 创建新标高操作

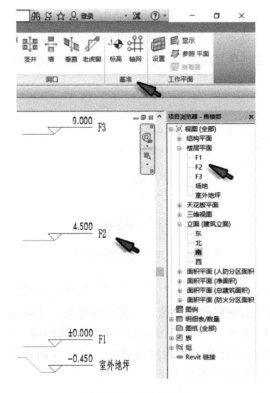

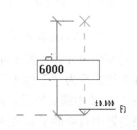

图 2.1-4 直接输入高度值

图 2.1-2 项目浏览器

图 2.1-5 标高创建完成

标高有可能显示的不是 F2，而是其他数字，我们点击新创建的标高名称，输入 F2，如图 2.1-6 所示，这时会弹出对话框询问是否重新命名视图，如图 2.1-7 所示，如点击"是"完成修改，则 F2 标高创建成功，如图 2.1-8 所示，项目浏览器中也会创建相应的 F2 平面视图。

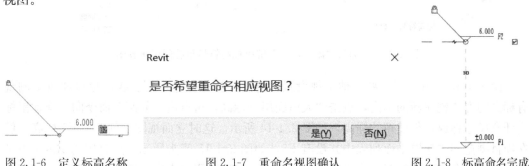

图 2.1-6 定义标高名称　　　　图 2.1-7 重命名视图确认　　　　图 2.1-8 标高命名完成

下面根据素材文件中售楼部图纸来创建大屋面层标高,点击"标高",操作同之前的操作类似,向上拖曳鼠标到合适的高度值点击,拖动到另一个标头位置释放鼠标,将此标高改名称为大屋面层标高,如图 2.1-9 所示,这时项目浏览器"楼层平面"列表中显示大屋面层,如图 2.1-10 所示。

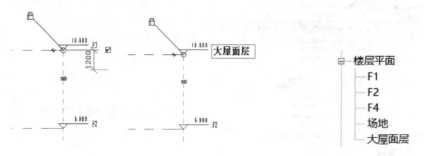

图 2.1-9 创建屋面层标高操作 　　　　　图 2.1-10 项目浏览器中标高列表

同理我们创建-150 的室外地坪标高,重复之前的操作创建完成后,因为距离近所以正负零标高同室外地坪标高发生冲突,这种情况有两种解决办法,一是选择标高,在属性面板上将标头样式改为"下标头",如图 2.1-11 所示。或者点击层高线上的"添加弯头"按钮,如图 2.1-12 中箭头所示,冲突解决。修改此标高名称为室外地坪,则标高创建成功,项目浏览器中对应的平面视图也已经显示,如图 2.1-12 所示。

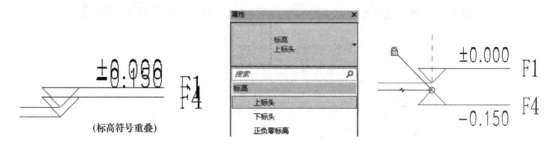

图 2.1-11 创建室外标高并修改标头步骤图

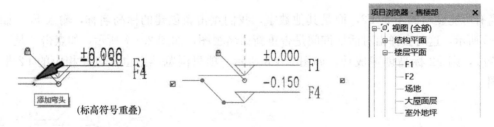

图 2.1-12 通过"添加弯头"解决标高符号重叠问题步骤图

图 2.1-13 是标高的一些其他常规设置,请读者尝试操作掌握。我们也可通过复制现有标高的方式创建新的标高,点击"大屋面层"标高,再点击"复制"命令向上拖动鼠标到任意尺寸释放,创建新的标高,如图 2.1-14 所示。这时立面视图上创建了 F5 标高,但在项目浏览器中楼层平面列表中并没有 F5,如图 2.1-15 箭头所示,这是因为 Revit 中没有用标高命令创建的标高无法自动创建楼层平面,这时需要点击视图选项卡中的"楼层平

面"命令,在弹出的新建楼层平面对话框中选定新建的标高,点击"确定"即可,如图 2.1-16 所示。

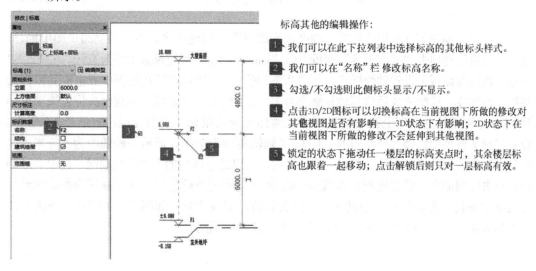

图 2.1-13 标高常规设置图解

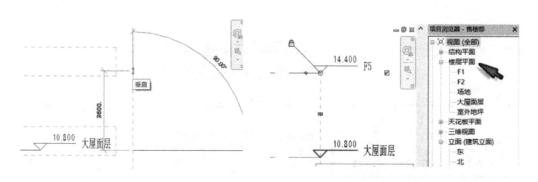

图 2.1-14 复制标高　　　　图 2.1-15 复制的标高未创建相应视图平面

图 2.1-16 "新建楼层平面"命令

2.2 轴网的创建与修改

标高在立面或剖面视图中创建，轴网在平面视图中创建较多，也可在立面视图中创建，点击"建筑"选项卡"基准工具"面板上的"轴网"命令，确定轴线类型为直线，如图 2.2-1 所示，在属性面板上设置轴线样式，如图 2.2-2 所示，设置好之后在视图中点击拖动鼠标绘制第一根轴线，绘制完成后将其轴号修改为 1，继续绘制 2 号轴线，捕捉标头位置拖动鼠标到 7000 米轴距处点击向上拖动捕捉到另一侧标头释放鼠标，绘制完成，如图 2.2-3 所示。查看素材文件夹中售楼部平面图纸，其 1~7 轴轴距均为 7 米，最后一跨轴距为 6.5 米，这种轴距比较均匀的情况下我们不必一根根绘制，可以通过阵列的方式绘制轴网。选中 2 号轴网，点击阵列命令，设置选项栏参数 ，在视图中捕捉 2 号轴线向右拖动至 7 米位置释放，完成阵列，如图 2.2-4 所示。请读者按照上述方法自行创建 8 号轴网（轴距 6.5 米）及纵向轴网。

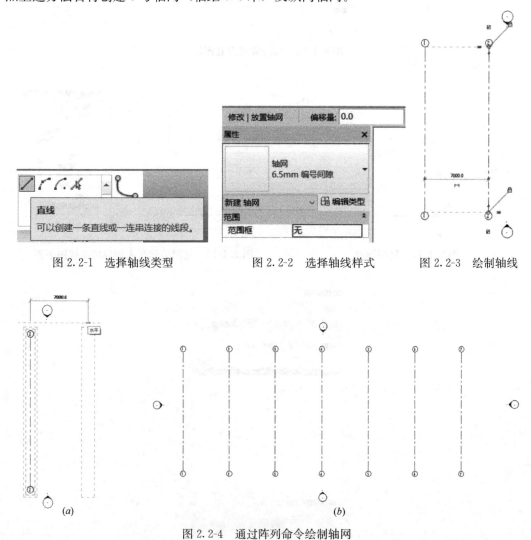

图 2.2-1　选择轴线类型　　图 2.2-2　选择轴线样式　　图 2.2-3　绘制轴线

图 2.2-4　通过阵列命令绘制轴网
(a) 阵列；(b) 完成阵列后

图 2.2-5 是轴网其他一些设置的图示，请读者参看教学视频尝试练习。

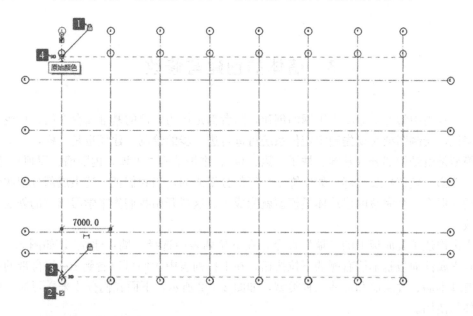

图 2.2-5 轴网命令常规设置图解

上述内容即是标高和轴网的创建与编辑操作，在 Revit 当中执行命令操作时，点选了某个命令后，会自动切换成"修改上下文选项卡"模式，这时我们可以在选项栏对命令参数进行设置，也可以在属性面板对属性参数进行设置，请读者习惯这样的操作方式，因为这些参数设置的正确与否会直接影响到模型信息的准确性，请读者尽快建立起正确的绘制习惯。

3 墙体的创建与修改

上一章当中学习了标高和轴网的创建，两者都是作为定位的基准而存在的，从逻辑顺序上来说，绘制图纸时要先确定定位系统再进行进一步的绘制，建模也是一样，一个建筑体量模型是由结构部分（基础、柱子、梁、板）、维护结构（外墙、内隔墙、屋顶）、竖向交通（楼梯、坡道）及细部（如墙饰条）等部分组成的，当我们把上述组成部分依次创建完成后，那么一个完整的建筑体量模型就完成了。这章开始我们先来学习墙体的创建与编辑修改。

点击构建工具面板上的"墙"命令，在下拉列表中选择"墙：建筑"，如图3.0-1所示；点击属性面板基本墙右侧的下拉按钮，在下拉列表中我们可以看到Revit自带的系统墙族有基本墙、叠层墙和幕墙三种类型，如图3.0-2所示，下面我们分步来学习这三种类型墙体的使用。

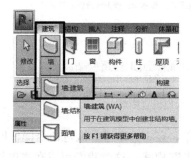
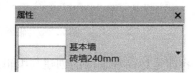

图3.0-1 "墙：建筑"命令　　　图3.0-2 属性面板中选择墙类型

3.1 基本墙体的创建与修改

打开项目文件"售楼部"，点击项目浏览器中F1切换到一层平面视图，点击工具面板上的"墙：建筑"命令，在"属性""基本墙"类型下拉列表中选择"外保温墙350mm"类型，这时系统切换成"修改｜放置墙"上下文选项卡模式，如图3.1-1所示。

在绘制墙之前，我们还是对其选项进行预设：在绘制工具面板上我们选择要绘制的墙的轨迹类型，如直线、弧线或者直接绘制矩形、圆形及各种多边形轨迹的墙；在选项栏上我们要定义墙的高度，如到F2楼层标高（在"属性"面板上也可设置）；"定位线"是设置在视图中拖动鼠标绘制墙时以哪类线作为墙的基线——"墙中心线"是指墙宽度上的中线，"核心层中心线"一般是指结构部分的中线；勾选"链"；"偏移量"是指拖动鼠标绘制墙时与墙基线偏移的距离；勾选"半径"并赋予一个数值是指在绘制多边形墙时内切圆的半径；连接状态"允许"时则连续绘制墙时墙是连续闭合的，不允许则是一段一段独立

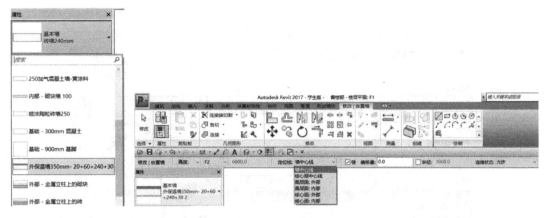

图 3.1-1　选择墙类型并设置选项栏参数

的墙——设置完以上选项后则在视图中点击鼠标并拖动，在绘制连续的墙时，视图中会出现临时尺寸帮助定位，墙体转折时还会显示角度，如图 3.1-2 所示，请读者自行尝试操作可完成墙体的绘制练习。

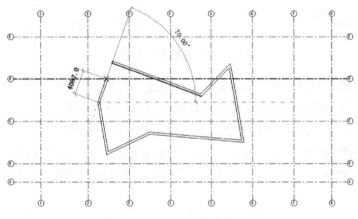

图 3.1-2　绘制墙体

在 Revit 中绘制墙体的操作并不难掌握，真正的难点在于面对不同的项目时，墙体的类型可能多种多样，那么一个模型要表达准确就需要我们掌握如何绘制不同的墙体类型，这要求我们对类型进行编辑。点击属性面板中的"编辑类型"，如图 3.1-3 所示，弹出类型属性对话框，如图 3.1-4 所示，上面显示了当前的墙类型，以及当前墙属于系统族，那么在我们修改类型参数之前，习惯性的做法是先复制一个墙类型，这样就不会更改原来的墙类型的参数，以免对视图中的图元进行误操作，点击"复制"，在弹出的名称对话栏里赋予一个新的名称，点击"确定"完成复制操作。

在类型参数设置中，构造的设置是非常重要的一个环节，我们点击构造栏后面的编辑按钮，弹出编辑部件对话框，点击左下角的"预览"，弹出墙体构造层次预览图，如图 3.1-5 所示，可以看到预览图中的各个构造层次和列表中是一一对应的，我们可以修改

图 3.1-3　"编辑类型"按钮位置

29

图 3.1-4 类型属性对话框

这些构造层的功能、材质、厚度等参数,也可通过"向上"、"向下"按钮改变它们的内外顺序,只有掌握了这些我们才能应对建模过程中遇到的各类墙体。

点击材质一栏右上角的小矩形框,则弹出材质浏览器对话框,可以通过点击对材质的颜色、表面填充图案(立面)、截面填充图案(剖面)做进一步的设置,如图 3.1-6 所示,修改完成后返回三维视图,会发现所

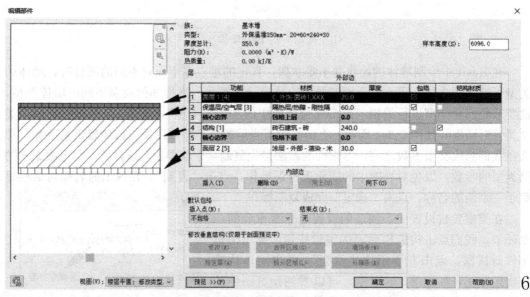

图 3.1-5 编辑部件对话框

30

做的修改已经体现在了视图当中。需要注意的是"图形"和"外观"所做的显示效果的设置分别影响模型显示效果的着色模式和渲染外观,这部分内容会在之后的章节中详细讲解。

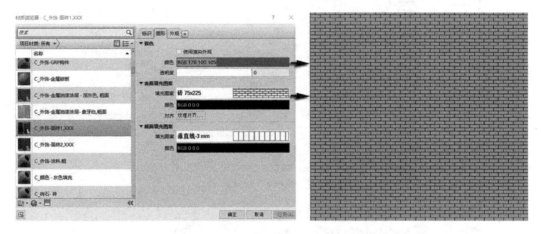

图 3.1-6 材质浏览器中修改材质的显示效果

3.2 墙体垂直结构的修改与墙饰条的使用

在实际的项目中,墙体呈现出来的形式是很丰富的,例如墙体上有条形的颜色带,或者有腰线等装饰线条,这时就要在竖向上对墙体做细致的划分。在编辑部件对话框中,"修改垂直结构"的命令是灰显的,我们把视图中的楼层平面切换成剖面后,则"修改垂直结构"的命令都正常显示可以使用了,如图 3.2-1 所示;点击构造层列表中的"1 面层",然后点击"拆分区域"命令,如图 3.2-2 箭头 1 所示,然后在剖面中将最外部的面层由下往上拆分成尺寸 600 和 200 的两个区域,如图 3.2-2 箭头 2 所示。

区域拆分好以后,点击构造层列表中的"1",然后点击下方的"插入"按钮,如图

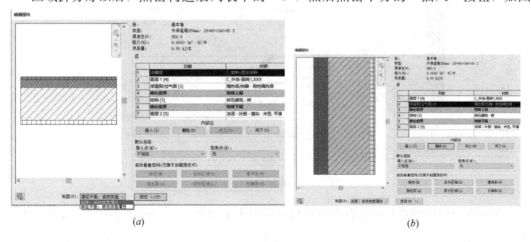

(a) (b)

图 3.2-1 "修改垂直结构"命令
(a) 修改"视图"为剖面;(b) 构造层次与剖面视图对应效果

31

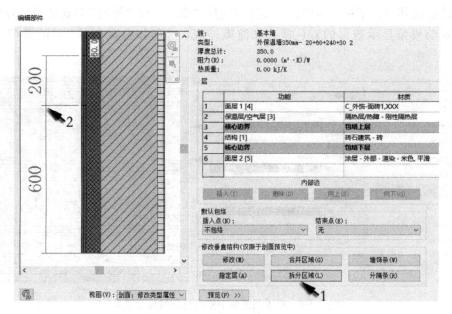

图 3.2-2 竖向上对墙体进行拆分

3.2-3 的箭头 1 所示,将新建的构造层次功能也改为面层 1 [4],然后再点击材质栏的"矩形"小按钮,如图 3.2-3 箭头 2 所示。

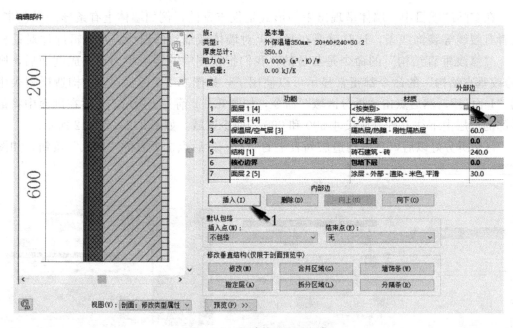

图 3.2-3 新建构造层次操作

在弹出的材质浏览器对话框中的项目材质列表中找到"C_外饰-面砖 1"材质,为了不改变该材质的属性参数,还是习惯性地点击鼠标右键复制一个,如图 3.2-4 箭头 1 所示,然后依次点击"颜色",修改颜色,如图 3.2-4 箭头 2 所示;点击"表面填充图案",修改样式,如图 3.2-4 箭头 3 所示。

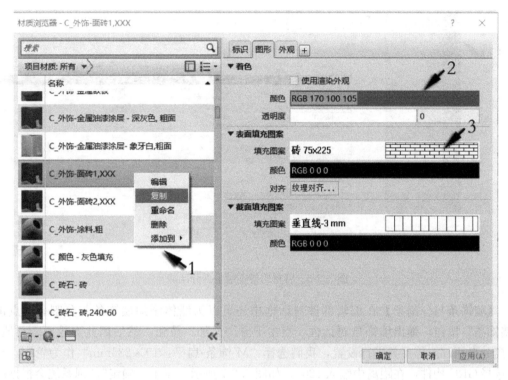

图 3.2-4 设置材质

在颜色对话框中将颜色改为深灰色,点击"确定";在填充样式对话框中将填充改为"无填充图案",如图 3.2-5 所示,点击"确定"完成修改。返回编辑部件对话框,点选新建的"面层 1",点击下方的"指定层"按钮,如图 3.2-6 所示;点击剖面示意图中之前分出的尺寸为 200 的区域,则在原有的墙体上已经创建出一个颜色为灰色的带状区域,切换到立面视图观察修改后的效果。

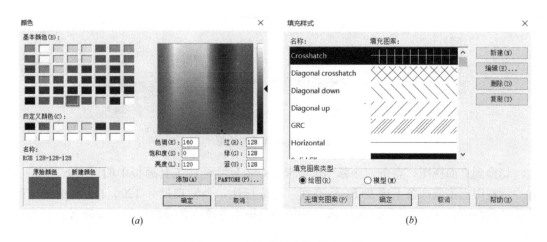

图 3.2-5 颜色及填充样式对话框
(*a*) 指定材质颜色;(*b*) 指定材质填充样式

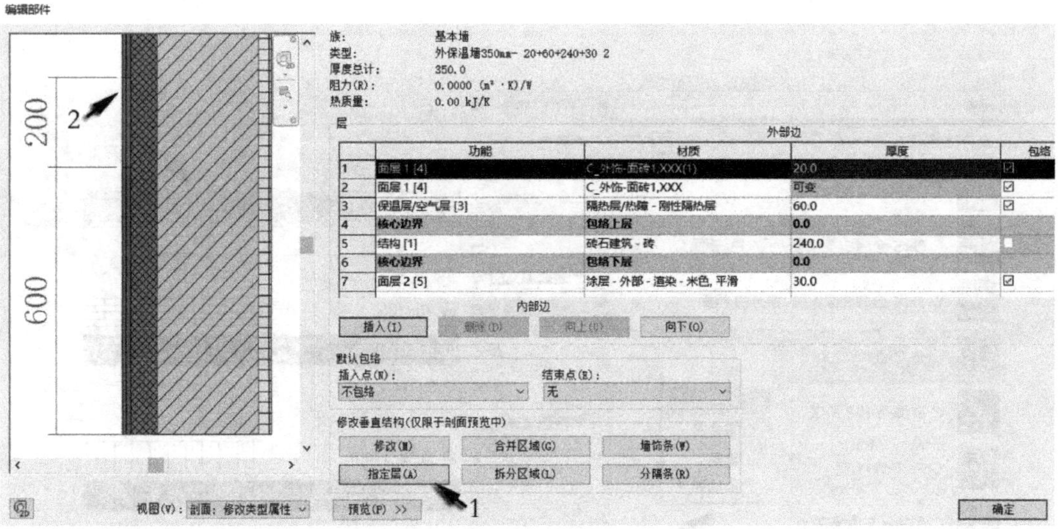

图 3.2-6 将材质指定赋予拆分区域

【墙饰条与分割条】在编辑部件对话框中还可以为墙体添加墙饰条与分割条，点击"墙饰条"按钮，弹出墙饰条对话框，点击下方"添加"按钮，然后因此对轮廓、材质、距离（自底部）等参数进行设置，我们选择"M 饰条-扁平：19×235mm"作为轮廓，材质选择 GRC 构件，在距离中输入 1200，如图 3.2-7 所示，点击"确定"，则系统会根据所选轮廓及指定的距离自动在墙体上进行放样，添加墙饰条。

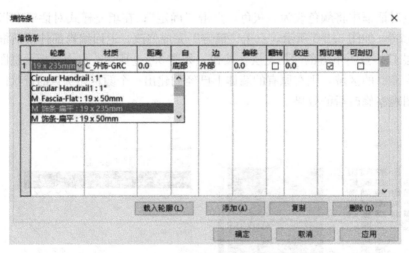

图 3.2-7 墙饰条对话框

切换到立面视图，点击"注释"选项卡，点击尺寸标注工具面板中的"对齐"命令，在立面视图点击墙饰条上缘及 F1 标高线，完成标注，会发现尺寸 1200 正是之前指定的墙饰条的高度尺寸，如图 3.2-8 所示。分割条的操作与墙饰条操作类似，请读者自行尝试创建。

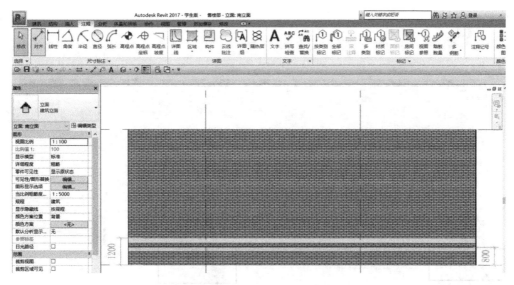

图 3.2-8　墙饰条添加后效果

3.3　叠层墙的创建与修改

在实际项目中，经常会碰到一段墙体上下部分构造不同的情况，这时可以用叠层墙来绘制此类墙体，打开"售楼部"项目文件，切换到 F1 平面视图，点击"墙：建筑"命令，在属性面板中下拉列表中选择"叠层墙"，如图 3.3-1 箭头所示；选中后点击"编辑类型"，弹出类型属性对话框；点击对话框中的"复制"按钮，新建一个"叠层墙 2"的类型，点击"确定"，点击结构后面的"编辑"按钮，如图 3.3-2 箭头所示。

图 3.3-1　点选"叠层墙"类型

弹出编辑部件对话框，如图 3.3-3 所示，点击两次"插入"按钮，现在列表上有三种墙类型，可通过点击"向上"、"向下"按钮调整其从底部至顶部的排列顺序，如果已知某种墙类型的高度，在高度栏中输入即可，如果还不确定，则点击将其高度设置为可变。我们将由底部至顶部三段墙的类型与高度设置为如图 3.3-4 所示，这时样板高度显示为 10900；点击"预览"按钮，在剖面预览图中会发现两段墙交接的位置结构部分是错位的，经验告诉我们这种情况在实际项目中是不存在的，将偏移的方式改为"核心层"中心线，则结构部分上下对齐。

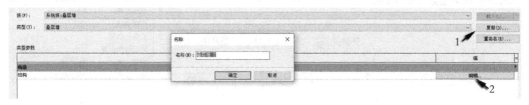

图 3.3-2　复制并命名墙类型

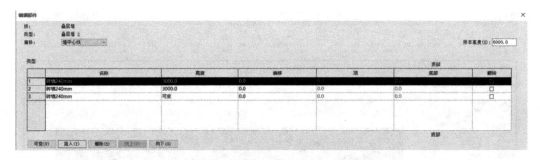

图 3.3-3　叠层墙的编辑部件对话框

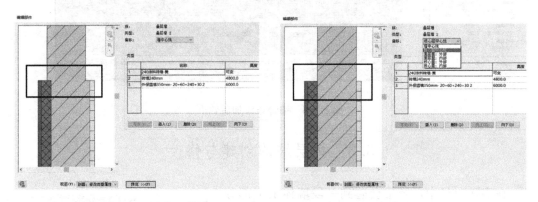

图 3.3-4　设置叠层墙的上下段墙体类型及高度

编辑好之后在视图中点击"绘制"，这时系统出现错误提示，如图 3.3-5 所示，这是因为当前属性面板中墙体的顶部约束为 F2 标高，而此前叠层墙下面两段的墙体高度分别为 6000 与 4800，就是说此两段墙的高度就已经高过 F2，总的样板高度为 10900，而标高 F2 小于样板高度，此逻辑错误导致无法绘制，我们将属性面板中的"顶部约束"改为未连接，设置其高度为 14000，如图 3.3-6 所示，在视图中绘制墙体，切换到南立面视图，用注释选项卡下的"对齐"命令分别标注三段墙体的高度，会发现，因为之前最上面一段墙体的高度设置为可变，那么绘制墙体时系统会根据之前设置的总高度 14 米减去下面两段墙体的高度 10.8 米来确定最上面一段墙体的高度，如图 3.3-7 所示。

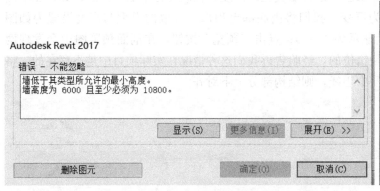

图 3.3-5　错误提示

图 3.3-6　修改叠层墙总高度

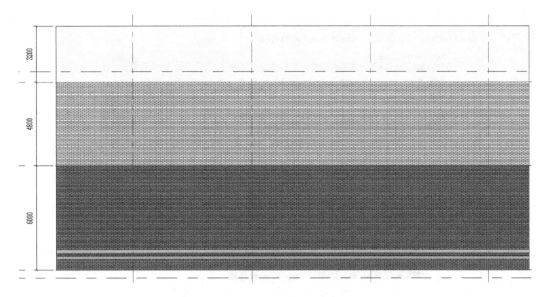

图 3.3-7　叠层墙立面及三段墙体的高度图

以上是叠层墙的设置及绘制操作，希望读者理解其原理，今后碰到上下构造不一样的墙体时使用叠层墙命令会提高建模的效率。

3.4　编辑墙轮廓与墙连接

在实际项目中经常会碰到立面开洞很自由、不规则的形态，此时可用编辑墙轮廓命令来完成立面上的开洞。切换到南立面视图，选中绘制好的叠层墙，点击模式工具面板上的"编辑轮廓"命令，如图 3.4-1 所示，这时视图切换成编辑轮廓模式，在绘制工具面板上有各类绘制轮廓的工具，如"线"、"矩形"、"多边形"、"圆"、"弧线"等，如图 3.4-2 所示，运用这些工具可以在墙立面上自由地绘制开洞的轮廓，注意这些轮廓必须是闭合的，

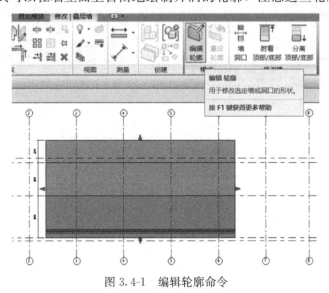

图 3.4-1　编辑轮廓命令

然后点击"√",完成轮廓编辑。我们绘制一段直线加弧线,再随意绘制几个多边形,点击"√",查看编辑后的效果,如图 3.4-3 所示。

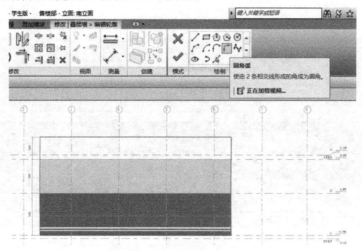

图 3.4-2 选择轮廓形状

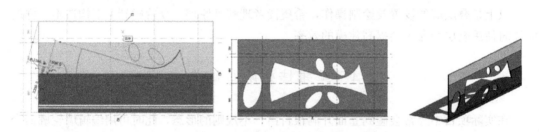

图 3.4-3 绘制轮廓及编辑完成效果步骤图

下面通过一个练习熟悉墙的"附着与分离"命令,点击"墙"命令,绘制面板上选择"起点-终点-半径弧"在 F1 平面视图中画一段弧墙,如图 3.4-4 所示,切换到南立面视

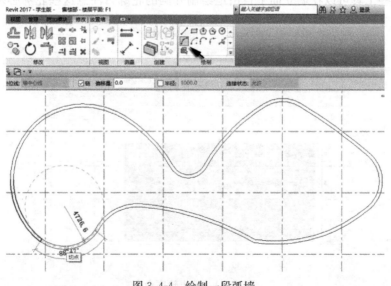

图 3.4-4 绘制一段弧墙

图,在"工作平面"面板中点击"参照平面"命令,如图 3.4-5 所示,然后在立面视图中墙体的上下分别绘制两条斜的参照平面,如图 3.4-6 所示,我们在用其他建筑类软件绘图时,也经常会绘制些参考线,在 Revit 中,参照平面可作为参考线来使用。

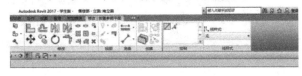

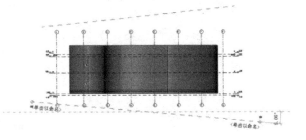

图 3.4-5　参照平面命令　　　　图 3.4-6　绘制参照平面

将全部墙体选中,点击"附着顶部/底部"命令,在选项栏里勾选"顶部"，然后点选视图中上方的参照平面,重复此操作,这次点选底部,然后点选视图中下方的参照平面,则系统驱动墙体附着到上下两侧的参照平面上,如图 3.4-7 所示。"分离顶部/底部"命令是"附着"的逆操作,请读者自行尝试。

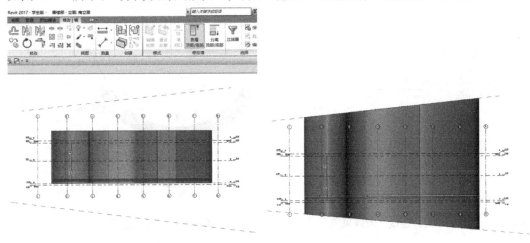

图 3.4-7　执行附着顶部/底部命令及效果

前文提到在绘制墙体时,因为在选项栏里的连接状态我们选择的是"允许（连接）",因此,墙体虽然是一段一段绘制的,但其端点是平滑连接的,有时在实际项目中,两种不同材质的墙体平面上相交时,则应该有明显的界限,这时我们就要修改墙体间的连接状态。点选图平面中的任一段墙体,在其端点上点击鼠标右键,在弹出的列表中选择"不允许连接",如图 3.4-8 所示,则两段墙体相交处会显示界限,如图 3.4-9 所示。当需要两段墙体重新连接时,点选墙体,这时视图中会出现一个"允许连接"的图标,点击它即可重新完成连接，如图 3.4-10 所示。

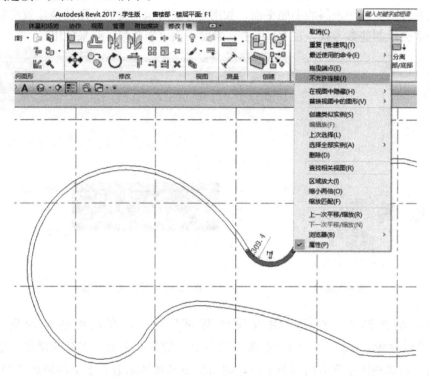

图 3.4-8　选中墙体点击鼠标右键

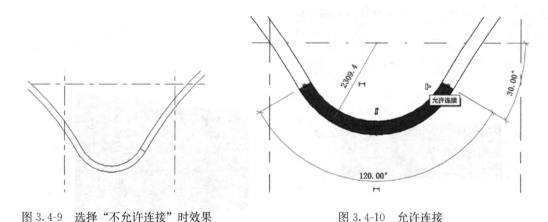

图 3.4-9　选择"不允许连接"时效果　　　　图 3.4-10　允许连接

3.5　幕墙的创建与编辑

　　Revit 中的幕墙命令主要是针对玻璃幕墙，但我们必须知道，玻璃幕墙只是幕墙系统中的一个门类，还有金属幕墙、石材幕墙等，相比于玻璃幕墙，金属和石材幕墙模型搭建要复杂得多，比如从构造上来说，干挂石材幕墙要先在外墙的金属预埋件上搭建幕墙龙骨，再用金属构件将一块块石材吊挂并固定在龙骨上，在这小节里我们先学习玻璃幕墙的操作，学完全部教程以后相信读者一定可以自己完成其他复杂构造的幕墙建模。

3.5.1 幕墙的基本操作

图 3.5-1 是素材文件"售楼部"的一层平面图与效果图，可以看到建筑的外立面是"两层皮肤"的设计，里面一层是全玻璃幕墙，外面一层是造型不规则的金属板＋玻璃幕墙板，我们先把主体部分相对规则的立面建完，再来解决外部的"第二层皮肤"。

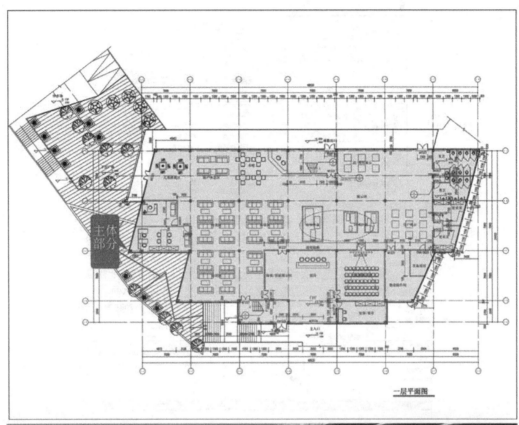

图 3.5-1　售楼部一层平面及效果图

幕墙的绘制与基本墙体的绘制操作类似，点击"建筑墙"命令，在属性面板下拉列表中找到"幕墙"点击，如图 3.5-2 所示，点击"编辑类型"，在类型属性对话框中，还是先复制一个幕墙类型，如图 3.5-3 箭头所示，修改完毕后在属性面板中将幕墙 2 的无连接高度改为 11400，然后根据素材文件中的售楼部 CAD 图纸将外墙绘制完成，如图 3.5-4 所示。

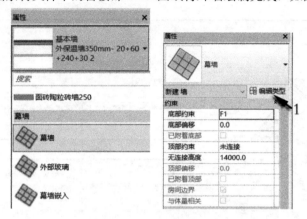

图 3.5-2　属性面板中选择幕墙

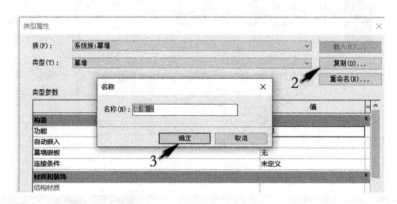

图 3.5-3　编辑幕墙类型

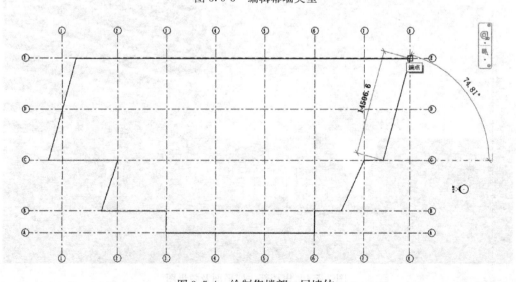

图 3.5-4　绘制售楼部一层墙体

外墙绘制完成后，切换到三维视图观察效果，会发现当前的幕墙仅显示为玻璃没有细节，如图 3.5-5 所示，经验告诉我们在实际的项目中玻璃幕墙有很多种构造形式，例如框支撑幕墙、玻璃肋幕墙、点爪式幕墙等，那么下面我们学习如何为幕墙添加分割与竖梃以及幕墙嵌板。图 3.5-6 显示了幕墙类型属性对话框中的类型参数列表，图中垂直网格和水平网格用来指定幕墙分割，即幕墙在垂直和水平方向上分成多少个幕墙单元，点击"布局"后的下

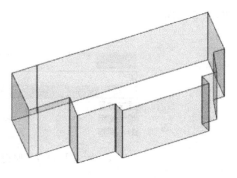

图 3.5-5 三维视图

拉列表可以以固定距离、固定数量等方式指定网格划分，也可指定为无；垂直竖梃和水平竖梃是网格划分好以后为幕墙添加竖梃，点击竖梃布局后的下拉列表，可以指定竖梃的轮廓种类，也可指定为无，如图 3.5-7 所示；勾选"调整竖梃尺寸"则系统会均分网格和竖梃，当然前提是尺寸上可以均分，请读者根据图 3.5-6 上显示的类型参数自行完成设置，点击"确定"，切换到三维视图，这时幕墙已经完成网格划分并添加了竖梃，

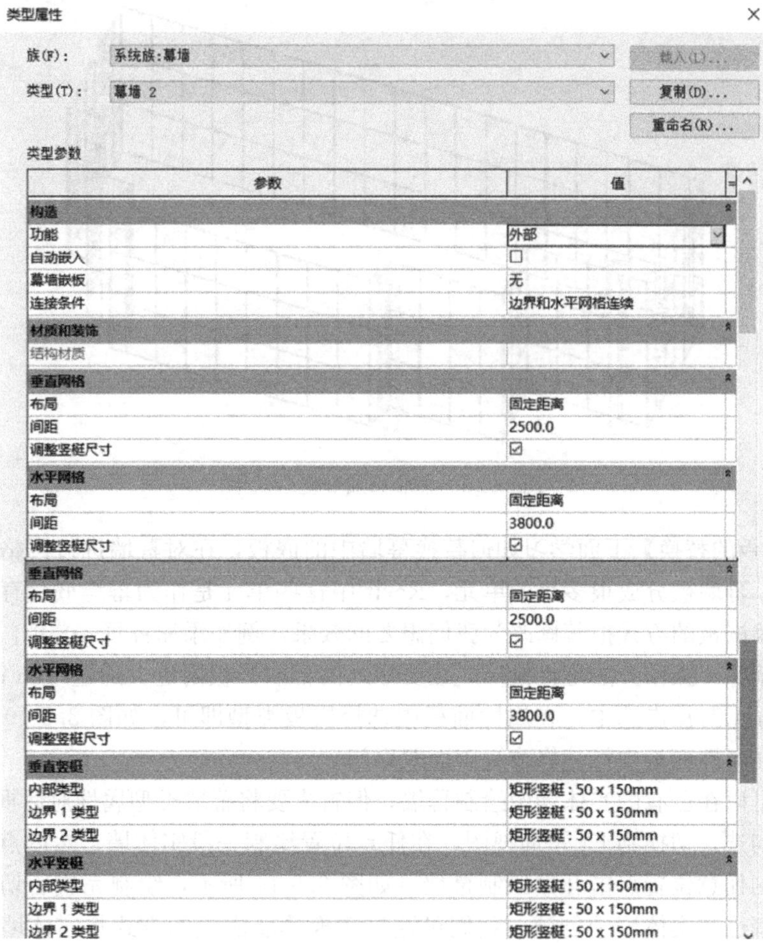

图 3.5-6 幕墙类型属性对话框

如图 3.5-8 所示。

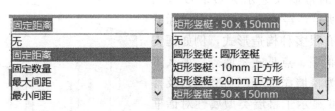

图 3.5-7 竖梃划分方式与类型的选择

图 3.5-8 中，我们发现有些竖梃的位置太过靠近，如图中框出的两个位置，这时需要对其进行进一步的编辑，点击需要修改的一段幕墙，选中的幕墙中心位置会出现"配置轴网布局"的图标，如图 3.5-9（a）所示，点击它则幕墙下方出现坐标基点，如图 3.5-9（b）所示，可通过它来切换水平和垂直方向上网格线的位置，点击水平方向箭头，则基点切换至中心位置，同时驱动竖梃移动到新位置，如图 3.5-9（c）所示，读者可尝试练习修改水平方向的竖梃位置。

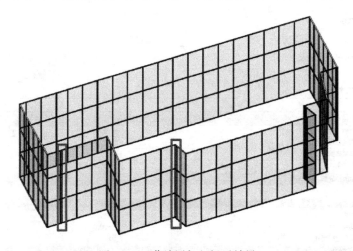

图 3.5-8 幕墙添加竖梃后效果

【幕墙嵌板的替换】下面学习如何替换幕墙中的嵌板，在对幕墙进行网格划分以及添加竖梃以后，幕墙被分成很多小的单元，Revit 中这些单元是作为幕墙嵌板存在的，可以通过替换幕墙嵌板的方式把其修改为我们想要的效果，例如添加百页、幕墙门窗或幕墙中添加部分实墙等。操作方法是将鼠标放在要修改的幕墙嵌板附近，通过 Tab 键切换选择，当嵌板高亮显示时点击选中，在属性面板中选择嵌板类型即可，如图 3.5-10 所示，选中幕墙嵌板后在属性面板中将其修改为店面双扇门。

我们还可以在已有的实体墙中绘制幕墙，但首先要将幕墙类型属性对话框中的"自动嵌入"功能勾选，切换到 F1 平面视图，在任意位置绘制一段实体墙，然后点击幕墙，在实体墙其中的任意位置点击开始绘制幕墙，如图 3.5-11 所示，绘制完成后切换到三维视图查看，幕墙已在实体墙中创建，我们可通过替换幕墙嵌板的方式将实体墙加进幕墙当中，也可在实体墙中用自动嵌入的方式绘制幕墙，请读者掌握上述操作。

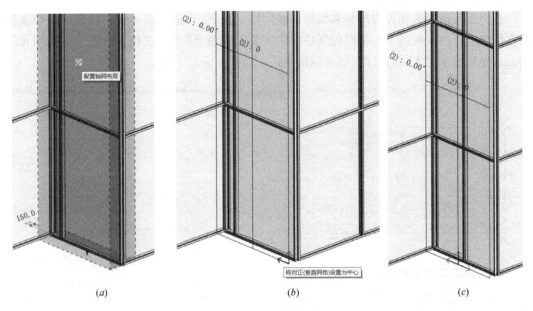

图 3.5-9 配置轴网布局

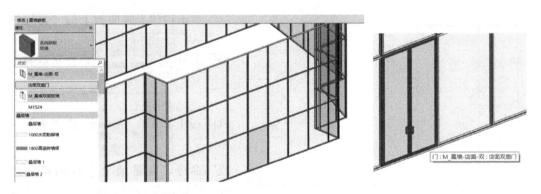

图 3.5-10 修改幕墙嵌板类型步骤图

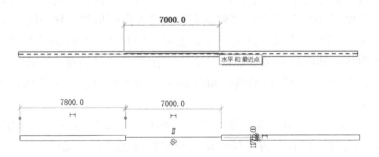

图 3.5-11 在实墙中绘制玻璃幕墙

3.5.2 手动划分幕墙网格及添加竖梃

我们还可通过手动方式添加和编辑幕墙网格，在 F1 平面视图绘制一段幕墙，切换到南立面视图，点击视图下方视图控制栏中的"临时隐藏/隔离"按钮，选择"隔离图元"，图元被隔离出来进入临时隐藏/隔离编辑模式，如图 3.5-12 所示。

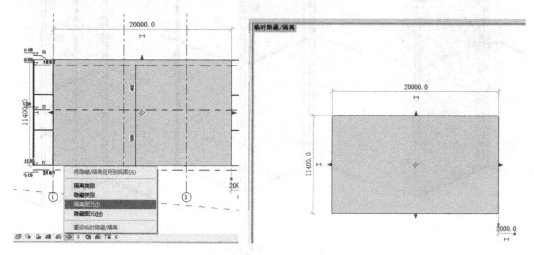

图 3.5-12 隔离图元操作步骤图

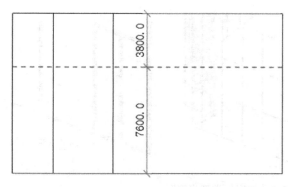

图 3.5-13 在幕墙中手动添加网格线

点击构建工具面板上的"幕墙网格"工具，再点击放置工具面板上的"全部分段"命令，在幕墙上进行网格的划分，将鼠标靠近幕墙的上下缘时生成垂直方向的网格，靠近左右缘时生成水平方向的网格，临时尺寸帮助定位，如图 3.5-13 所示。网格划分好以后，点选某一根网格，点击"添加/删除线段"命令可将垂直和水平方向网格相交部分的一段网格删除掉，如图 3.5-14 所示，同时这个命令是可逆的，也可将删除的一段网格重新添加，请读者自行尝试。点击构件工具面板上的"竖梃"命令，在放置工具面板上点击"全部网格线"，同时在属性面板上选择一个竖梃类型，如图 3.5-15 设置好以后点击幕墙，则系统在网格线位置添加竖梃。

通过 Tab 键切换选中一块幕墙嵌板，在属性面板将其指定为一种实墙类型，如图 3.5-16（a）所示，重复这一操作，将另外一块嵌板也换成实墙，完成后效果如图 3.5-16（b）所示。

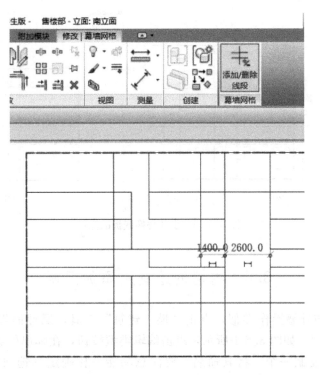

图 3.5-14 通过"添加/删除线段"命令编辑网格

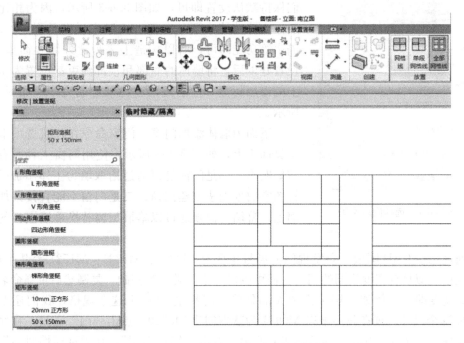

图 3.5-15 手动为网格添加竖梃的操作

47

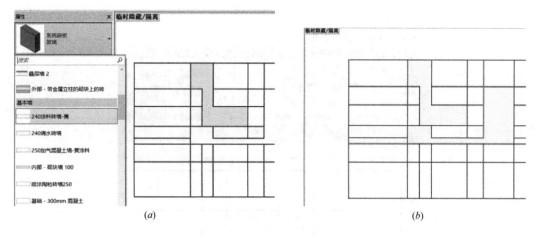

图 3.5-16 手动替换嵌板的操作

3.6 内墙的绘制及添加门窗

内墙的绘制与外墙操作类似，点击"墙：建筑"工具，属性面板下拉列表中选择"内部-砌块墙 100"，如图 3.6-1 所示，点击编辑类型按钮，在弹出的类型属性对话框中还是习惯性地先复制一个，将其命名，要注意功能一栏确定其选项为"内部"，如图 3.6-2 所示。

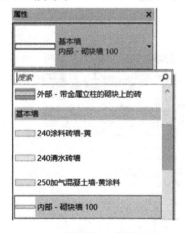

图 3.6-1 选择内墙类型

编辑好以后点击结构编辑，在编辑部件对话框中我们保持默认设置即可，如图 3.6-3 所示，因为相比于外墙，内墙功能主要是分隔，一般来说满足强度、防潮、隔声等功能即可，所以构造上来说比外墙要简单一些，设置好以后，将墙体的底部和顶部约束都设置为从下到上的楼层标高，然后逐层将内墙绘制完毕，如图 3.6-4 所示。

下面为墙体添加门窗，门窗命令在建筑选项卡构建工具面板上，如图 3.6-5 所示，使用门窗工具前有两点需要明确：一是门窗是以通过拾取墙为主体添加的，在视图空白处无法创建门窗；二是门窗不能直接添加到幕墙上，幕墙门窗须通过以幕墙门窗替换幕墙嵌板的形式添加。

通过观察 CAD 图纸，会发现门的型号主要有 M0921、M1221、M1521 等几个规格，对于规格类似只有宽度不同的门，我们可以以一个门类型为基础，复制然后重新命名，再修改其宽度即可，例如一层平面中大部分单扇门都是 M0921 这个规格，我们还发现有 M0820 这个尺寸，现在我们来以 M0921 为蓝本创建 M0820。点击"门"工具，在属性面板下拉列表中选择 M0921，如图 3.6-6 所示，点击"编辑类型"，在类型属性对话框中点击"复制"，将其命名为 M0820，点击"确定"，再将其宽度和高度分步改为 800 和 2000，如图 3.6-7 所示。

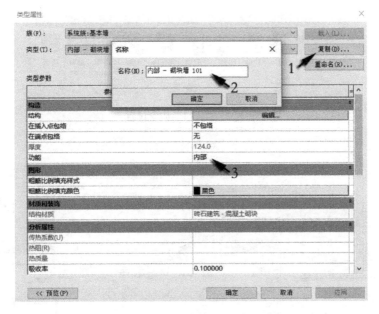

图 3.6-2 内墙类型属性设置

图 3.6-3 编辑部件对话框

设置好以后在视图中拾取目标墙体，将门添加即可，如图 3.6-8 所示，门放置好以后，可通过点击符号来改变门的开启方向，如图 3.6-9 中箭头所示。

根据 CAD 图纸将门添加完成，添加的时候也可使用"镜像"、"复制"等命令，可提高绘图效率。窗的添加与门类似，也以已有墙体为主体添加，注意在属性面板中的底高度是指窗台高度，如图 3.6-10 所示，请读者根据图纸将内墙的门放置完成；窗的添加操作与门的操作类似，请读者尝试窗的添加操作。图 3.6-11 为内墙门添加完成后的效果。

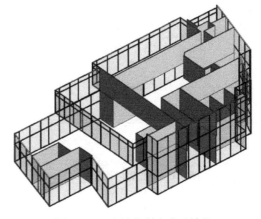

图 3.6-4 内墙绘制完成后效果

49

图 3.6-5 "门"命令位置

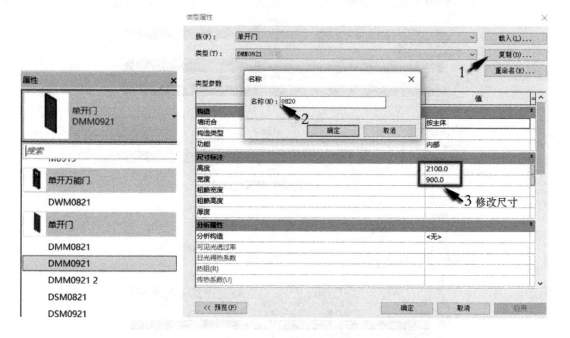

图 3.6-6 选择门类型　　　　图 3.6-7 门类型属性的设置

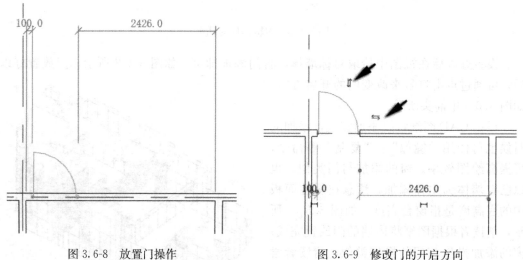

图 3.6-8 放置门操作　　　　图 3.6-9 修改门的开启方向

图 3.6-10 指定窗台高度

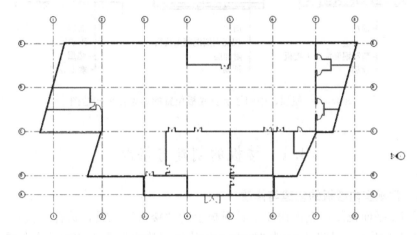

图 3.6-11 内墙门添加完成后

51

4 楼板、屋顶及天花板创建与修改

与绘制墙体一样，在创建楼板之前我们还是应该对楼板的构造层次有所了解，比如图 4.0-1 所示为建筑屋顶、中间层、底板位置的典型楼板构造，在进行具体的绘制之前，要先对楼板的构造层次，包括材质以及厚度等信息进行设置，这个环节非常关键，只有把准确的信息赋予模型，这样的模型才是对项目有指导意义的。

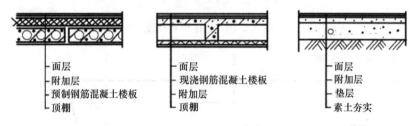

图 4.0-1　屋顶、中间楼层及底板位置的典型楼板构造图

4.1　楼板的创建与修改

4.1.1　常规室内楼板的创建与修改

切换到 F1 平面视图，点击构建工具面板上的"楼板"工具，选择"楼板 建筑"工具，如图 4.1-1 所示，视图切换到"修改｜创建楼层边界"上下文模式，如图 4.1-2 所示，可以理解为通过绘制楼板的边界轮廓来创建，在绘制工具面板上，既有绘制轮廓的

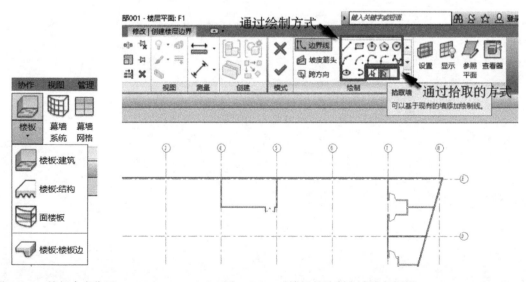

图 4.1-1　楼板命令位置　　　　图 4.1-2　对楼板的绘制方式进行预设

线、弧、多边形等绘制工具，还可以通过拾取墙，拾取线的方式确定楼板轮廓，因为外墙已经绘制完成，所以我们点击拾取墙来绘制楼板边界。

在拾取墙以前，还是先对楼板属性参数进行设置，在属性面板下拉列表选择"常规140"点击"编辑类型"，如图4.1-3所示，类型属性对话框中复制、命名一个楼板类型，如图4.1-4所示。

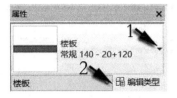

图4.1-3 选择楼板类型

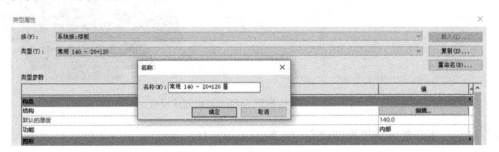

图4.1-4 对楼板类型进行设置

点击类型参数结构栏后的"编辑"，通过"插入"、"向上"按钮新建构造层次，并将功能、材质和厚度改为如图4.1-5所示，同时将面层后的"可变"按钮勾选，可变的意思是我们可以对其进一步的修改，如设置排水找坡等，同时将选项栏的"延伸到墙中（至核心层）"勾选，因为很多时候楼板和墙体的核心层是有相交部分的。

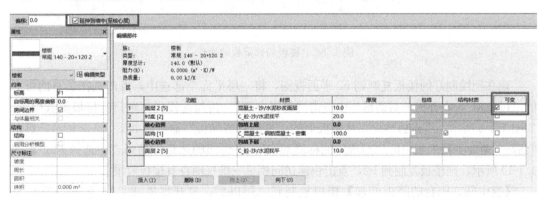

图4.1-5 楼板构造的设置

设置完成，在视图中依次拾取外墙，已经拾取成功的墙体会出现高亮显示的轮廓线，注意边界线必须是一个闭合的没有重合部分的轮廓，必要时要借助修改工具面板上的"延伸"、"修剪"等工具，另外一点需要强调的是在实际项目中卫生间区域是要降板的，一般公建降50，住宅降350左右，所以我们先把没有降板的区域边界拾取完再来处理降板的区域，如图4.1-6拾取完成后点击，则楼板创建完毕。

我们再来绘制降板区域的楼板，重复之前的楼板操作，在编辑楼板结构时将面层改为"瓷砖"，再将属性面板中的"自标高高度偏移"改为-50，如图4.1-7（a）框选部分所示，设置完成后通过拾取墙，拾取线的方式绘制卫生间区域的边界轮廓，完成后点击

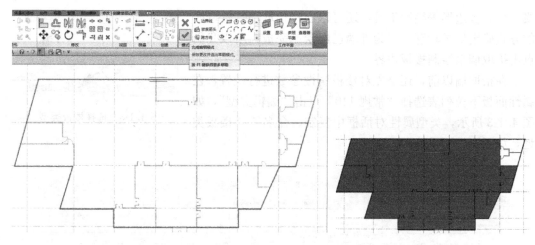

图 4.1-6 通过拾取边界的方式创建楼板

"√"按钮,则降板区域楼板创建完毕,如图 4.1-7(b)所示。

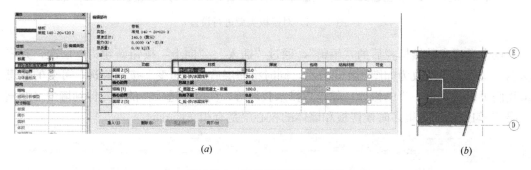

图 4.1-7 楼板局部降板的操作

现在把绘制好的楼板复制到 F2 平面视图,将一层平面全部选中,点击选择工具面板上的"过滤器",在弹出的对话框当中点击"放弃全部",再勾选楼板,则只有楼板被选中了,如图 4.1-8 所示,点击剪贴板工具面板上的"复制到剪贴板"命令,如图 4.1-9 所示,点击"粘贴"命令下拉列表中的"与选定的标高对齐",在弹出的选择标高列表中选择 F2,如图 4.1-10 所示,则楼板复制到 F2,点击快速访问栏里三维视图查看楼板效果。

【卫生间、阳台的降板处理】楼板复制到二层以后,打开售楼部 CAD 图纸,我们发

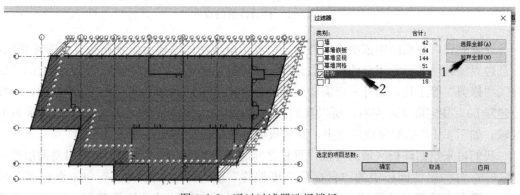

图 4.1-8 通过过滤器选择楼板

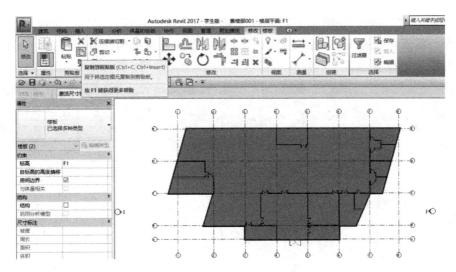

图 4.1-9 将选中的楼板复制到剪贴板

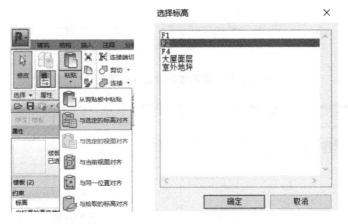

图 4.1-10 将楼板复制到其他标高

现二层的楼板与一层的楼板不尽相同,首先在 4～7 轴交 E 轴处楼板挑出去 2 米,其次楼板中部挖空了一个椭圆形的形状,再次二层有一个空中绿化露台,一层中我们讲到洗手间要降板,在实际项目中阳台露台部分也是要降板的,下面我们继续编辑二层的楼板,对上述三处做修改。将二层楼板选中,这时视图切换为"修改|楼板"上下文模式,点击模式工具面板下的"编辑边界"命令,如图 4.1-11 所示。

视图进入"修改|楼板 编辑边界"模式,重新拾取墙生成轮廓,使用椭圆命令在相应位置绘制挖空部分轮廓,保证轮廓是闭合的,在属性面板上将"自目标高度偏移"值设

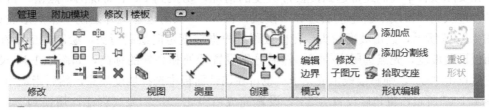

图 4.1-11 "编辑边界"命令位置

为 0，点击"√"完成，如图 4.1-12 所示。接下来继续创建露台部分的楼板，点击"楼板"命令，重复之前的操作，拾取完轮廓后，将属性面板中的偏移值改为-50，点击"√"完成，如图 4.1-13 所示。

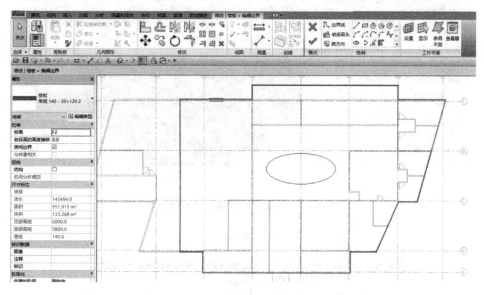

图 4.1-12　编辑楼板边界（局部挖空）

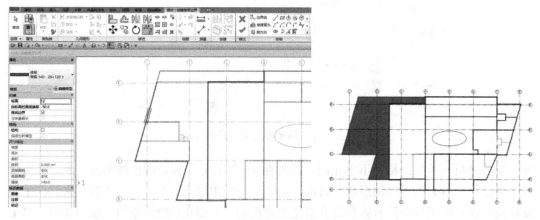

图 4.1-13　编辑楼板边界（阳台降板）

至此售楼部的楼板绘制完成，切换到三维视图查看效果，如图 4.1-14 所示。

4.1.2　斜楼板的创建与修改

在实际项目中我们经常遇到楼板带坡度的情况，切换到 F1 平面视图，点击"楼板"工具，进入到"修改｜创建楼层边界"模式，在 3～5 轴附近建筑外绘制一个矩形轮廓，如图 4.1-15 所示，点击坡度箭头，在楼板附近根据坡度走向绘制箭头，绘制完毕后在属性面板设置坡度，先点选尾高模式，然后分别设置低处和高处的标高，如图 4.1-16 设置完成后点击"√"，则斜楼板生成完毕；也可在属性面板中选择坡度模式，然后指定角度，如图 4.1-17 所示，将角度设置为 35°，设置完成后点击"√"完成创建，切换到三维视图，由两种方式创建的楼板效果如图 4.1-18 所示。

56

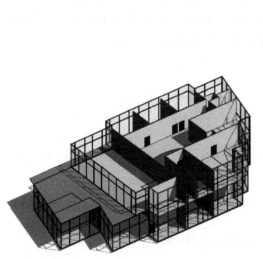

图 4.1-14 售楼部楼板绘制完成

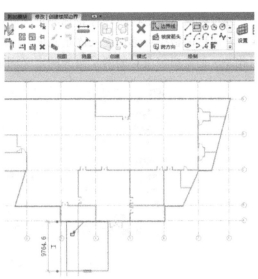

图 4.1-15 绘制楼板轮廓

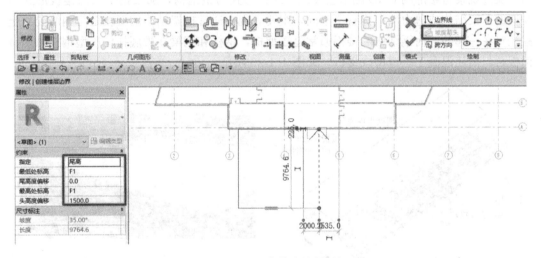

图 4.1-16 尾高模式绘制斜板

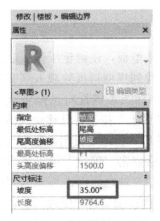

图 4.1-17 指定楼板倾斜角度

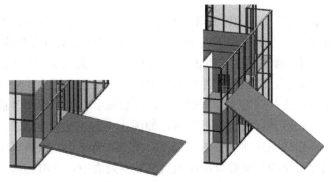

图 4.1-18 坡度模式绘制斜板

还可以通过指定楼板边缘轮廓的定义固定高度的办法创建斜板，方法是点选楼板边界线，在属性面板中点选"定义固定高度"，然后指定偏移距离，如图 4.1-19 所示，注意使用此办法是要指定成对的两个边缘的定义固定高度，请读者自行尝试。

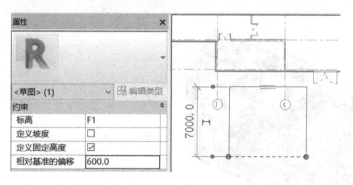

图 4.1-19　定义固定高度方式绘制斜板

4.1.3　压型板的创建与修改

通过观察售楼部的 CAD 图纸会发现其结构形式为钢结构，那么钢结构的楼板形式与普通的框架结构或剪力墙结构有所不同，主要表现在通常框架结构的楼板是与钢筋混凝土柱浇筑在一起的，而钢结构的楼板通常是压型板，钢柱和钢梁在板底托住压型钢板，压型钢板再与钢筋混凝土一道构成楼板，如图 4.1-20 所示。

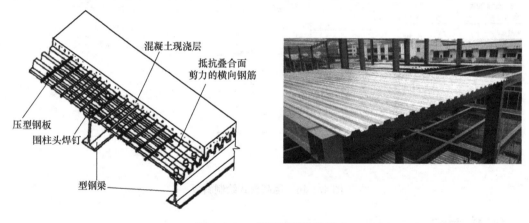

图 4.1-20　压型钢板构造图

【金属压型板的轮廓载入与创建】下面来为 F2 楼板创建压型板，在创建压型板之前要先载入压型板轮廓，点击"插入族"，浏览到素材文件夹，找到压型钢板族载入到文件中，将 F2 楼板选中，点击属性面板大的"编辑类型"按钮，在类型属性对话框中点击"结构编辑"，在编辑部件对话框中新建一个构造层次，通过"向上"按钮将其移动到核心层下方，将其功能改为压型板，这时会显示当前可用压型板轮廓，将压型板用途改为与上层组合，将其材质改为不锈钢，如图 4.1-21 所示，修改完成后点击"确定"退出完成编辑。点击视图选项卡中的"剖面"工具，在 F1 平面视图中 5、6 轴之间点击拖动绘制剖切符号，剖面生成并显示在项目浏览器列表中，点击它进入剖面视图，将视图改为着色模式，并将详细程度改为精细，可以看到楼板已显示为压型板的效果，如图 4.1-22 所示。

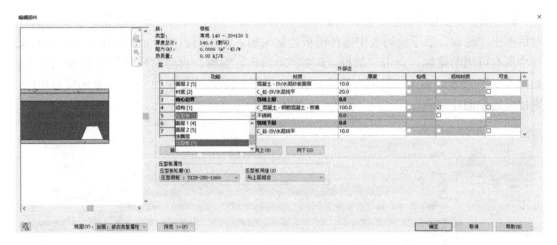

图 4.1-21 压型钢板轮廓的载入及设置

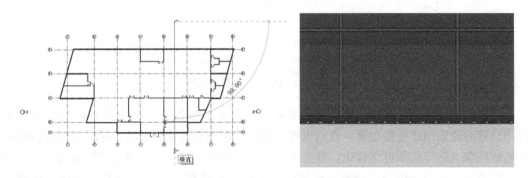

图 4.1-22 压型钢板在剖面视图中效果

4.1.4 "楼板边"工具的使用

楼板与玻璃幕墙交接处通常会有边梁，如图 4.1-23 所示，"楼板边"工具可以为楼板添加边梁，边梁的轮廓我们可以通过创建轮廓族来指定，下面以图中的边梁轮廓为例学习"楼板边"工具的使用。点击建筑选项卡楼板工具下的"楼板边"工具，如图 4.1-24 所示。

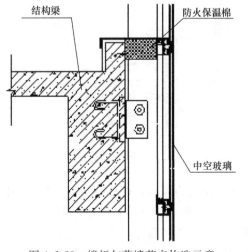

图 4.1-23 楼板与幕墙节点构造示意

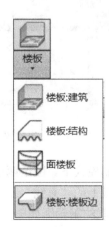

图 4.1-24 "楼板边"工具位置

【使用楼板边工具创建楼板边梁】点击属性面板中的"编辑类型"按钮,在类型属性对话框中"轮廓"后下拉列表中选择楼板边梁轮廓,下拉列表中显示的轮廓是当前项目文件中所有可用的轮廓,点击"加厚:600×300mm"轮廓,再将材质设置为钢筋混凝土,如图 4.1-25 所示,点击"确定"返回,在 F2 平面视图中点击 A 轴交 3~6 轴的楼板边线,则楼板边梁创建完成。

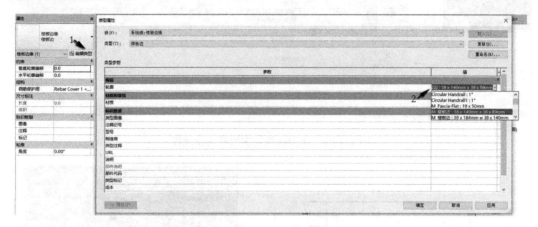

图 4.1-25　编辑楼板边类型属性

切换到剖面视图,可以看到边梁的效果,如图 4.1-26 所示。以上是利用当前项目文件中自带的轮廓创建楼板边梁,我们也可以自己绘制想要的轮廓形状,这时需要新创建一个轮廓族载入到当前项目文件中,点击左上角应用程序菜单按钮,点击"新建-族",如图 4.1-27 所示,这时会弹出"新族:选择样板文件"对话框,前面的章节中当我们新建一个项目文件时要选择一个项目样板文件,同理新建族时我们也要先选择一个合适的族样板文件,列表中可以看到有各种各样的族样板文件,我们要创建的是楼板边梁轮廓,所以我们选择"公制轮廓"添加楼板边梁后效果作为族样板文件,如图 4.1-28 所示。

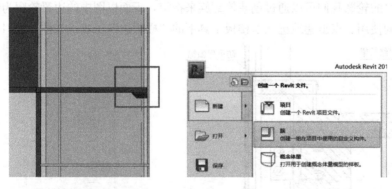

图 4.1-26　边梁效果　　　　图 4.1-27　"新建-族"操作

进入族绘制模式下,图中两条虚线相交的位置为原点,可理解为楼板边线的位置,点击详图工具面板上的"直线"工具,如图 4.1-29 所示,开始在图中绘制边梁轮廓,根据图 4.1-25 的形状绘制轮廓如图 4.1-30 所示,点击应用程序菜单按钮下的"保存"命令,将其保存为族 2 文件。点击族编辑器上的"载入到项目"命令,将文件载入。

图 4.1-28 选择族样板文件对话框

图 4.1-29 族环境下自定义边梁轮廓 　　　　图 4.1-30 载入到项目中命令

在项目文件中点击"楼板边"工具，点击属性面板上的"编辑类型"，在类型属性对话框中，复制一个新类型，将轮廓改为我们刚创建的"族 2"轮廓，将材质改为混凝土，如图 4.1-31 所示，切换到 F2 平面视图，在 A 轴交 3~6 轴的楼板边线点击生成楼板边梁，

图 4.1-31 选择载入的边梁轮廓

切换到剖面图查看效果,发现系统已经根据绘制的轮廓进行放样,如图 4.1-32 所示。

图 4.1-32 添加自定义边梁后效果

4.2 天花板的创建与修改

楼板已经创建完成,在学习屋顶工具之前我们先来学习天花板工具,点击构建工具面板上的"天花板"工具,视图进入到"修改|放置天花板"模式,可以看到天花板有两种创建方式:自动创建天花板、绘制天花板,如图 4.2-1 所示。

 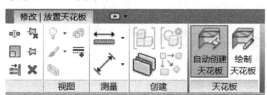

图 4.2-1 天花板工具的选择与预设

点击"自动创建天花板",在属性面板上类型下拉列表中选择天花板类型"600×1200mm 轴网",将自标高的高度偏移改为 3500,即自标高 F2 往上 3.5 米位置,同时勾选"房间边界";点击"编辑类型"弹出类型属性对话框,可以看到基本天花板属于系统族,如图 4.2-2 所示,我们保持当前的天花板设置不变,点击"确定"返回,在 F2 平面

图 4.2-2 天花板类型属性的设置

视图中不同房间范围任意处点击，则该房间范围内天花板创建完成，同时会弹出系统提示，如图 4.2-3 所示。

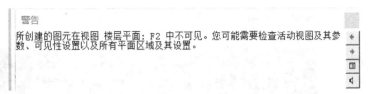

图 4.2-3 "视图不可见"系统提示

建筑平面图是在一定高度剖切下的水平投影图，因为天花板平面视图一般要高于平面图剖切高度，所以平面视图中不可见，我们可以在剖面或三维视图中查看。我们还可通过绘制天花板的方式创建，点击"绘制天花板"命令，进入到"修改｜创建天花板边界"模式，如图 4.2-4 所示，用拾取墙的方法拾取边界轮廓，再用矩形工具在楼板挖空部分的上方绘制矩形，完成后点击"√"退出编辑，切换到三维视图查看效果，如图 4.2-5 所示。

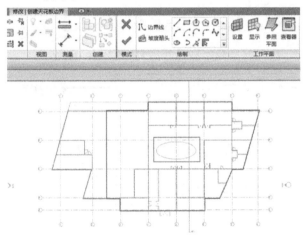

图 4.2-4 "修改｜创建天花板边界"模式

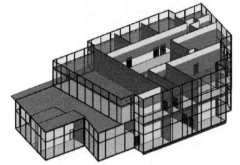

图 4.2-5 天花板添加后效果

4.3 屋顶的创建与修改

点击构建工具面板上的"屋顶"工具，下拉列表显示了三种创建屋顶的方式以及一些与屋顶相关构件的创建工具，如图 4.3-1 所示，一般来说"迹线屋顶"是比较常用的屋顶创建工具，"拉伸屋顶"工具适合一些形状不规则的屋顶形式，图 4.3-2 中建筑的屋顶就比较适合用拉伸屋顶工具来创建，下面我们依次来学习屋顶工具的操作。

4.3.1 平屋顶的创建与修改

先来查看售楼部 CAD 图纸屋顶层平面图，其屋顶为平屋顶，同时中间有部分为玻璃天窗，6～7 轴交 B～C 轴的屋面与大屋面存在高差，其次 2 轴处还有部分屋顶为玻璃屋顶，如图 4.3-3 所示，我们分别为这几部分创建屋顶。

图 4.3-1 "屋顶"工具下拉列表

图 4.3-2 某项目曲面屋顶图

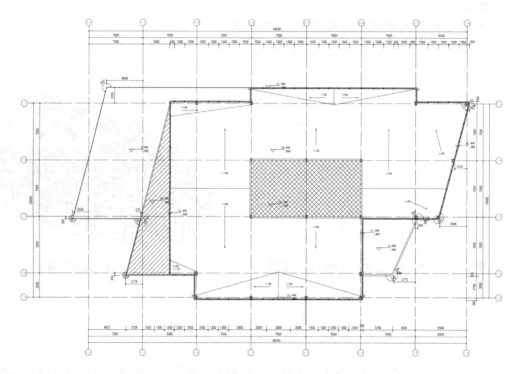

图 4.3-3 售楼部屋顶层 CAD 图纸

点击"迹线屋顶"工具,在属性面板下拉列表中选择"架空隔热保温屋顶"类型,点击"编辑类型",在弹出的类型属性对话框中先复制命名一个新类型,点击"结构"后的"编辑"按钮,如图 4.3-4 所示,同时查看选项栏上的选项,当不勾选"定义坡度"时,则是创建平屋顶;需要创建坡屋顶时,则须勾选;悬挑是指屋顶要相对于外墙的出挑尺寸;勾选"延伸到墙中"。

在编辑部件对话框中,可根据具体的需要来定义屋顶的构造层次,如上人屋面和不上

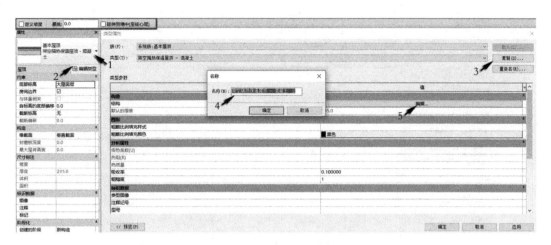

图 4.3-4 屋顶类型属性对话框

人屋面的构造是不同的,我们保持当前设置不变,将面层后面的"可变"选项勾选,因为平屋顶也需要找坡来实现排水;同时我们注意到此类型屋顶的总厚度为 295mm,如图 4.3-5 所示,点击"确定"退出。

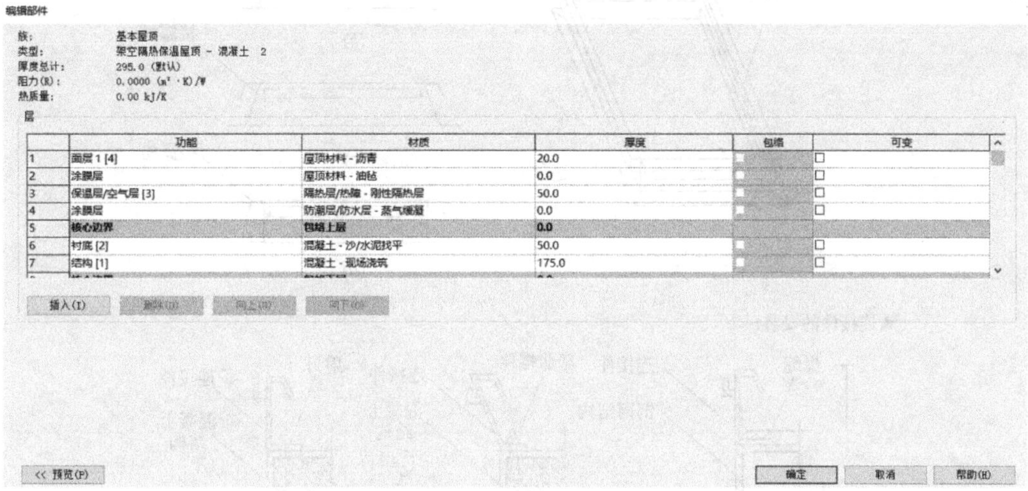

图 4.3-5 编辑部件对话框

视图进入"修改|创建屋顶迹线"模式,通过拾取墙及"矩形"工具绘制如图 4.3-6 的轮廓,同时将属性面板的"自标高的底部偏移"进行数值修改,注意屋顶的定位面是以底面为基准面,所以为了保证屋顶的完成面标高为 10800,就需要将偏移值设为-295,也就是屋顶的厚度,点击"√"退出编辑。

【创建屋顶玻璃天窗】我们继续创建中间部分的玻璃天窗,通过查看图纸得知其标高为 11100,比大屋面高 300,我们先来熟悉天窗构造的一般性做法,如图 4.3-7 所示。

可以看到,天窗通过卡扣等构件与金属连接件固定,金属连接件再与主体结构连接,我们先通过梁工具在大屋面上绘制金属连接件,再用玻璃斜窗工具绘制玻璃采光顶,关于

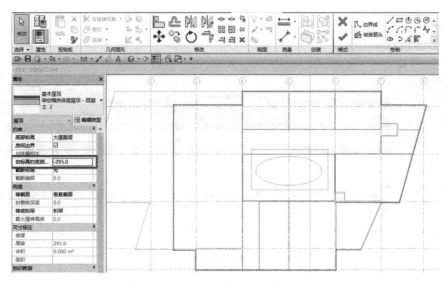

图 4.3-6 拾取轮廓创建屋顶

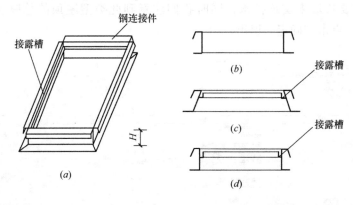

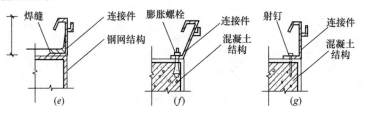

图 4.3-7 玻璃天窗构造示意

(a) 标准连接件轴侧图；(b) 不含接露槽连接件；(c) 前探式连接件；(d) 含接露槽连接件；(e) 焊接；(f) 螺栓连接；(g) 射钉连接

结构部分的布置如柱、梁的创建会在后面的章节专门进行讲解，在此先学习简单的梁工具的使用。点击结构选项卡上的"梁"工具，进入"修改｜放置梁"模式，在属性面板中选择"通用梁：305×102×25"类型，将参照平面改为大屋面层，Z轴对正改为底，选择绘制面板上的线模式，如图 4.3-8 所示，在视图中 4～6 轴交 C～D 轴的区域边缘绘制梁，绘制完切换到三维视图中查看效果，如图 4.3-9 所示，因为玻璃顶的标高比大屋面高 300，

66

我们将梁全部选中，点击属性面板中的"编辑类型"，在类型属性复制一个类型，将其高度 h 改为 300，如图 4.3-10 所示，点击"确定"返回。

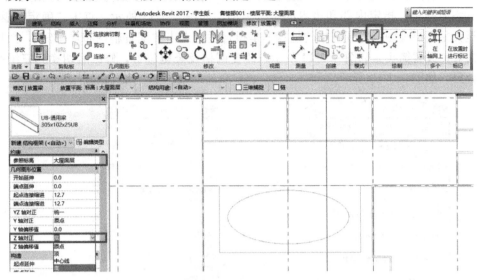

图 4.3-8　"修改丨放置梁"模式下设置梁参数

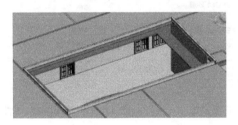

图 4.3-9　放置梁后效果

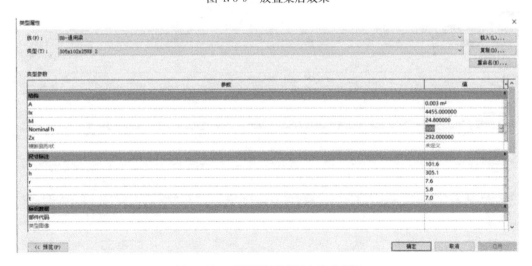

图 4.3-10　梁属性对话框中修改高度

下面绘制采光顶，点击"屋顶"工具，在列表中选择玻璃斜窗，如图 4.3-11 所示，点击"编辑类型"，在类型属性对话框中复制一个类型，在属性面板将参数改为如图 4.3-

67

12所示,在视图中4~6轴交C~D轴的区域边缘绘制天窗,绘制完成后点选,点击"编辑类型",在弹出的类型属性对话框中会发现玻璃斜窗的类型参数与玻璃幕墙很类似,我们为其添加网格,指定内部和边界的竖梃类型,如图4.3-13所示,点击"确定"返回,切换至大屋面层视图,发现网格的位置不是很合适,点击"配置轴网布局按钮",然后依次点击对正设置箭头,如图4.3-14所示,改变网格及竖梃位置,修改后切换到三维视图查看效果,如图4.3-15所示。

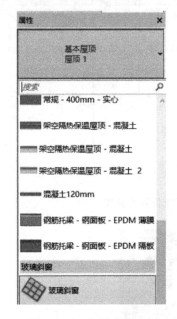

图 4.3-11 选择玻璃斜窗

图 4.3-12 修改斜窗属性面板上的参数

图 4.3-13 配置斜窗的网格及竖梃

在二楼绿化露台的上方,还有三角形的一段玻璃屋顶,这部分请读者利用玻璃斜窗自己完成创建,完成后效果如图4.3-16所示。

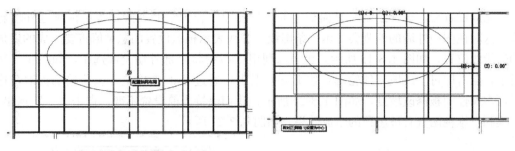

图 4.3-14　调整网格位置

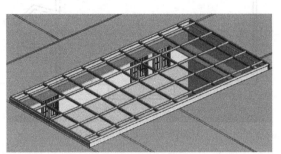

图 4.3-15　天窗设置效果

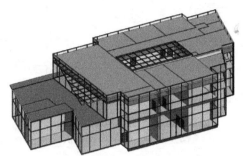

图 4.3-16　天窗完成后效果

4.3.2　坡屋顶的创建与修改

在实际项目中坡屋顶是很常见的类型，利用 Revit 可以创建任意形状的坡屋顶。打开素材文件"4.3.2 坡屋顶"，切换到屋面层平面视图，点击"迹线屋顶"命令，进入到"修改｜创建屋顶迹线"模式下，在选项栏将"定义坡度"勾选（不勾选为创建平屋顶），悬挑指的是屋顶相对于外墙出挑的距离，输入 600，勾选"延伸到墙中"选项，如图 4.3-17 所示；在属性面板中选择屋顶类型，同时设置底部标高、椽截面等指标。

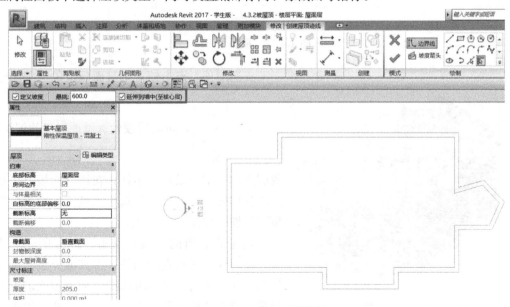

图 4.3-17　屋顶命令选项栏参数预设

完成设置后，选择绘制工具面板上的"拾取墙"作为绘制方式，将鼠标靠近外墙轮廓，这时视图中外墙的外侧会显示一条虚线，虚线表示根据设置的悬挑值将要生成的屋顶的边缘线位置，如图 4.3-18 所示，也可以利用 Tab 键将全部外墙全部选中，如图 4.3-19 所示，点击即可生成坡屋顶轮廓，按 Esc 键退出，通过 Tab 键将全部屋顶轮廓拾取，这时可在属性面板修改坡度，如图 4.3-20 所示，我们保持当前设置不变，点击"√"退出，切换到三维视图查看坡屋顶的生成效果，如图 4.3-21 所示。

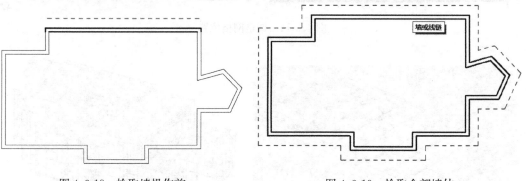

图 4.3-18 拾取墙操作前　　　　　　图 4.3-19 拾取全部墙体

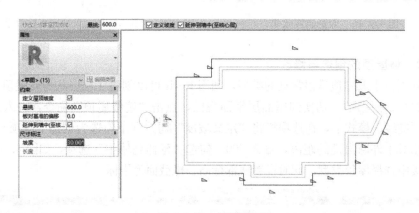

图 4.3-20 屋顶平面

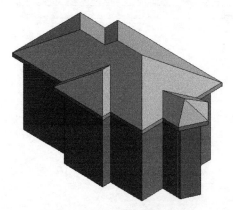

图 4.3-21 屋顶三维效果

点选屋顶，点击模式工具面板下的"编辑迹线"工具，可对屋顶轮廓做进一步的编辑，我们点选其中一条屋顶边线，在属性面板下可以修改其坡度，也可以不勾选定义坡度，则该侧屋顶不起坡，如图 4.3-22 所示。

点选最上面的边线，点击"拆分图元"工具，在边线上任意点击两处，将其拆分成三部分如图 4.3-23 所示，点击中间段，将其定义坡度不勾选，点击"坡度箭头"命令，然后两侧坡度箭头,如图 4.3-24 所示,绘制好后选中两个坡度箭头,在属性面板中将头高度偏移改为 2000,点击"应用",如图 4.3-25 所示;将左右两段选中,把属性面板中相对基准的位移改为-800,如图 4.3-26 所示。

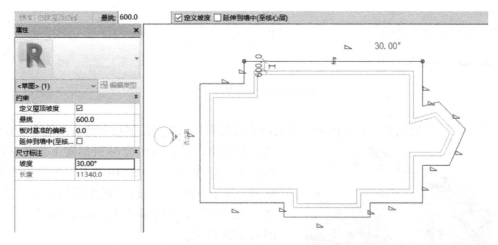

图 4.3-22　使用"编辑迹线"命令编辑屋顶轮廓

图 4.3-23　选择拆分图元命令

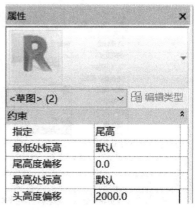

图 4.3-24　绘制坡度箭头　　　　　　　　图 4.3-25　修改高度偏移

 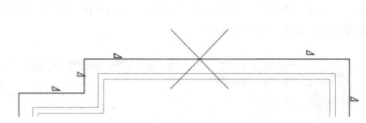

图 4.3-26 修改基准位移

点击"√"完成修改，切换到三维视图查看效果，会发现绘制坡度箭头的地方已经生成了斜屋顶，而左右两段屋顶都向下偏移 800，如图 4.3-27 所示，在屋面层上方 1 米处创建 F4 标高，选中屋顶，在属性面板中将截断标高定为刚刚创建的 F4，则屋顶在 F4 标高处被截断，如图 4.3-28 所示。

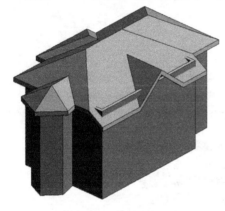

点选屋顶，点击"编辑迹线"，点击"对齐屋檐"工具后的调整高度，这时图中会显示各条屋檐的相对于屋面层的高度值，通过观察发现除了之前设定偏移-800 的位置其余都为-346，如图 4.3-29 所示，点选高度值为-1146 的边线，再点击五边形处的边线，将其屋檐与-1146 的屋檐对

图 4.3-27 三维效果

齐，会发现其数值也发生了变化，如图 4.3-30 所示，修改完毕后点击"√"退出，切换到三维视图查看效果，如图 4.3-31 所示，会发现其屋檐已向下偏移对齐。

 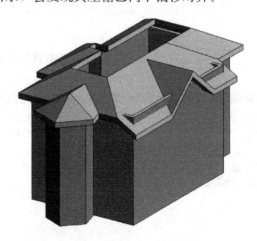

图 4.3-28 设置截断标高及三维效果

4.3.3 拉伸屋顶的创建与修改

拉伸屋顶的操作，首先绘制屋顶轮廓，然后用放样的方式来创建屋顶，特别适合那些截面轮廓比较不规则的屋顶。点击之前生成的屋顶，点击"编辑迹线"，将上边线坡度箭

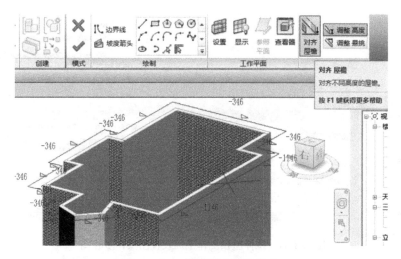

图 4.3-29　调整屋顶边线高度

头删除，如图 4.3-32 所示，然后将轮廓闭合，点击"√"退出编辑，在屋顶靠近上部的位置绘制一个参照平面，如图 4.3-33 所示。

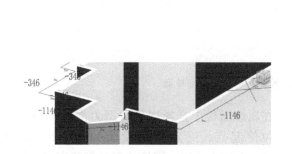

图 4.3-30　修改屋顶轮廓高度数值

图 4.3-31　修改屋顶轮廓高度后效果图

点击屋顶下的"拉伸屋顶"工具，在弹出的工作平面对话框中勾选"拾取一个平面"，点击"确定"，然后在视图中点击之前绘制的参照平面，则系统弹出选择视图对话框，因为我们要在北侧屋顶创建拉伸屋顶，所以点击北立面，如图 4.3-34 所示。

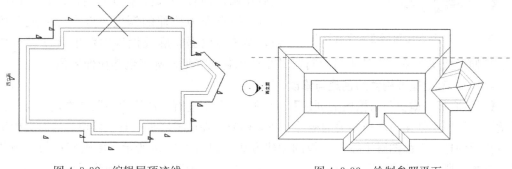

图 4.3-32　编辑屋顶迹线　　　　　　　　图 4.3-33　绘制参照平面

视图切换到北立面视图，在视图中用"线"工具绘制如图 4.3-35 所示的轮廓形状，

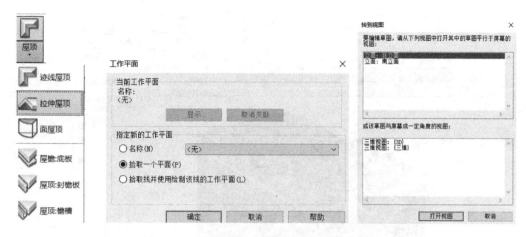

图 4.3-34 拉伸屋顶工作平面及视图操作步骤图

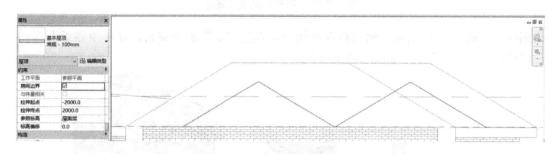

图 4.3-35 绘制拉伸屋顶立面轮廓

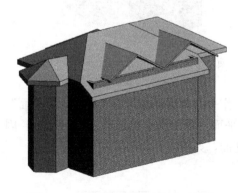

图 4.3-36 拉伸屋顶创建完成后效果

在属性面板中选择屋顶类型为常规 100mm，将拉伸起点、终点分别设为-2000、2000，点击"√"退出编辑，则拉伸屋顶创建完成，切换到三维视图查看效果，如图 4.3-36 所示。

通过此例操作我们可以理解拉伸屋顶的操作原理，即在立面视图中绘制屋顶的草图轮廓，此轮廓可以是直线、折线、弧形等各种形状，然后在属性面板中选择屋顶类型，设置拉伸的起点、终点即为拉伸的深度，点击"完成"按钮，系统会根据轮廓及设置的深度自动进行放样、拉伸形成实体屋顶，读者可自行尝试多使用各类异形轮廓来创建拉伸屋顶。

4.3.4 其他屋顶构件的创建与修改

【屋檐底板、檐板与封檐槽的创建】"屋顶"工具下还有"屋檐底板"、"檐板"与"封檐槽"工具用来创建与屋顶相关的构件，将鼠标放置在屋檐底板工具上停留，这时会弹出工具提示助理，上面图解了屋檐底板的创建方法，如图 4.3-37 所示，屋檐底板与屋顶及外墙有关，所以要拾取屋顶边及外墙边，点击"屋檐底板"工具，切换到屋面层视图，点击"拾取屋面边"，然后点击拾取屋顶，如图 4.3-38 所示，再切换至 F2 平面视图，点击"拾取墙"工具，然后点击拾取外墙，如图 4.3-39 所示。

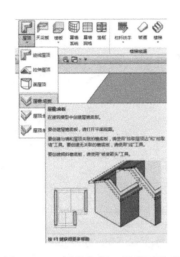
图 4.3-37　屋檐底板工具提示助理

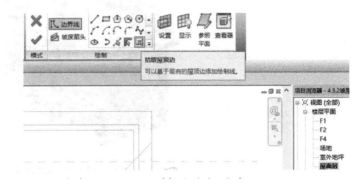
图 4.3-38　拾取屋面边

图 4.3-39　拾取墙

拾取完以后，如图 4.3-40 所示，在属性面板中选择屋檐底板的类型为常规 300mm，将"自标高的高度偏移"改为-200，点击"√"完成编辑，切换到三维视图查看效果，如图 4.3-41 所示。

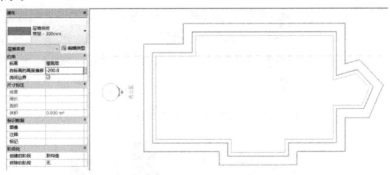

图 4.3-40　修改高度偏移

封檐板与檐槽用法操作类似，点击后在属性面板中指定轮廓，然后拾取屋顶边界上缘或下缘即可创建完成，将两者的类型属性参数设定为如图 4.3-42 所示，创建完成后的效果如图 4.3-43 所示。

关于屋顶及相关构件的创建至此讲述完毕，面屋顶的命令较为复杂，牵扯其他知识较多，我们会在后面的章节中专门讲解。

75

图 4.3-41 屋檐地板生成效果

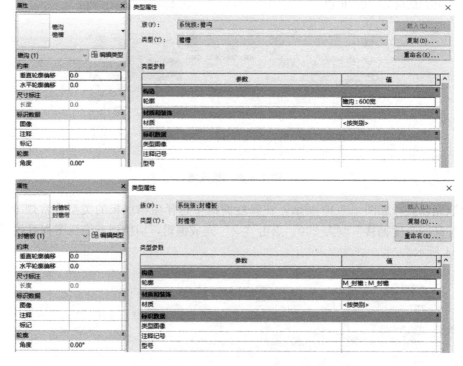

图 4.3-42 封檐板工具类型属性的预设

图 4.3-43 封檐板生成效果

5 梁 柱 布 置

本章学习建筑体量结构部分的添加，包括柱和梁的创建与修改，建筑结构是指一个建筑的空间受力体系，是抵抗竖向荷载和水平荷载的建筑骨架，严格说来，前一章节中讲到过的楼板也属于结构的组成部分。

5.1 结构柱的创建与修改

点击建筑选项卡构建工具面板下的"柱"工具，在下拉列表中显示有"柱：建筑"和"结构柱"两种柱工具，如图 5.1-1（a）所示，这两者的区别在于，结构柱是承重构件建筑柱是装饰构件，建筑柱不能参与结构的结算，建筑柱与墙相交时会继承墙的材质并自动进行修剪连接，结构柱则不能，如图 5.1-1（b）所示，通常我们使用"结构柱"工具在模型中添加结构的部分。

点击"结构柱"工具，在放置柱之前需进行参数预设，如图 5.1-2 箭头所示，首先放置方式可选择"垂直柱"或"斜柱"；其次在选项栏确定高度或深度，高度为向上、深度为向下放置；再次属性面板上选择结构柱类型、设置好高度等参数，之后在图中点击"放置"即可创建结构柱。

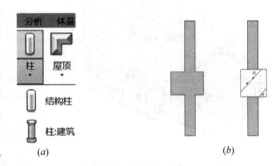

图 5.1-1 柱"工具"
(a) 柱工具位置；(b) 墙体与建筑柱结构柱连接处效果对比

图 5.1-2 结构柱参数预设

很多时候，柱子都是放置在轴网处，我们也可以利用"在轴网处"命令一次性在轴网处放置多个柱子，点击"结构柱"命令，将放置模式选为"垂直柱"；高度至大屋面层；因为售楼部为钢结构，所以我们在属性面板选择一个工字钢类型，如图 5.1-3 所示，设置好以后点击在"轴网处"命令,在视图中选择全部轴线,这时视图中已经可以看到放置好的柱子,点击"√"完成返回。

图 5.1-3 "在轴网处"命令位置

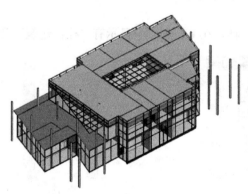

图 5.1-4 柱子放置完成后效果

切换到三维视图查看效果,如图 5.1-4 所示,先将建筑外的工字钢柱删掉,二层露台的钢柱顶标高只到 F2,将其选中,在属性面板中将其顶部约束改为 F2,发现柱子仍有一部分露出屋面,这是因为露台楼板做了 50 的降板,将顶部标高改为 F2 偏移-50,则柱子创建修改完成。

下面学习斜柱的放置,点击"结构柱"命令,在放置工具面板选择"斜柱",在属性面板中选择"矩形 400×600"即普通的混凝土柱,这时选项栏中出现第一次单击和第二次单击的设置选项,即设置斜柱的两个端点的位置,将第一次单击设置为 F1,第二次单击设置为 F2(如果是 F1 到 F3 的斜柱,即将第二次单击设为 F3),设置完成后在视图中连续点击两次,第一次为斜柱底端点的位置,第二次为斜柱顶端点的位置,为了好辨认,我们选择轴线 3 和轴线 4 的轴网标头的位置点击,如图 5.1-5 所示,完成后切换到南立面

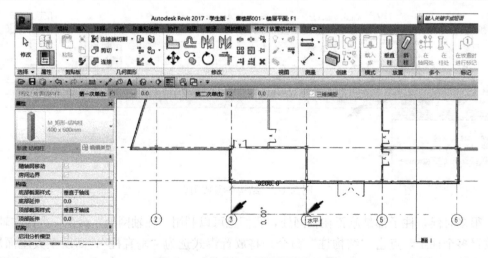

图 5.1-5 依次点击放置斜柱位置图

视图。

如图 5.1-6（a）所示，可见斜柱已根据我们的设置创建完成，我们还可以修改斜柱顶部和底部的截面样式，将斜柱选中，在属性面板将顶部和底部的截面样式修改为水平，修改后效果如 5.1-6（b）所示。

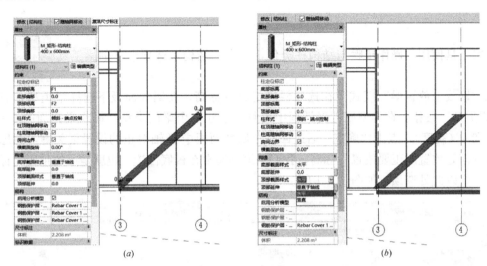

图 5.1-6　创建斜柱
（a）斜柱立面效果；（b）修改斜柱截面样式为"水平"后效果

在实际项目中，结构柱的形式除了规则的矩形钢筋混凝土柱和钢柱，还有异形柱和剪力墙等形式，点击"结构柱"命令，在属性面板下拉列表中选择"异形柱"，点击属性面板"编辑类型"按钮，弹出的类型属性对话框如图 5.1-7 所示，因为异形柱的断面尺寸变化较多，可以在属性面板复制一个类型后根据具体项目中的异形柱断面尺寸自己进行修改，图 5.1-7 显示了不同参数对应的尺寸位置，请读者自行尝试进行修改。

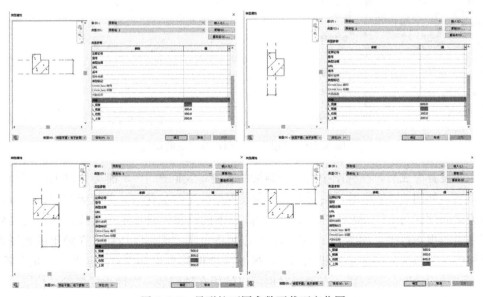

图 5.1-7　异形柱不同参数下截面变化图

当项目样板文件中的异形柱和剪力墙形状不能满足使用要求时，需要自己创建异形柱或剪力墙族来载入到项目中，这部分内容会在后面的章节中专门进行讲解。

5.2 梁的创建与修改

梁工具使用的操作步骤与结构柱类似，点击"结构"选项卡下的梁工具 ，进入"修改|放置梁"模式，在选项栏确定放置标高，在属性面板下选择梁类型，点击"编辑类型"按钮，在类型属性对话框中可复制新建一个梁的类型，修改梁截面的 b（宽度）和 h（高度），点击"确定"后返回，在属性面板中 Z 轴对正的设置很关键，意思是以梁的何处位置对正要放置的标高，我们知道梁通常在板底位置，也就是梁的顶面与标高对齐，所以此处选顶，如图 5.2-1 所示。

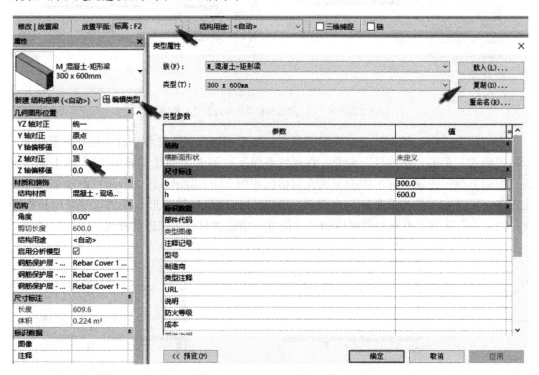

图 5.2-1 "梁"类型属性及参数的设置

全部设置完成后，在视图中点击绘制梁的轨迹，我们在 4～5 轴交 D 轴的位置拖动绘制一根梁，如图 5.2-2 所示，绘制完成后会发现梁处于淡显状态，并且无法点击拾取，这是因为梁的顶面与 F2 标高对齐，所以在标高以下的位置，只显示为看线，这时需要修改楼层平面的视图范围，如图 5.2-3 所示，点击视图范围"编辑"按钮，在弹出的视图范围对话框中主要范围的底部偏移设为-300，视图深度偏移也设为-300，点击"确定"返回，这时与"结构柱"命令一样，布置梁时也可以使用在轴网处一次性生成多段结构梁，因为售楼部是钢结构，之前我们已经布置了钢柱，现在为其添加钢梁。将之前的混凝土梁删除，点击"梁"工具，在属性面板中选择钢梁型号 305×102×25UB，"Z 轴对正方式"设为顶；选项栏里设定放置平面为 F2，在工具面板上点击"在轴网上"，如图 5.2-4 所示。

图 5.2-2 绘制梁

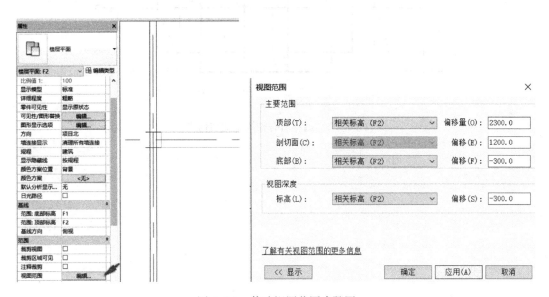

图 5.2-3 修改视图范围步骤图

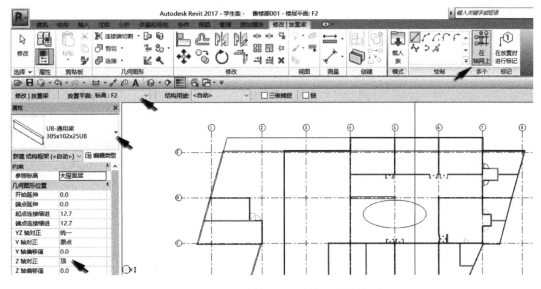

图 5.2-4 用"在轴网处"方式添加结构梁

在视图中拖动鼠标选中所有的轴线，如图 5.2-5 所示，点击"√"完成退出，梁已经添加成功，切换到剖面图可观察到梁的断面。

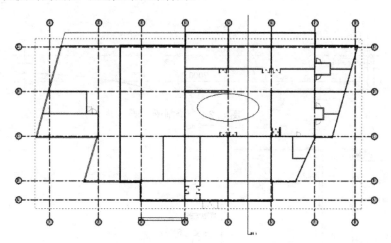

图 5.2-5　选择所有轴线添加结构梁

6 楼梯、坡道和栏杆扶手

建筑主体逐渐构建好以后，本章开始为模型添加竖向交通，包括楼梯、坡道以及与之相关的栏杆扶手，还要学习"洞口"工具的使用。

6.1 楼梯的创建与修改

6.1.1 常规楼梯的创建与修改

Revit 提供了草图与构件两种楼梯绘制方式，如图 6.1-1 所示，草图方式是通过绘制梯段的方式创建楼梯，构件方式创建的楼梯则可理解为由梯段、平台和支座构件构成并可单独对构件进行编辑。楼梯的绘制操作本身并不难，难点在于绘制之前的设置比较繁琐，要确定楼梯的种类、踏步的步数及其宽度和高度、栏杆的种类等。其中踏步的步数不但与跑法有关——是双跑还是三跑（三跑又会牵扯到反向），还与建筑的分类有关，建筑规范对不同建筑类型的楼梯踏步的最小和最大高度有明确的规定，如图 6.1-2（a）所示。

图 6.1-1 楼梯的创建方式

点击"楼梯"工具后，首先要进行多项参数的设置，包括属性面板设置楼梯底标高和顶标高；设置梯段宽及步数，有时步数设置不成功是因为受楼梯的类型属性里最小踏板深度和最大踏板高度所限，这时就要去类型属性对话框进行修改，如图 6.1-2（b）所示。

我们先用草图方式创建一个双跑楼梯，点击"楼梯"工具按草图方式，进入"修改｜创建楼梯草图"模式，如图 6.1-3 所示。在绘制面板选择梯段，属性面板选择楼梯类型，将底部和顶部标高分别设为 F1、F2；将所需踏步数里面设置为 30，则系统会根据标高自动计算每步的高度，设置好以后在视图楼梯间位置点击开始点拖动鼠标，这时会显示已创建的踏步数及剩下的步数，双跑楼梯一般是对称设置踏步，当剩余的步数为 15 时沿垂直方向拖动鼠标确定另外一段踏步的起点，继续拖动当剩余步数为 0 时点击鼠标键完成。此次操作可以帮助我们理解在绘制楼梯时有几个关键点需要提前确定，如图 6.1-3 箭头所指三点，为了方便定位，可以通过画参照平面的方法先将关键点位置明确，利用"注释"工具中的"对齐标注"标注楼梯间的宽度为 3000，楼梯的梯井通常做 100，（3000-100）/2

楼梯类别	最小宽度	最大高度
住宅公共楼梯	0.26	0.175
幼儿园、小学校等楼梯	0.26	0.15
电影院、剧场、体育馆、商场、医院、旅馆和大中学校等楼梯	0.28	0.16
其他建筑楼梯	0.26	0.17
专用疏散楼梯	0.25	0.18
服务楼梯、住宅套内楼梯	0.22	0.20

图 6.1-2（a）不同建筑类型楼梯规范要求

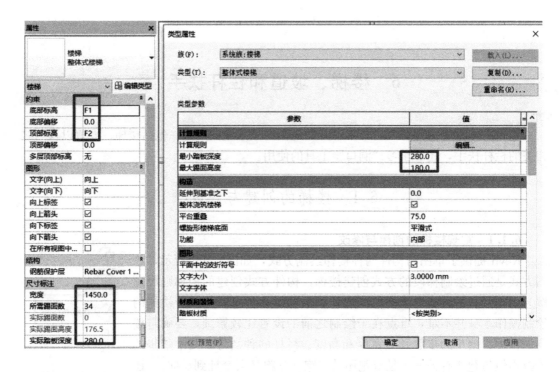

图 6.1-2（b） 楼梯属性面板及类型属性对话框上的参数设置

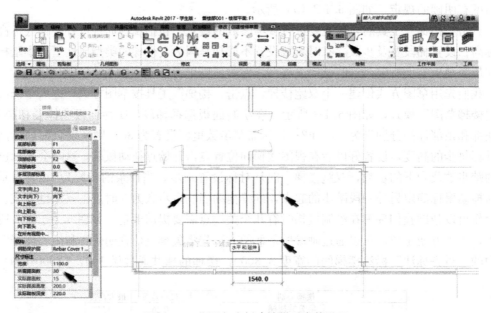

图 6.1-3 草图方式创建楼梯时参数设置

=1450，1450即为梯段宽，通常绘制楼梯草图时以中线为基准线，将1450再偏移725；将踏步的起点定位与门边距离300的位置，最终确认的关键点如图6.1-4箭头所示，将之前绘制的楼梯删掉，重新绘制，在属性面板中将梯段宽改为1450，根据参照平面确定的定位点绘制楼梯如图 6.1-5 所示。

绘制完以后切换到三维视图查看效果，如图 6.1-6。我们已知 F2 的标高为 6 米，绘制的双跑楼梯踏步数为 30，也就是说单个踏步的高度为 6000/30＝200，前文提到规范对楼梯踏步的最大高度做了规定，查看图 6.1-2（a），售楼部因为兼具销售和办公功能，我们暂且将其楼梯归类为其他建筑楼梯，则其最小踏步宽度为 260，最大高度为 170，也就是说当步数为 30 时单个踏

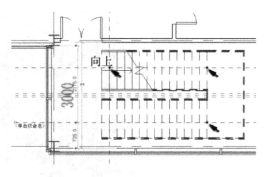

图 6.1-4　绘制楼梯轨迹关键点示意

步的高度 200 超过了 170，我们先计算下如果布置双跑楼梯是否可行，6000/170＝35.29，我们取偶数即 36 步，那么梯段的最小长度为 17×260＝4420，规范规定，楼梯平台宽度须大于等于梯段宽，则楼梯间最小长度需要 4420＋1450×2＝7320，利用"注释"工具的"对齐标注"命令测量楼梯间的长度为 7025＜7320，说明双跑楼梯无法满足要求，我们考虑做三跑或者四跑楼梯来满足使用。

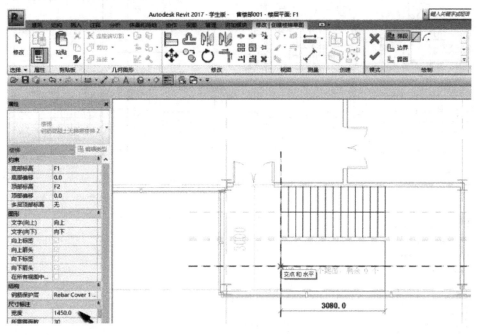

图 6.1-5　绘制楼梯

【三跑、四跑楼梯的创建】图 6.1-7 是售楼部两部楼梯的一、二层平面图，对比之下可以发现，第一部楼梯每个梯段的步数是 12，并且一、二层楼梯的平台位置发生了反向，由此可以断定其跑法为三跑，踏步总数为 12×3＝36；观察二号楼梯，其每段步数为 9 步且没有反向，可以断定其为四跑楼梯共 9×4＝36 步，下面分别创建这两部楼梯。将之前创建的不满足规范的双跑楼梯删除，保留参照平面，点击"楼梯"命令，将属性面板踏步数改为 36，捕捉到参照点拖动鼠标完成三跑楼梯创建，这时系统会出现错误提示，如图 6.1-8 所

85

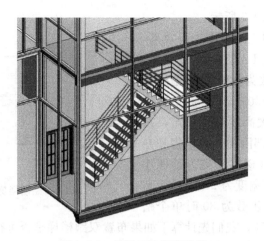

图 6.1-6　楼梯三维视图效果

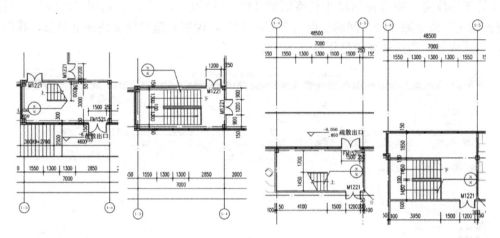

图 6.1-7　楼梯 CAD 平面图

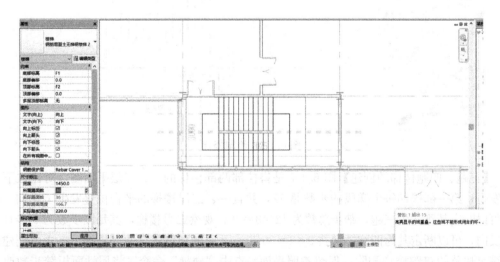

图 6.1-8　创建三跑楼梯

示，忽略并点击"√"完成退出。

切换到三维视图观察效果，发现这时三跑楼梯的楼梯段及平台没有问题，但栏杆不连续，如图 6.1-9 所示，尝试修改扶手会发现很麻烦，效果总是不甚理想，为解决这个问题，我们换种方式，用构件方式来创建楼梯。将当前楼梯删除。点击"楼梯（按构件）"工具，属性面板中点击"编辑类型"，弹出类型属性对话框，复制一个类型并命名，将其最大踏步高度与最小踏步深度改为如图 6.1-10 所示，点击"确定"返回，将选项栏定位线设为"梯段：中心"；点击工具面板中的"栏杆扶手"，弹出栏杆扶手对话框，将栏杆扶手类型改为"钢楼梯 900mm 圆管"，如图 6.1-11 所示，在视图中捕捉定位点绘制构件，完成后点击平台，拖动边缘夹点至墙边，如图 6.1-12 所示，完成后切换至三维视图，三跑楼梯创建成功，如图 6.1-13 所示。

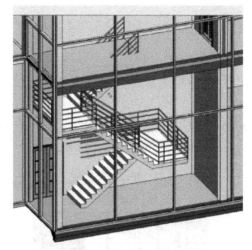

图 6.1-9　草图方式创建三跑楼梯三维视图效果

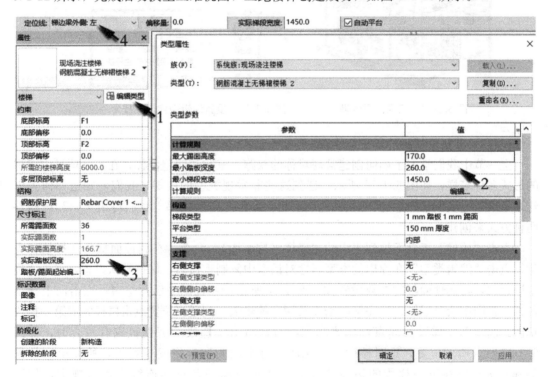

图 6.1-10　设置楼梯属性面板及类型属性对话框参数

同理利用楼梯（按构件）方式将 2 号四跑楼梯创建完成，注意其每跑步数为 9 步，这部分内容请读者自行完成。楼梯创建完成后，我们仍然可以对楼梯或栏杆扶手做进一步修改，点选楼梯，点击工具面板上的"编辑楼梯"工具；点选栏杆，点击工具面板上的"编辑路径"则可进行修改，如图 6.1-14 所示。

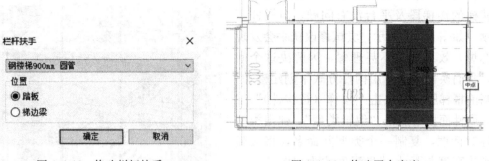

图 6.1-11 修改栏杆扶手　　　　图 6.1-12 修改平台宽度

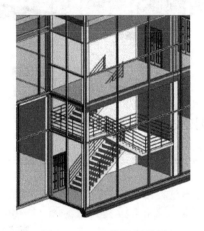

图 6.1-13 三维视图效果

图 6.1-14 重新编辑楼梯与栏杆命令位置图

6.1.2 非常规楼梯的创建与修改

上一节中我们学习了如何创建常规对称的双跑、三跑和四跑楼梯，在实际项目中楼梯的形式多种多样，如图 6.1-15 所示，遇到这些非常规类型的楼梯，我们要知道如何去创建，下面通过实例来熟悉操作过程，实例如图 6.1-16 所示楼梯，我们将用草图和按构件两种方式来创建。

点击"楼梯"工具下拉列表中的"楼梯（按草图）"命令，在属性面板中选择楼梯类型，点击"编辑类型"在弹出的类型属性对话框中复制重命名，保持默认设置，点击"确定"返回，将属性面板的参数设置如图 6.1-17 所示，在视图中任意空白处点击向上拖动鼠标，视图中会显示已创建完毕的踏步及剩余的步数，到适当位置点击鼠标完成第一梯段草图绘制，下一梯段的起点选择要注意，当其与第一梯段的宽度范围有重合时，如图 6.1-17 圆点所示位置，这时楼梯平台无法进行平顺的转折将发生弯折，所以第二梯段的起点选择要在第一梯段的边线范围外，这时楼梯平台自动连续且形状规则，如图 6.1-18 所示，同理第三梯段的起点也要在第二梯段的宽度边线外，如图 6.1-18 箭头所示，当踢步全部绘制完，剩余步数为 0 时点击鼠标，草图绘制完成后点击"√"退出，楼梯生成。

下面用构件方式生成楼梯，点击"楼梯（按构件）"，在选项栏确定定位线为"梯段：

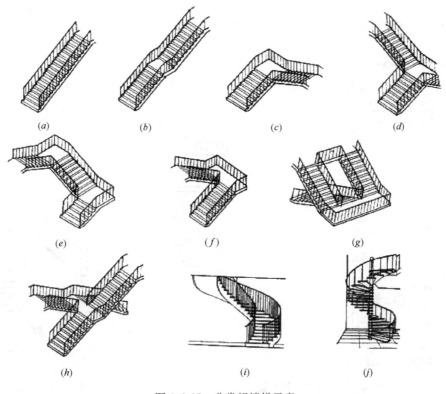

图 6.1-15 非常规楼梯示意

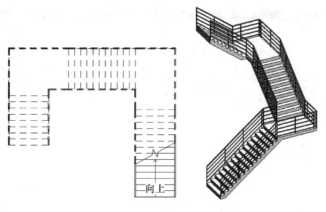

图 6.1-16 非常规楼梯实例

中心",在工具面板选择"梯段：直梯",如图 6.1-19 箭头所示,属性面板的其他参数与之前按草图绘制时的参数保持一致,在视图中拖动鼠标依次创建三段直梯,方法与前文类似,如图 6.1-19 所示。

创建完成后切换到三维视图,按草图和按构件方式创建的楼梯虽然方式不同,可效果是高度一致的,如图 6.1-20 所示。但当对两者进行编辑修改时,还是有所不同,点击按

89

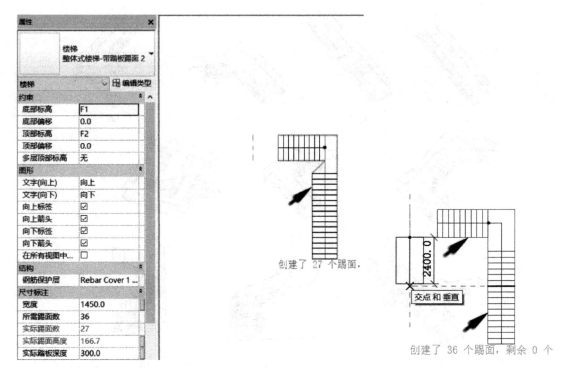

图 6.1-17　设置楼梯参数　　　　　　　　图 6.1-18　梯段边线

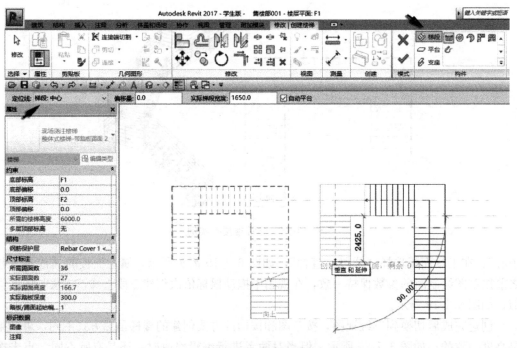

图 6.1-19　构件方式创建楼梯命令步骤图

草图创建的楼梯主体,点击工具面板上的"编辑草图",进入"修改|楼梯>编辑草图"模式,点击绘制面板上的"边界"按钮,选择"弧线"工具在第一梯段的边线位置绘制两段弧线,如图 6.1-21 所示,将原来两条边线删除,点击"√"完成,则楼梯的边界发生了变化,如图 6.1-22 所示。

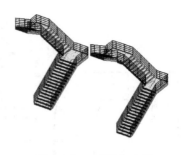

图 6.1-20 两种方式创建楼梯效果对比

点击按构件方式创建的楼梯主体,点击工具面板上的"编辑楼梯",进入"修改|创建楼梯"模式,这时点击梯段和平台,则选中的梯段和平台会高亮显示,且边缘会出现可以拖曳的夹点以供修改,如图 6.1-23 所示,任意修改平台和梯段的夹点,点击"√"退出编辑,查看修改后的三维效果,如图 6.1-24 所示。

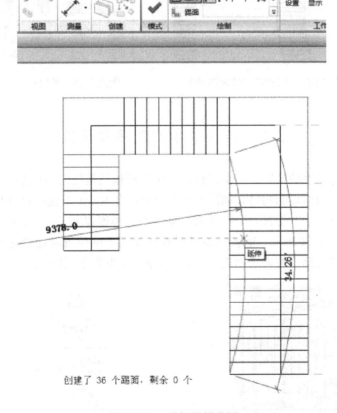

图 6.1-21 编辑楼梯草图

此外还需注意的是栏杆创建时虽然是伴随着楼梯主体一同创建的,但创建后可单独选中对其进行编辑,点击栏杆后工具面板上会出现众多修改选项,最常用的是"编辑路径",如图 6.1-25 所示,读者可尝试进行栏杆的修改操作。

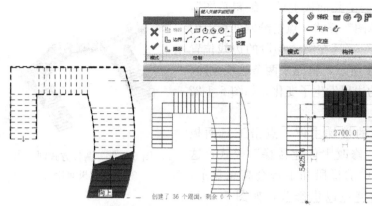
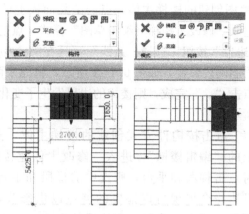

图 6.1-22 楼梯边界修改后平面效果　　　图 6.1-23 编辑楼梯梯段与平台

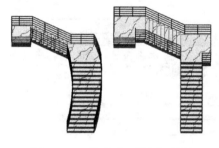

图 6.1-24 修改后三维视图效果　　　图 6.1-25 编辑栏杆工具

6.2 栏杆扶手的创建与修改

先来明确栏杆扶手的区别，一套栏杆扶手中栏杆指的是竖向的构架，扶手指的是横向的、可以用来把持和抓握的构件，如图 6.2-1 所示，在 Revit 中也是这样区分的。点击工具面板上的"栏杆扶手"工具，下拉列表中显示了两种创建方式："绘制路径"与"放置在主体上"，如图 6.2-2 所示，前者是通过栏杆在平面上的位置及路径走向创建的，后者是通过拾取已有的楼梯或坡道来创建。"绘制路径"是更为常用的方式。

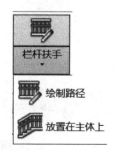

图 6.2-1 栏杆扶手示意图　　　图 6.2-2 栏杆扶手创建方式

6.2.1 常规栏杆扶手的创建与修改

切换到 F2 平面视图，为露台创建栏杆扶手，点击"栏杆扶手"工具"绘制路径"方

式，进入"修改|创建栏杆扶手路径"模式。在属性面板上选择栏杆扶手类型"钢楼梯900mm 圆管"后点击"编辑类型"按钮，在类型属性对话框中复制命名新类型，如图6.2-3 所示。

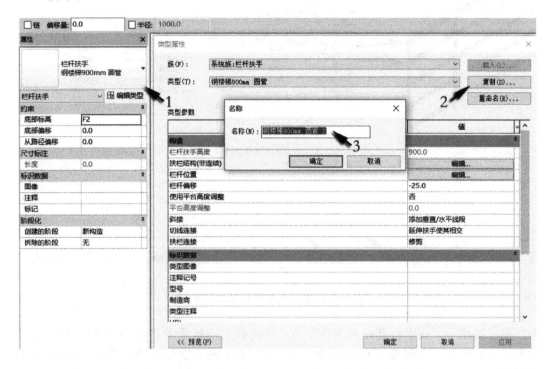

图 6.2-3　栏杆属性面板及类型属性对话框上的参数设置步骤图

接下来对栏杆扶手样式进行编辑，类型属性对话框中的扶栏结构（非连续）和栏杆位置分别指的是扶手和栏杆，其后都对应有编辑按钮，如图6.2-4 所示。

图 6.2-4　扶手和栏杆编辑按钮位置图

点击扶栏结构（非连续）后的"编辑"按钮，弹出编辑扶手对话框，点击左下角的"预览"按钮，弹出预览视口便于观察效果，当前设置下共有 5 杆扶手，从下至上的高度位置为 100、300、500、700、900，分别对应着预览图中的扶手，如图 6.2-5 所示，除了高度位置外我们看到还可以对单个扶手的偏移、轮廓以及材质进行指定，在实际项目中临空栏杆通常高为 1100，现在我们将扶手修改为需要的样式，点击"插

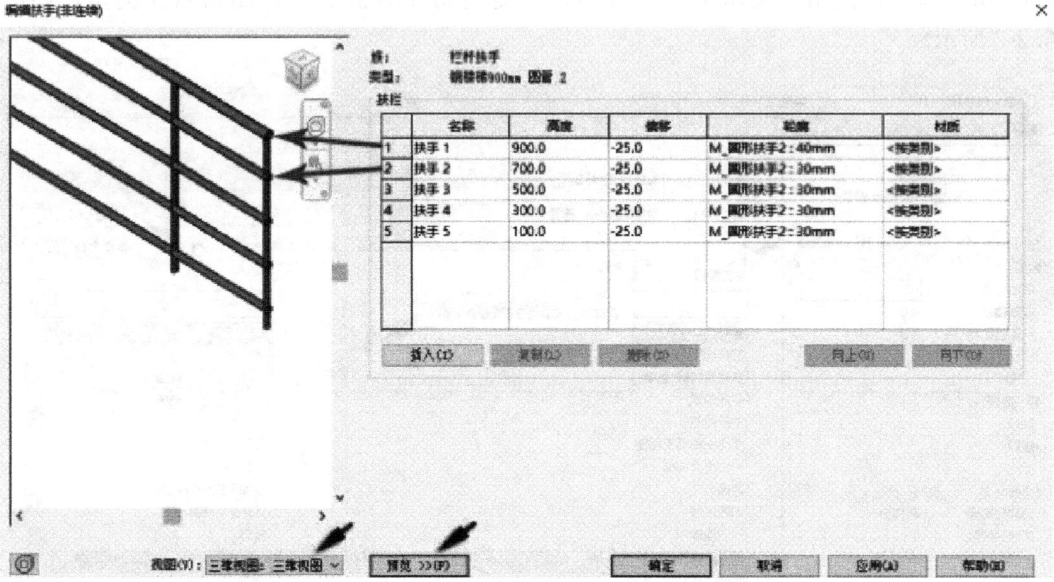

图 6.2-5　扶手数值与预览对照图

入"按钮新建一个扶手将其命名为扶手 6，修改最上面扶手的高度为 1100，其余尺寸如图 6.2-6 所示，并将最上面扶手的材质修改为抛光不锈钢，修改完成点击下方的"应用"按钮，可以看到做出的修改已经体现在预览效果中，扶手编辑完毕；点击"确定"返回到类型属性对话框，继续对栏杆进行编辑，点击栏杆位置后的"编辑按钮"，

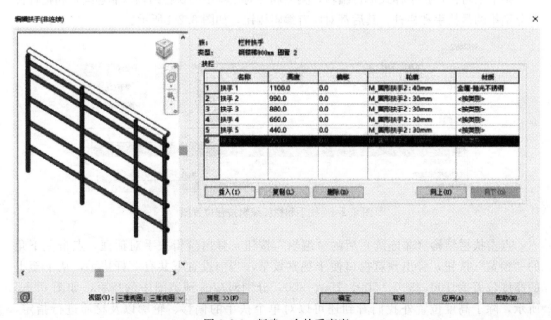

图 6.2-6　新建一个扶手高度

弹出编辑栏杆位置对话框，如图6.2-7所示，改变栏杆位置可以通过修改"相对前一栏杆的距离"实现，当前的设置为1000，如图6.2-7中箭头位置所示，将预览图的视图改为"立面：前"，笔者在预览图中将1000的位置标注出来，现在修改这个值为600，点击"应用"这时预览效果变为如图6.2-8所示。

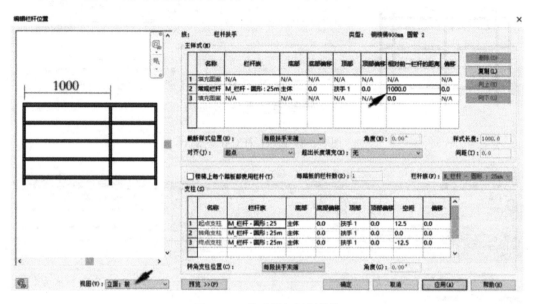

图6.2-7 修改栏杆间距数值

图6.2-8 修改栏杆间距数值后效果

还可以对栏杆位置生成的对齐基点进行设置，点击对齐后面的下拉按钮，选择"中心"，点击"应用"，则栏杆位置以中心为基点重新生成，预览效果也随之发生改变，如图6.2-9所示；我们还是将对齐指定为"起点"，点击"确定"返回。

在绘制工具面板选择拾取线的方式，拾取F2露台的边线，在之前创建楼板时露台做了50的降板，所以在属性面板将栏杆扶手底部标高相对F2做-50的偏移，如图6.2-10设置完成后点击"√"退出。

切换到三维视图查看效果，如图6.2-11所示，可见当前的栏杆扶手类型效果上与建筑主体造型上不太协调，选中栏杆，在属性面板的下拉列表中将其改为玻璃栏板，如图6.2-12所示，完成对栏杆扶手的创建。

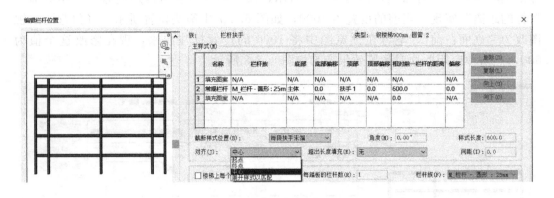

图 6.2-9　修改栏杆对齐基点

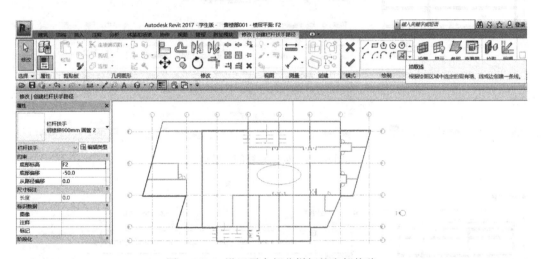

图 6.2-10　设置露台部分栏杆的底部偏移

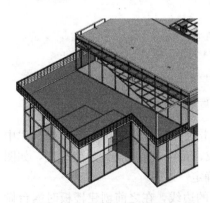

图 6.2-11　栏杆添加后效果

6.2.2　非常规栏杆扶手的创建与修改

实际项目中栏杆扶手的形式多种多样，如图 6.2-13 所示欧式栏杆，下面我们以此样式栏杆为例讲解创建复杂栏杆的操作，希望通过讲解读者能理解并掌握其操作原理以便应对项目中遇到的各种样式的楼梯扶手。

点击"栏杆扶手"工具（绘制路径），在属性面板选择"1100mm"类型，点击"编辑类型"按钮在弹出的类型属性对话框中复制命名新类型，如图 6.2-14 所示，点击"确定"返回；在 F1 视图中任意空白处绘制一段栏杆扶手，切换到南立面视图查看效果，如图 6.2-15 所示，当前的栏杆是最朴素的样式，下面先来编辑扶手，编辑扶手之前，点击插入选项卡下的载入族命令，将素材文件夹里的"欧式扶手 250×80"轮廓族载入到项目文件中。点选绘制好的栏杆，点击"编辑类型"按钮，在类型属性对话框中点击"扶栏

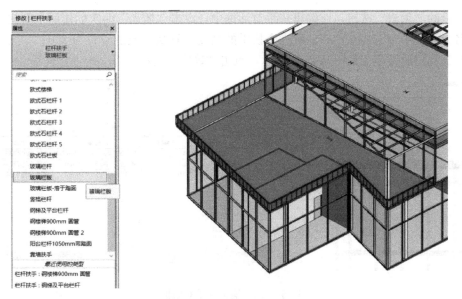

图 6.2-12　修改栏杆类型

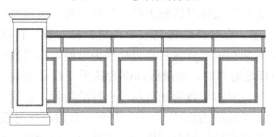

图 6.2-13　欧式栏杆样例图

图 6.2-14　新建并命名新栏杆类型

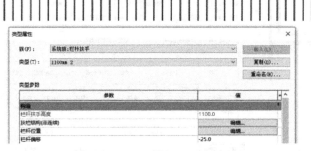

图 6.2-15　栏杆立面视图

结构"后的"编辑"按钮，在编辑扶手对话框中，点击"插入"两次创建两个新扶手，将其命名为"扶手2"、"扶手3"；将三个扶手的高度位置从下至上设置为200、900、1100；将其轮廓和材质设定为如图6.2-16所示，点击"确定"返回。

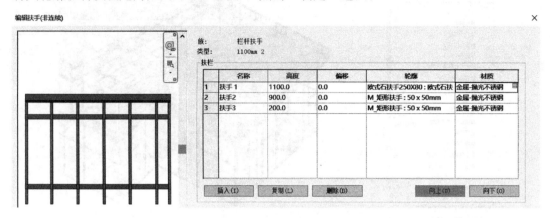

图6.2-16 编辑扶手对话框

下面设置栏杆，点击类型属性对话框上的"栏杆位置"编辑按钮，弹出编辑栏杆位置对话框，如图6.2-17所示。在栏杆位置列表中设置栏杆参数，包括指定栏杆族；确定底部和顶部位置，在确定底部和顶部位置时会以扶手为参照，如果栏杆的底部设为主体，顶部到扶手1，意思是栏杆是通高的；如果底部设为扶手2顶部为扶手1，意思是栏杆只在这两扶手间创建；另一个重要的参数为相对前一栏杆的位置，意思是栏杆相对前一个栏杆的距离，将以上需设置的参数改为如图6.2-17中所示参数，此时预览视图中可以看到当前栏杆的添加效果；在编辑栏杆位置对话框的下半部分可以看到另有一个参数列表，此处可设置起点、转角和终点支柱的样式，即栏杆端头与转折处的栏杆样式，如图6.2-18将端头的栏杆设为欧式立柱1，将转角栏杆设为欧式立柱2；顶部基准设为扶手1后，偏移值的设定是指相对扶手1偏移的距离，当设为100时意为栏杆高于"扶手1"100，全部

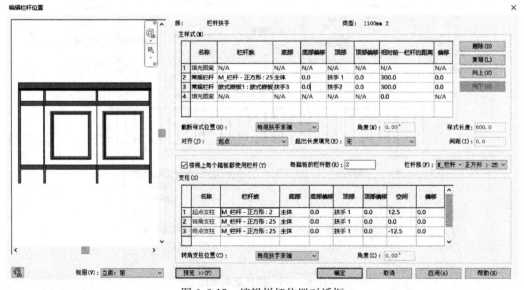

图6.2-17 编辑栏杆位置对话框

设置完成后点击"确定"返回。

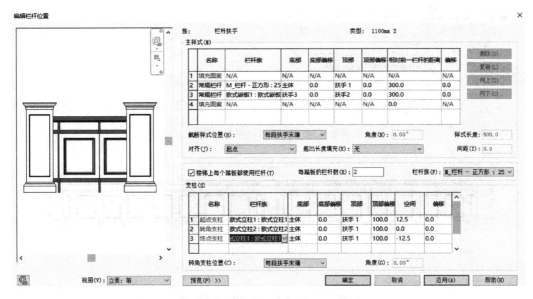

图 6.2-18　编辑栏杆位置对话框中设置支柱

切换到南立面视图查看效果，发现左右端头位置栏板没有做到对称，如图 6.2-19 所示，返回到编辑栏杆位置对话框，将其中对齐部分改起点为中心，如图 6.2-20 所示，点击"确定"返回，切换到南立面视图，会发现栏杆以中心为基准重新进行了排列，如图 6.2-21 所示。

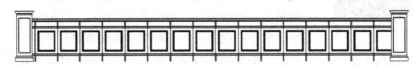

图 6.2-19　栏杆立面效果

之前我们在栏杆位置对话框中还设置了转角支柱，因为当前的栏杆没有发生转折所以转角支柱没有出现，绘制栏杆路径时只要发生转折，系统会自动在转折处添加转角支柱，此项操作请读者自行尝试；当路径中间产生端点时也会添加转角支柱，将之前创建的栏杆选中，点击工具面板上的"编辑路径"，回到

图 6.2-20　修改对齐基点

F1 平面视图，点击拆分图元命令后，在路径线的靠近中点位置点击，如图 6.2-22 所示，点击"√"完成操作，切换到南立面视图发现转角立柱已经添加在断点处，如图 6.2-23

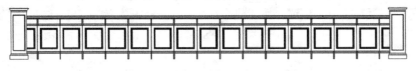

图 6.2-21　修改后栏杆立面

所示。

图 6.2-22 编辑栏杆路径步骤图

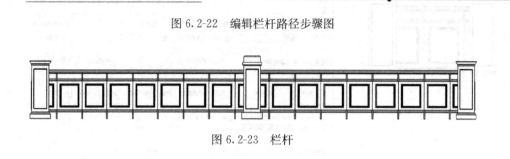

图 6.2-23 栏杆

6.3 坡道的创建与修改

【创建无障碍坡道】建筑中存在高差的地方如果不用踏步处理的话就经常会用到坡道，其次在建筑的无障碍设计中残疾人坡道也是重要的内容，本节我们来学习坡道的创建。售楼部室内外高差为450，我们先在主入口处创建入口平台——点击楼板命令，在主入口处绘制450厚的平台，如图6.3-1所示，点击建筑选项卡中的坡道命令，视图进入"修改｜创建坡道草图"模式下，可见坡道的创建操作与楼梯很相似，在属性面板中指定底部标高为室外地坪，顶部标高为F1；在绘制工具面板上选择绘制方式为"梯段-直线"方式，将栏杆扶手类型设置为"900mm 圆管"，如图6.3-2所示。在入口平台左侧适当位置点击，拖动鼠标创建残疾人坡道，完成后将坡道移动到与平台相连，如图6.3-3所示。

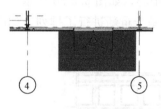

图 6.3-1 绘制入口平台

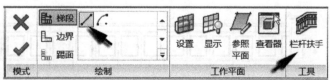

图 6.3-2 设置坡道参数

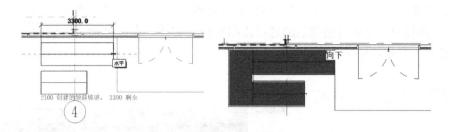

图 6.3-3 绘制坡道及移动坡道操作

以上是直线方式创建坡道，下面在入口平台右侧用"圆心-端点弧"的方式创建弧形坡道，点击"坡道"命令，绘制方式选择"圆心-端点弧"的方式，在视图中点击第一点为圆心，然后拖动鼠标确定半径，如图 6.3-4 所示，注意确定半径时尽量使用尺寸大一点的数值，这样坡道的弧线会平缓一些，这里我们半径值确定为 16000，点击完成创建，然后将创建好的坡道移动至与平台相连，如图 6.3-5 所示。

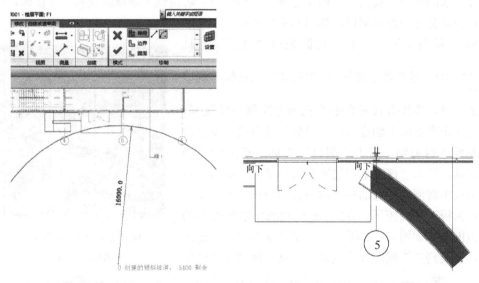

图 6.3-4 确定弧线坡道的圆心与半径　　　　图 6.3-5 移动坡道

旋转弧形坡道，完成后入口平台两侧坡道效果如图 6.3-6 所示，此时坡道的样式为结

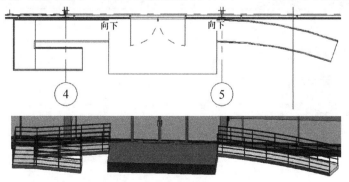

图 6.3-6 坡道完成后效果

构板，底部部分悬空，与我们在日常项目中所见不符，选中坡道点击属性面板中的"编辑类型"，在属性对话框中将造型后的选项改结构板为实体，点击"确定"返回，这时坡道效果已经发生变化，如图 6.3-7 所示。

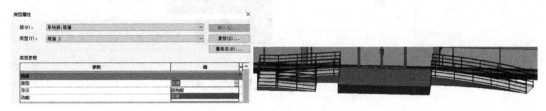

图 6.3-7 修改坡道造型

6.4 洞口工具的使用

在之前的章节中我们已经创建完成了楼梯坡道，切换到三维视图查看一号楼梯，可见楼梯梯段部分还未创建洞口，如图 6.4-1 所示。

Revit 提供了洞口工具，我们先用"竖井"工具为一号楼梯创建洞口，"竖井"工具作为洞口工具的一种，操作方式是在平面视图上绘制竖井范围，之后会在垂直方向上创建洞口，对竖井范围内的屋顶楼板天花板进行剪切。点击"洞口"工具面板上的"竖井"工具，进入"修改|创建竖井洞口草图"模式，在属性面板中将洞口的底部顶部标高分别设置为 F1、F2；在绘制面板上选择矩形，在 F2 平面视图中绘制剪切的矩形范围框，如图 6.4-2 所示，完成后点击"√"退出编辑，切换到三维视图查看效果，可见楼梯洞口已经生

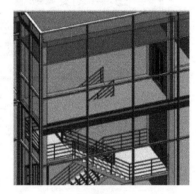

图 6.4-1 楼梯梯段部分未创建洞口前效果

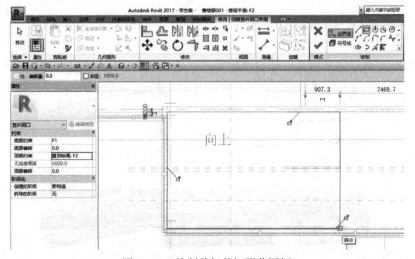

图 6.4-2 绘制剪切的矩形范围框

成，如图 6.4-3 所示。

洞口工具面板上的垂直工具也可以为楼梯创建洞口，需要注意的是垂直洞口工具开始的操作要在剖面视图中进行，所以在使用垂直洞口工具前我们在二号楼梯处创建剖面。点击视图选项卡下的"剖面"工具，在二号楼梯位置确定剖切位置，如图 6.4-4 所示。

切换到剖面 2 视图，点击"垂直洞口"工具，选择要开洞的二层楼板，如图 6.4-5 所示，这时会弹出转到视图对话框，提醒操作者选择要切换到的平面视图，因为我们要在二层楼板上开洞，所以我们选择 F2 平面视图，如图 6.4-6 所示，视图自动切换到 F2 平面视图，我们用矩形工具在平面视图上绘制要开洞的范围，如图 6.4-7 所示，完成后点击"√"退出编辑，切换到三维视图查看效果，发现楼板已被垂直洞口剪切生成开洞，如图 6.4-8 所示。

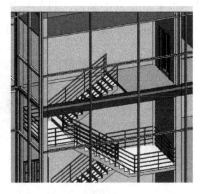

图 6.4-3 楼梯洞口生成效果

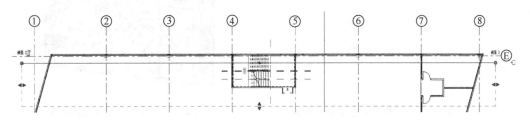

图 6.4-4 绘制剖面线

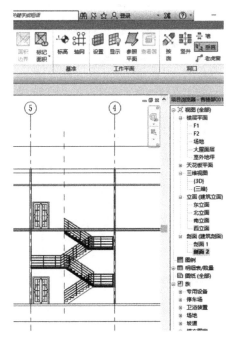

图 6.4-5 选择需要开洞的楼板

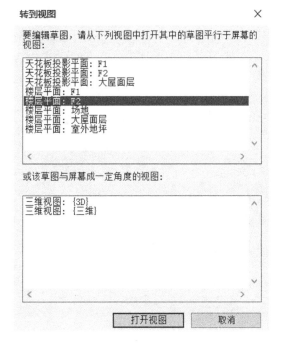

图 6.4-6 转到视图对话框

103

以上就是常用洞口工具的操作，要强调的是洞口也和图元一样，是可以复制到剪贴板并通过与其他标高对齐的方式复制到其他标高平面的，请读者自行进行尝试。

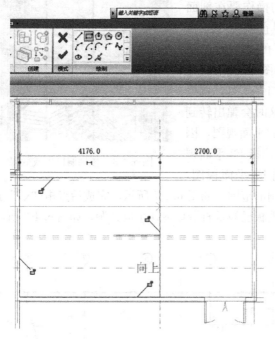

图 6.4-7 平面视图中绘制开洞范围

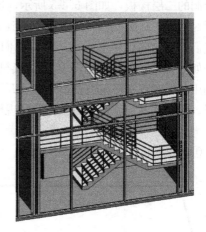

图 6.4-8 开洞后三维视图效果

7 概念体量与内建体量

截至第 6 章，售楼部项目的主体体量已经完成，查看效果图可以看到，在主体体量之外，售楼部还有"第二层皮肤"——即那些不规则的金属板与玻璃斜板，利用系统族图元已无法准确地将这些异形构件创建出来，这时我们要用到体量工具，体量是很常用且强大的工具。Revit 提供了两种创建体量的工具：概念体量和内建体量。下面介绍两者的区别：

——在通用界面下点击族下"新建概念体量"或者是在项目环境下点击菜单按钮中的"新建"都可以执行创建操作，如图 7.0-1 所示；点击后会弹出"新建概念体量-选择样板文件"对话框，如图 7.0-2 所示，我们发现名为"公制体量"的样板文件是".rft"格式的样板文件，在本书第 1 章 1.5 小节中我们学习过在新建族时系统会要求选择格式为".rft"的族样板文件，这提醒我们其实概念体量即为族，编辑完过后可以存为独立的格式为".rfa"的族文件，并且可以通过载入族命令被许多项目文件使用。

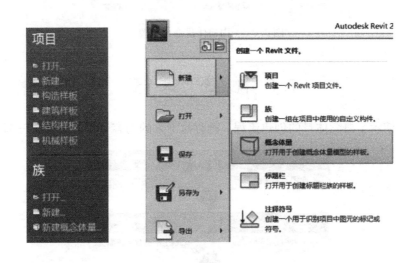

图 7.0-1 新建概念体量命令位置图

——在项目环境下点击"体量与场地"选项卡下的"内建体量"命令，如图 7.0-3 所示，即可开始创建内建体量，内建体量是项目特有的体量，保存在项目文件中，无法单独存为".rfa"格式的族文件，也就无法为其他的项目文件通过载入族命令所使用。

在功能上两者的区别在于概念体量在概念设计阶段较为常用，内建体量则在项目建模过程中需要创建特殊构件时较为常用；就操作上来说两者很相似，我们先学习概念体量的知识之后学习内建体量并用其将售楼部外部的异形构件创建完毕。

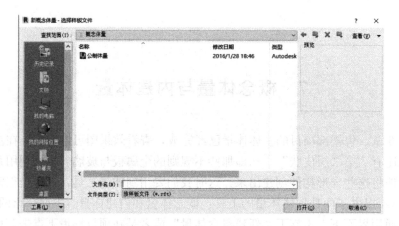

图 7.0-2　选择族样板文件对话框

图 7.0-3　内建体量命令位置

7.1　概　念　体　量

图 7.1-1 演示了概念体量的创建流程，教程接下来的内容分别对应着这三部分。

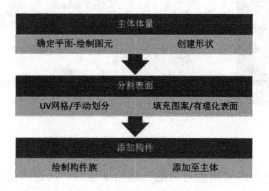

图 7.1-1　概念体量创建流程步骤图

7.1.1　创建主体体量的基本操作

重复图 7.0-1、图 7.0-2 所示的操作，选择"公制体量"样板文件新建概念体量，进入概念体量环境，如图 7.1-2 所示，可见概念体量环境与项目环境视图上很相似，包括选项卡，工具面板，属性面板及项目浏览器都是我们熟悉的样式，在三维视图下有三个参照平面。

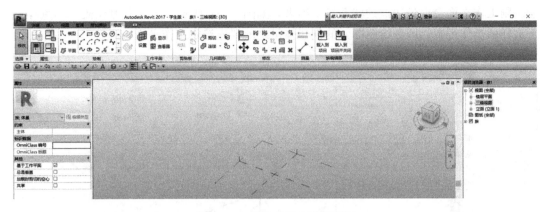

图 7.1-2　概念体量环境界面图

我们点击其中水平方向的参照平面,则其处于高亮显示状态,如图 7.1-3 所示,并显示其为"标高 1"参照平面,三个参照平面的交点为原点,即图中箭头所示位置;我们点击项目浏览器楼层平面中的"标高 1"视图平面,视图切换为平面视图,如图 7.1-4 所示。

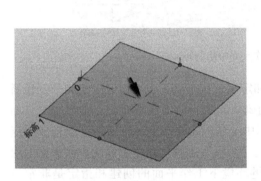

图 7.1-3　激活参照平面

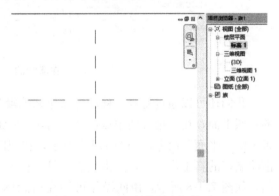

图 7.1-4　项目浏览器中切换平面

轮番点击"标高 1"和与之垂直的两个参照平面,会发现选中某个平面时其处于高亮显示状态,如图 7.1-5 所示,处于高亮显示状态意味着可以在当前选中的平面上进行绘制图元和创建体量,除了用鼠标点击切换工作平面,工具面板上"工作平面"也有工具帮助我们激活各个工作平面,如"设置"工具;点击"显示"可以使激活的工作平面在高亮显示与否之间切换,如我们激活某个工作平面如图 7.1-5 所示,点击"显示"则去除高亮显示状态,这时如果我们不点选激活其他的工作平面,则工作平面保持不变,点击绘制工具面板上的"矩形"工具,在工作平面上

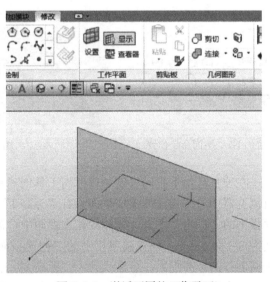

图 7.1-5　激活不同的工作平面

107

绘制则工作平面会以带边框的状态显示出来，如图 7.1-6 所示。请读者习惯概念体量环境下这样的操作逻辑，即在绘制图元的创建体量之前要先选定工作平面。

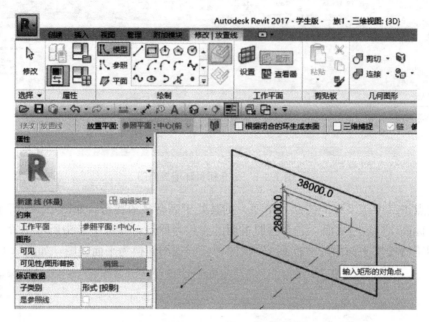

图 7.1-6　在激活的工作平面中绘制矩形

我们还可以通过复制、移动等操作来编辑和定义工作平面，也可以通过绘制来创建新的参照平面，在三维视图中点击"标高 1"平面确认其为当前工作平面，点击绘制工具面板上的"平面"命令，如图 7.1-7 所示，在视图中绘制并倾斜一定的角度，绘制完成后点击绘制好的新工作平面，点击绘制工具面板上的"矩形"工具，在新创建的工作平面上绘制，如图 7.1-8 所示，由此操作可知在概念体量环境下工作平面的创建和指定是非常自由的。

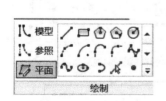

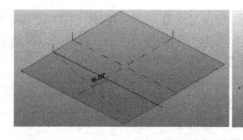

图 7.1-7　平面命令位置　　　　　　图 7.1-8　绘制一个新的工作平面

在项目环境下我们可以通过标高工具创建新的楼层平面，概念环境下同样可以。从项目浏览器中看到当前的楼层平面只有"标高 1"，如图 7.1-9 所示，点击创建选项卡下基准面板中的"标高"工具，鼠标放置在视图中"标高 1"平面上方时会出现三维坐标，标高变为 30 米时点击，勾选选项栏上的"创建平面视图"，如图 7.1-10 所示，完成操作后点击新创建的标高平面，会显示其为"标高 2"并在边缘处显示三维标高，同时观察项目浏览器，会发现楼层平面列表下已经增加了"标高 2"，如图 7.1-11 所示。

108

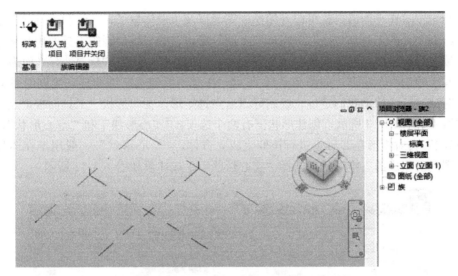

图 7.1-9 项目浏览器中查看当前标高状态

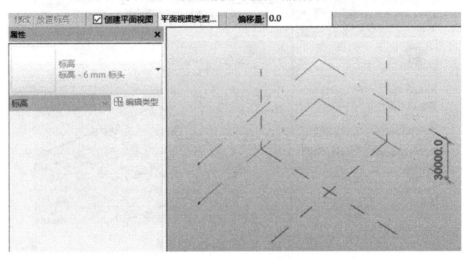

图 7.1-10 借助三维坐标创建新标高

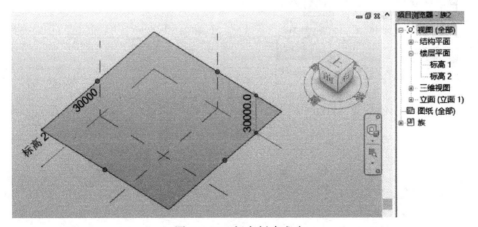

图 7.1-11 标高创建成功

在指定了工作平面后，就可以开始绘制图元以及生成体量了，在绘制工具面板上有诸多可以绘制图元的工具如"线"、"矩形"、"圆"等，这些二维绘制的工具使用起来都很简单，请读者自行尝试，但我们最终还是要创建三维的体量。指定"标高1"平面为工作平面，在其上绘制一个矩形，如图 7.1-12 所示，注意不要勾选三维捕捉，绘制时平面中会出现临时尺寸标注帮助我们定位，绘制好以后点选矩形，在"形状"工具面板上点击"创建形状"，如图 7.1-13 所示，创建形状下有两个选项："实心形状"和"空心形状"，选择"实心形状"会对矩形在 Z 轴上进行拉伸生成立方体，"空心形状"一般用于在体量中挖去二维图元所生成的三维形状，选择"实心形状"生成体量如图 7.1-14 所示。

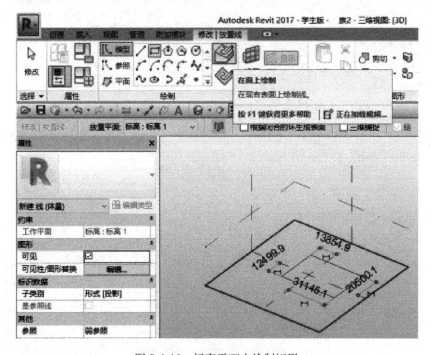

图 7.1-12　标高平面中绘制矩形

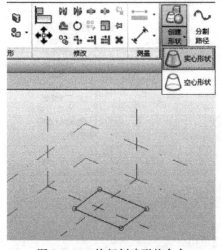

图 7.1-13　执行创建形状命令

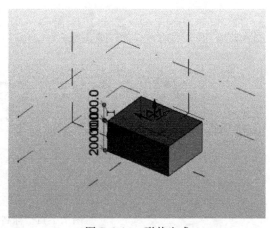

图 7.1-14　形状生成

体量生成以后其上会显示三维坐标轴，可以拖曳这些坐标轴改变体量的形状，如图7.1-15 显示了拖曳三个坐标轴后的效果。把鼠标靠近生成的体量，按 Tab 键切换，会发现其边和面都是可以选取的，我们也可以将其一个面设置为工作平面在上面继续绘制图元和生成体量。

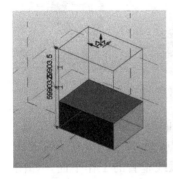 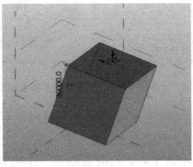 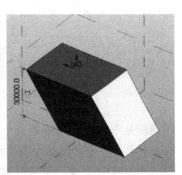

图 7.1-15　拖曳实体形状坐标轴效果

选择体量的一个面，如图 7.1-16 所示，利用绘制面板下的矩形工具在其上绘制一个矩形，并点击"创建形状-实心形状"，完成后效果如图 7.1-17 所示。

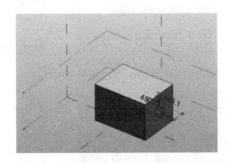 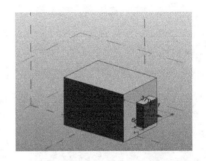

图 7.1-16　激活实体的一个面作为工作平面　　图 7.1-17　绘制矩形并创建形状

将这个体量删掉，点击"标高 1"平面，在其上绘制一条线和一个圆形；点选"圆形"再点击"创建，形状-实心形状"，这时屏幕中会出现圆形可能生成的实心形状："圆柱"和"球"，几何经验告诉我们圆柱是通过圆拉伸生成，球形是圆旋转生成，我们选择"圆柱"；再选择"线创建形状"，这时会生成一个面，以上的操作告诉我们在创建形状时 Revit 会根据二维图元的形式自动计算所能生成的三维体量。按 Ctrl＋Z 键返回到创建体量前的状态，同时选中线和圆形，再点击"创建形状"，这时生成了一个圆环，即圆形以直线为轴旋转生成，这种体量的生成方式可能与我们之前使用过的建模软件有所不同，因为 Revit 没有要求我们指定旋转轴，而是默认以直线作为旋转轴直接生成了体量，请读者习惯这种生成逻辑。图 7.1-18 是上述操作的步骤图解。

读者可自行尝试在工作平面绘制不同的图元，然后执行创建形状的操作，也可一次性选择两个图元创建形状，并尝试不同的组合，如线与一个闭合的曲线，或者线与开放的曲线，又或者两个闭合的轮廓等能产生怎样的体量。

在创建体量过程中有时我们不仅仅希望某个封闭的图元或轮廓沿着线旋转生成体量，

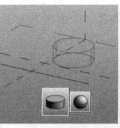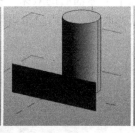

图 7.1-18　不同平面形状组合生成实体形状效果

还希望某个轮廓可以沿着某个路径做放样，这时就要用到绘制面板上的"点图元"工具。在"标高 1"平面绘制一条弧线，然后点击绘制工具面板的"点图元"工具，在弧线上任意一点放置一个点，完成后选中这个点，这时会激活一个与弧线垂直的工作平面，如图 7.1-19 所示，这是概念体量环境下点图元的一个特性，这大大方便我们在不容易拾取的工作平面上绘制图元，点击"矩形"工具绘制矩形，发现它已出现在点图元在弧线处激活的工作平面上，如图 7.1-20 所示。

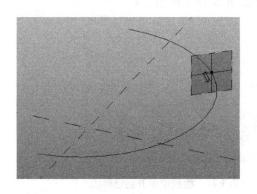 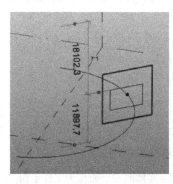 

图 7.1-19　在弧线上放置点图元　　　图 7.1-20　选择点激活工作平面　　图 7.1-21　查看器命令位置

有时出于透视的关系，在点图元激活的平面上绘制起来不是很准确，Revit 提供了查看器方便我们在平面的正投影上绘制，点击工作平面工具面板上的"查看器"命令，如图 7.1-21 所示，这时视图中会弹出一个小窗口即工作平面查看器，当我们在其上绘制一个矩形的同时，视图中工作平面也同步显示了该矩形，如图 7.1-22 所示。矩形绘制完毕后，同时选中矩形与弧线，点击"创建形状-实体形状"，则矩形沿着弧线放样生成体量，如图 7.1-23 所示。

上述操作中有两个重点：一是点图元激活工作平面的特性，二是如何进行沿着某特定路径完成某轮廓的放样，请读者在练习的同时理解这两部分内容，做到举一反三。

利用 Revit 我们不但可以在某一个标高工作平面创建体量，还可以在多个标高平面间创建体量。之前我们在 30 米高处建立了"标高 2"平面，点击创建选项卡下的"标高"工具，在"标高 2"平面上方距离 25 米处放置"标高 3"平面，如图 7.1-24 所示。点击项目浏览器"标高 1"平面视图，在其上绘制椭圆形，完成后切换到"标高 2"平面视图，绘制椭圆并旋转一定的角度,同理切换到"标高 3"平面视图绘制椭圆,如图 7.1-25 三幅图所示形状。完成后切换回三维视图,选中三个椭圆,点击"创建形状-实心形状",系统会自动在竖向上生成体量,如图 7.1-26 所示。

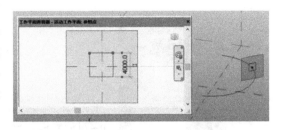

图 7.1-22 工作平面查看器

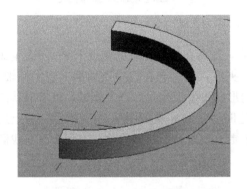

图 7.1-23 创建形状

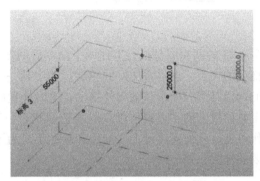

图 7.1-24 放置新标高

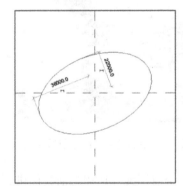 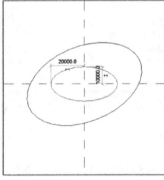 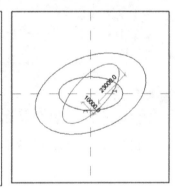

图 7.1-25 在三个标高平面上分别绘制三个椭圆

图 7.1-26 生成形状

体量生成后可以对其做进一步的编辑,将体量整体选中,点击形状图元工具面板中的"透视"命令,则体量显示为带几何骨架的透明样式,图 7.1-27 显示了在执行透视命令前后体量的外观样式对比。

将体量整体选中时,形状图元工具面板上还有"添加边"和"添加轮廓"命令,"添加边"命令会在体量的表面添加边缘线,"添加轮廓"则可在体量截面上添加轮廓,

  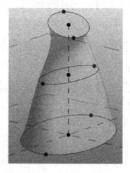

图 7.1-27　修改显示效果为透视

图 7.1-28 的两幅图是执行上述两个命令后的效果，注意在边和轮廓的交点上 Revit 会生成可拖曳的夹点。点击添加好的轮廓，选中其一个夹点，这时会在选中点周围出现坐标轴，我们选择其中一个水平轴向外拖动，这时体量的形状发生了变化，选中体量，点击形状图元工具面板上的"透视"命令取消透视状态，这时体量的外观如图 7.1-29 所示。由上述操作可见，我们向体量上添加边和轮廓都是为了更方便对其形状做修改，直到修改至我们需要的样式。

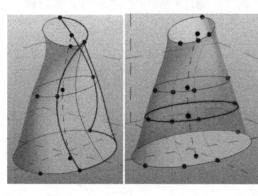 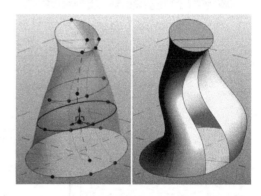

图 7.1-28　"添加边"命令前后对比　　　　图 7.1-29　"添加轮廓"命令前后对比

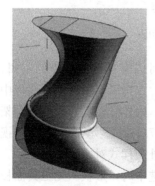

图 7.1-30　利用点图元工具添加装饰线条

在体量的添加轮廓上创建一个点图元，运用之前我们讲到的利用点图元激活平面并生成放样的办法为体量添加一个装饰线条，如图 7.1-30 所示，这部分操作请读者自行完成。

7.1.2　分割表面

体量生成后只显示为形状，有时我们希望为体量添加表皮上的细节，这时就要用到"分割表面"工具。打开上一节中创建的体量，通过 Tab 键切换选中部分体量，如图 7.1-31 所示，点击工具面板中的"分割表面"命令，系统会自动用 UV 网格划分表面，如图 7.1-31 所示，在选项栏显示了当前 UV 网格是以数量来生成并且每个方向上为 10 个，我们也可以通过点击距离选项来用距离生成网格，如图 7.1-32 箭头所示位置。

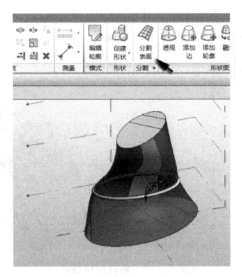

图 7.1-31　选择形状部分体量

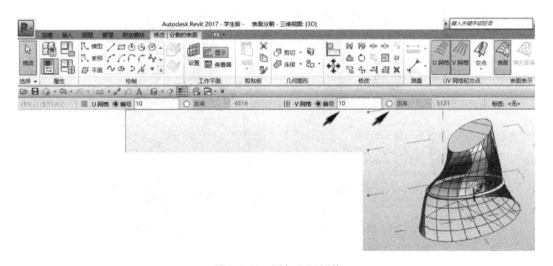

图 7.1-32　添加 UV 网格

体量当前的网格划分过于稀疏，我们将 UV 网格的编号都改为 20，则 UV 网格的数量增加并反映到体量中，如图 7.1-33 所示，在网格的中央位置有一个"配置网格布局"的光标，此光标我们在之前创建玻璃幕墙时也接触过，点击它进入编辑网格的模式，如图 7.1-34 所示，图中箭头所示位置可以看到当前网格的基准点、数量、距离、角度等。我们点击基准点位置的十字光标将其向上拖动至体量顶部箭头所示位置，如图 7.1-35 所示，再将体量下方的显示角度的数值处修改数值为 45°，修改完成后系统会自动对 UV 网格重新生成，效果如图 7.1-36 所示。

除了用 UV 网格分割表面，还可以自定义划分体量的表面，要用到的命令为分割表面下的"交点"命令，操作原理为：先用"参照平面"、"参照线"等命令手动在体量表面划分网格，划分好以后点击分割表面下的"交点"命令，再将之前的网格线选中，点击"完成"按钮退出。下面手动为体量顶部的表面划分网格。点击体量顶部的表面激活为工作平面，如图 7.1-37 所示，点击绘制工具面板中的"平面"，即图中箭头所示位置；在平面中绘制参照平面来分割表面，位置及方向如图 7.1-38 所示。

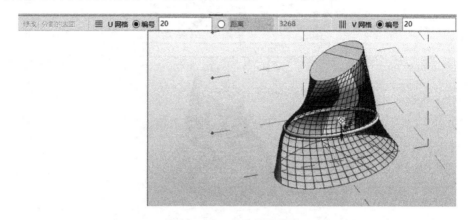

图 7.1-33　修改网格数量

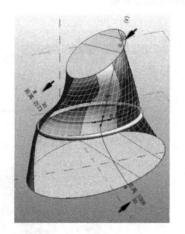 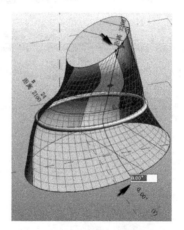

图 7.1-34　编辑网格模式　　　　　图 7.1-35　移动基准点位置

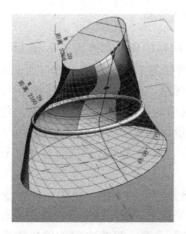 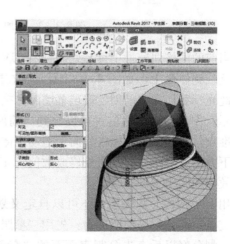

图 7.1-36　修改网格角度　　　　　图 7.1-37　激活工作平面

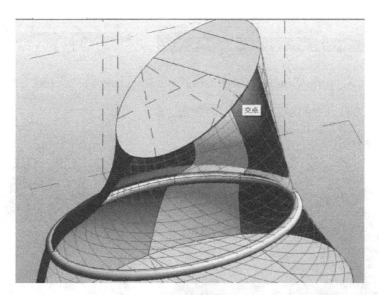

图 7.1-38 绘制参照平面

参照平面绘制好以后，点选平面，选择"分割表面"命令如图 7.1-39 箭头所示位置，系统会默认以 UV 网格划分表面，点击工具面板上的"U 网格"和"V 网格"将体量表面的 UV 网格关闭，如图 7.1-40 所示，点击"交点"命令，在下拉列表中选择"交点"如图 7.1-41 所示。

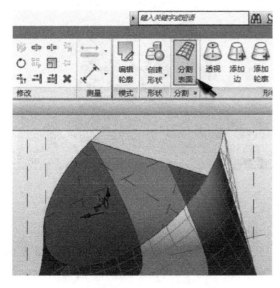

图 7.1-39 分割表面命令

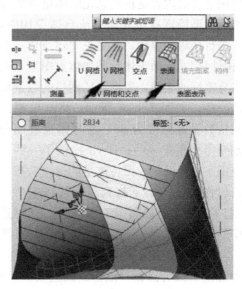

图 7.1-40 关闭 UV 网格

利用 Ctrl 键将之前绘制好的参照平面全部选中，点击"√"完成按钮退出，如图 7.1-42 所示，点击表面会发现体量表面已经按我们手动划分的网格完成了分割，如图 7.1-43 所示。

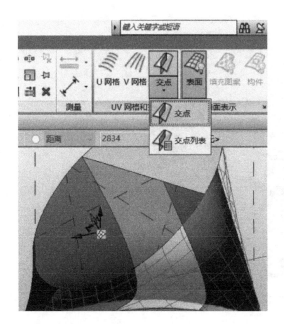
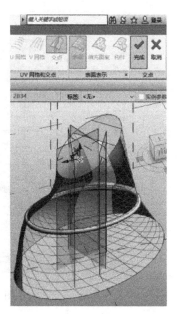

图 7.1-41 "交点"命令　　　　图 7.1-42 选中参照平面

表面分割完成后，Revit 还允许我们通过填充图案来有理化表面，有理化的意思按笔者的理解是将概念化的体量表面分割填充幕墙嵌板填充图案或自适应构件，并进行计算和整理，使之更"建筑化"和"构件化"。下面为体量添加填充图案，点击分割好的表面，先将 UV 网格的数量增加一些，如图 7.1-44 所示，将选项栏的网格数量都修改为 35，这时体量表面分割变得更密集一些；Revit 提供了一些填充图案可供选择，保持体量的选中状态点击属性面板下的下拉列表，选择三角形（扁平）图案，如图 7.1-45 所示，这时选

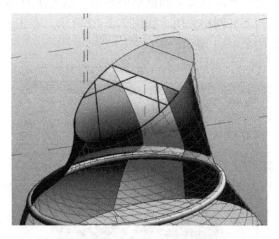

图 7.1-43 手动划分网格完成

中的图案会添加到体量分割表面上，如图 7.1-46 所示。

选中的图案添加后效果并不是很理想，我们还可以通过载入族的形式为体量表面添加图案或者嵌板，点击插入选项卡下的"载入族"命令，如图 7.1-47 箭头所示，浏览到素材文件夹将 三角形(扁平)表面 嵌板填充图案族载入到文件中；这时在属性面板下拉列表将填充图案改为"三角形（扁平）表面（实体）"，如图 7.1-48 所示，修改后体量表面发生了变化，如图 7.1-49 所示，我们进一步对其进行修改，点选体量点击中心位置的"配置 UV 网格布局"按钮，将角度改为 0°，如图 7.1-50 所示，修改后效果如图 7.1-51 所示。

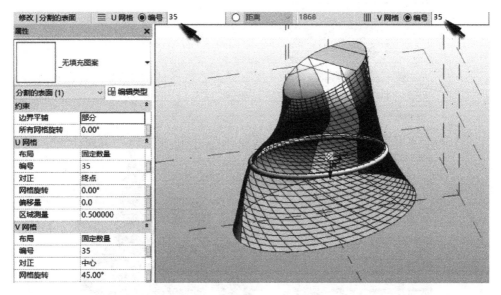

图 7.1-44　修改 UV 网格数量

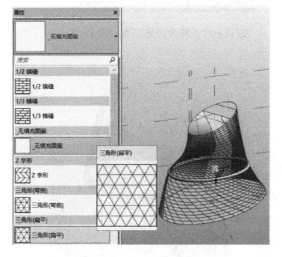

图 7.1-45　选择填充图案

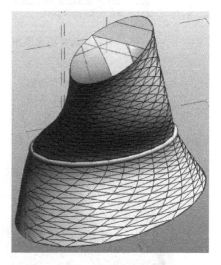

图 7.1-46　填充图案添加后效果

图 7.1-47　载入族命令位置

 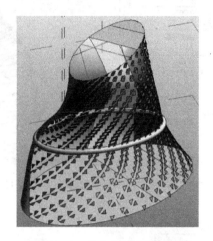

图 7.1-48 选择填充图案　　　　图 7.1-49 修改填充图案后效果

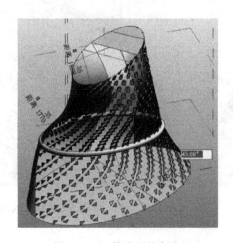 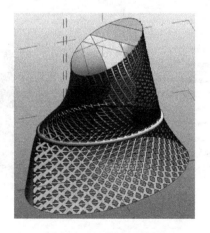

图 7.1-50 修改网格角度　　　　图 7.1-51 修改后效果

7.1.3　自定义幕墙嵌板填充图案与自适应构件

上一节当中在体量表面分割后我们通过载入族为其填充了图案，很多时候实际项目中填充图案的样式多变，这就要求我们自己创建族来满足使用，Revit 提供了"基于公制幕墙嵌板填充图案"和"自适应公制常规模型"两种较为常用的族样板文件来供我们创建族。

打开上一节的体量文件，旋转至另外一面选择还未添加填充图案的部分体量，如图

7.1-52 所示，点击分割表面，修改选项栏上的 UV 网格数量为 15，在填充图案下拉列表中选择三角形（扁平）为填充图案。

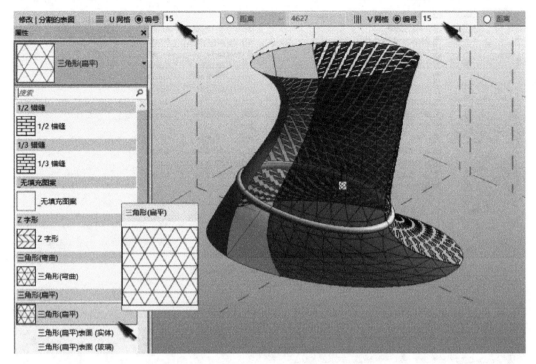

图 7.1-52　为形状部分表面设置填充图案

现在我们来创建幕墙嵌板填充图案族，点击应用程序菜单按钮，点击"新建—族"命令，如图 7.1-53 所示，在弹出的选择样板文件对话框中选择"基于公制幕墙嵌板填充图案"族样板文件，如图 7.1-54 所示，点击打开进入族环境。

图 7.1-53　"新建—族"命令步骤图

图 7.1-55 是族环境视图，默认的网格形式为矩形，网格中有四个点，可以理解为矩形幕墙网格的四个角点，项目浏览器中有楼层平面视图和三维视图，没有立面视图，这是族环境与项目环境及概念体量环境的区别。点选网格，在属性面板的下拉列表中可以切换网格的样式，当我们选择"八边形旋转"样式时，网格发生了变化，驱动点也变成了 8 个，如图 7.1-56 所示。我们分割体量时用了三角形填充图案，所以在此我们也将网格切换为"三角形（扁平）"样式，如图 7.1-57 所示，这时驱动点变成了三个。

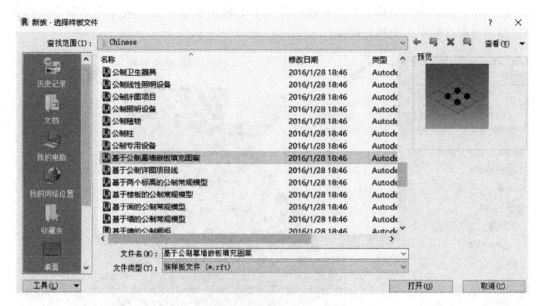

图 7.1-54 选择样板文件对话框

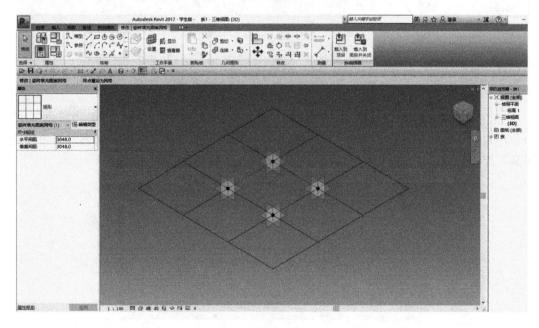

图 7.1-55 族环境界面

把光标靠近一个驱动点,通过 Tab 键可以在不同的工作平面之间切换来设置工作平面,如图 7.1-58 所示激活的两个工作平面,当不确定当前工作平面时可点击工作平面工具面板上的"显示",则当前工作平面会高亮显示出来,如图 7.1-59 所示。这与之前我们在概念体量环境下的操作是一致的。下面开始创建填充图案族。

激活"标高 1"平面为工作平面,点击绘制面板上的"点"工具,在三个驱动点处各添加一个点图元,如图 7.1-60 所示;选中刚添加的三个点,在属性面板上将偏移量设为

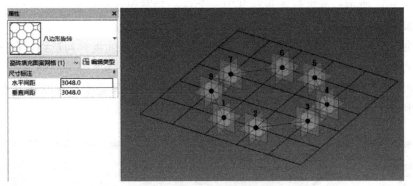

图 7.1-56　修改网格样式

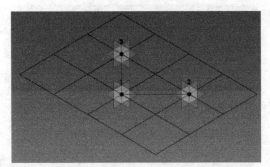

图 7.1-57　"三角形（扁平）"界面图

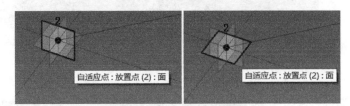

图 7.1-58　切换工作平面

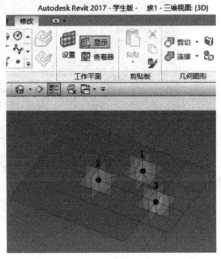

图 7.1-59　显示工作平面

50，如图 7.1-61 所示；放大视图观察其中一个点，会发现该点已移动至驱动点处上方 50 的位置，如图 7.1-62 所示。

　　点击绘制工具面板上的"线"命令，在选项栏将"三维捕捉"勾选到，在三个点之间绘制如图 7.1-63 所示；绘制完以后将其选中，点击"创建形状"下的"实心形状"，如图 7.1-64 所示，这时视图中会出现两个小的预览图标以供选择是生成形状还是面，选择前者则形状生成，将其高度改为 20，如图 7.1-65 两幅图所示。

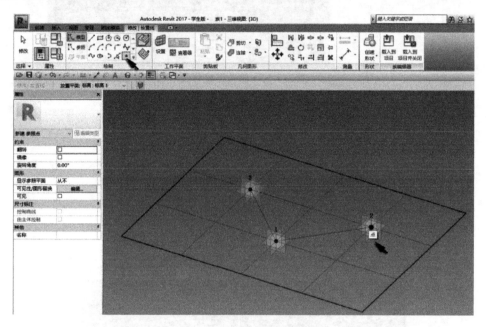

图 7.1-60　添加点图元操作

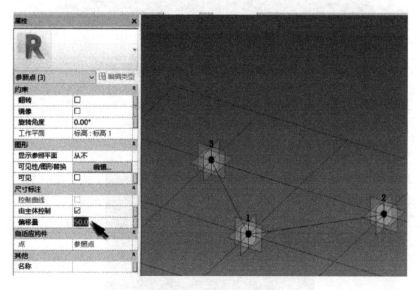

图 7.1-61　偏移点操作

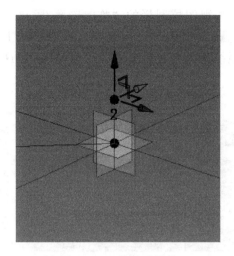

图 7.1-62　偏移后效果

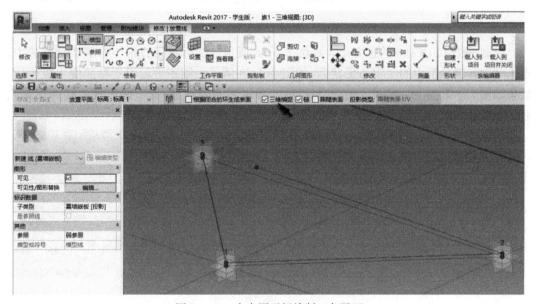

图 7.1-63　在点图元间绘制三角平面

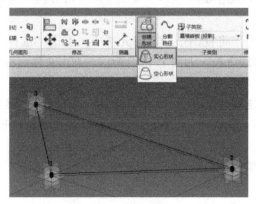

图 7.1-64　创建形状

选中生成的形状，点击视图控制栏的"临时隐藏/隔离"按钮，在弹出的列表中选择"隐藏图元"将其隐藏，如图 7.1-66 所示；在参照线上添加一个点图元，激活工作平面，可见其与参照线是垂直的，如图 7.1-67 所示，这与我们之前在概念体量环境下的操作类似。

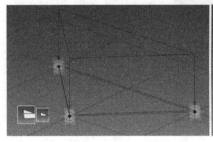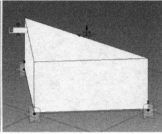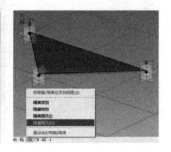

图 7.1-65　修改形状高度　　　　　　　　　图 7.1-66　隐藏图元操作

绘制一个 100×100 的正方形，如图 7.1-68 所示，然后将正方形与参照线全部选中，点击"创建形状"中的"实心形状"，如图 7.1-69 所示，则正方形沿着参照线生成放样，效果如图 7.1-70 所示。点击视图控制栏的"重设临时隐藏/隔离"按钮将隐藏的图元恢复，如图 7.1-71 所示。

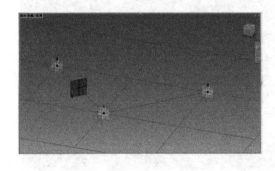

图 7.1-67　添加点图元　　　　　　　　　图 7.1-68　绘制正方形放样轮廓

下面为形状赋予材质，将视图中全部图元选中，点击"选择"工具面板上的"过滤器"，在列表中只选择幕墙嵌板，如图 7.1-72 所示，点击属性面板中材质后面的按钮，如图 7.1-73 所示。

弹出材质浏览器，复制一个材质并将其命名为"金属板"，然后点击下面的按钮打开资源浏览器，如图 7.1-74 箭头所示位置，在资源浏览器里搜索框里输入"金属"，在下拉列表中选择"不锈钢 抛光"材质返回，如图 7.1-75 所示。

编辑"金属板"的颜色，颜色色号如图 7.1-76 所示。

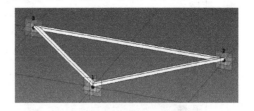

图 7.1-70 放样后效果

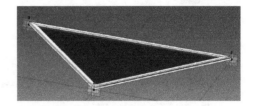

图 7.1-71 恢复显示隐藏图元

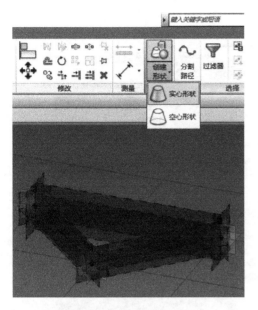

图 7.1-69 创建形状

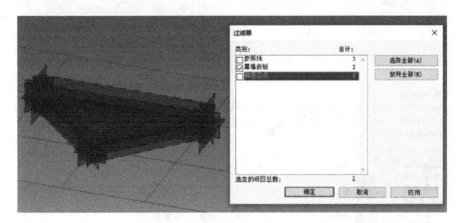

图 7.1-72 借助过滤器选择图元

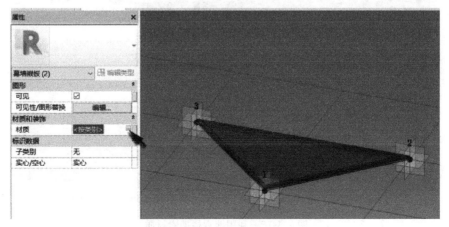

图 7.1-73 编辑材质按钮

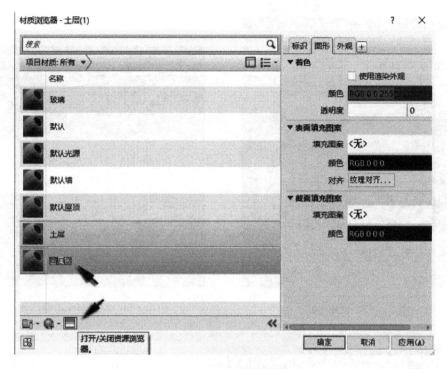

图 7.1-74 材质浏览器

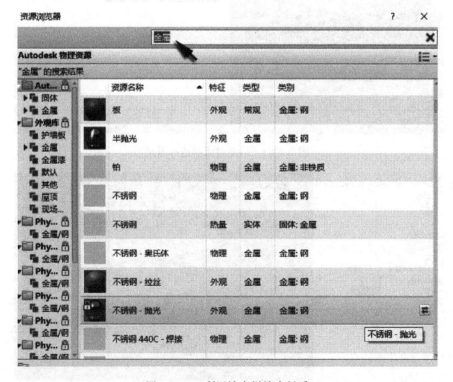

图 7.1-75 利用搜索栏搜索材质

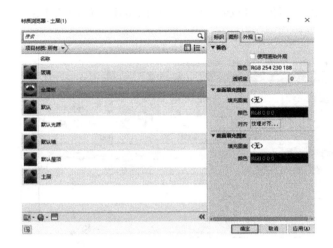

图 7.1-76 编辑材质颜色

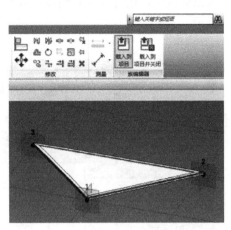

图 7.1-77 将自定义的族载入到项目

点击"族编辑器"上的"载入到项目"将编辑好的形状载入到项目中（也可将其单独存为一个族文件，在项目环境下再将其载入），如图 7.1-77 所示，载入后视图自动返回到项目环境下，点击体量，在属性面板填充图案下拉列表中会发现"金属板"已经在列，说明载入成功，如图 7.1-78 所示，点选后金属板添加到体量，如果体量复杂系统添加图案族时会有一定的计算时间，完成后效果如图 7.1-79 所示。

我们还可以继续对填充图案族进行编辑，按 Ctrl+Tab 键返回族环境，点击项目浏览器中"标高1"切换到平面视图，如图 7.1-80 所示，点击绘制工具面板上的"外接多边形"命令，将选项栏上的边数量改为 3，在形状的中间位置绘制一个三角形，绘制完以后点击"创建形状-空心形状"，如图 7.1-81 所示，前文提到空心形状一般用于在形状或体量中挖去一定的指定的形状或体量，生成后效果如图 7.1-82 所示，按 Esc 键退出，这时会看到形状的中间已经挖空出一个三角形，如图 7.1-83 所示。

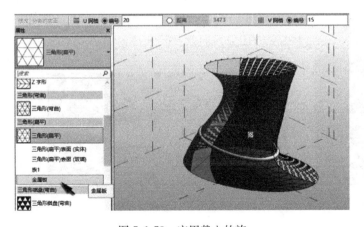

图 7.1-78 应用载入的族

图 7.1-79 应用效果

完成后点击"载入到项目"按钮，自动返回到项目环境，系统会弹出一个窗口，询问

129

是否更新之前载入的版本，点击"覆盖现有版本"，如图 7.1-84 所示，系统经过计算会重新完成填充，这时可以看到我们在族环境下所做的修改已经反映到体量中，如图 7.1-85 所示。

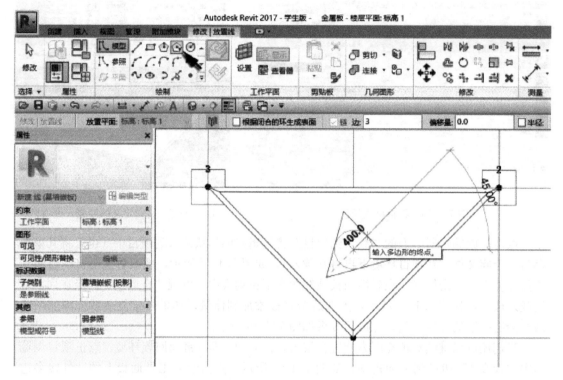

图 7.1-80　利用"外接多边形"命令绘制三角形

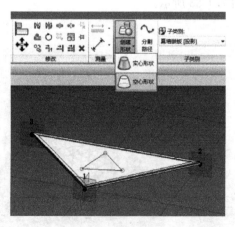

图 7.1-81　创建空心形状

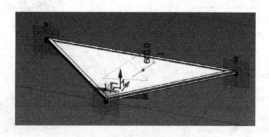

图 7.1-82　生成空心形状

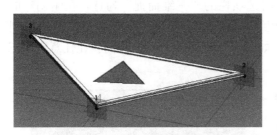

图 7.1-83 挖去空心形状后效果　　　　　图 7.1-84 系统提示

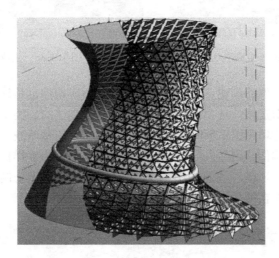

图 7.1-85 覆盖现有族版本后效果

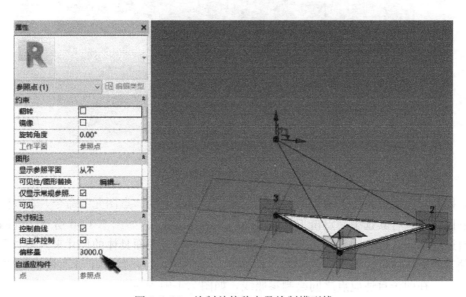

图 7.1-86 绘制并偏移点及绘制模型线

在驱动点3的位置放置一个点，属性面板上将偏移量设为3000，则点向上方偏移，点击绘制工具面板的"模型线"工具，将选项栏的"三维捕捉"勾选，在刚创建的点与"驱动点1"、"驱动点2"之间绘制模型线，如图7.1-86所示，绘制好后点击"创建形状"，在视图选择后面的图标即创建面，如图7.1-87所示，这样我们就在任意空间三点创建了一个面，如图7.1-88所示。

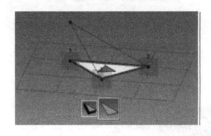

图7.1-87　生成形状　　　　　　　　图7.1-88　生成面

下面学习自适应构件的创建，首先要明确的是自适应构件也是族，既然是族，那么创建的流程都是一样：新建族—选择族样板文件（根据要创建的族类型）—进入族编辑环境进行创建。上一节创建填充图案族时我们选择了"基于公制幕墙嵌板填充图案"作为族样板文件，那么自适应构件族则是以"自适应公制常规模型"为族样板文件，请读者进行这部分操作。进入族编辑环境，视图如图7.1-89所示，与"基于公制幕墙嵌板填充图案"的族编辑环境类似，但在项目浏览器中有立面视图。

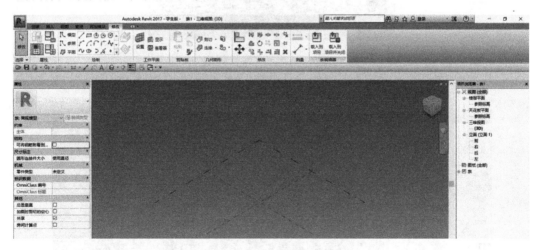

图7.1-89　族编辑环境界面

切换到"参照标高"平面视图，点击绘制工具面板上的"点图元"命令，在视图中任意绘制四个点，将其选中，点击工具面板上的"使自适应"，如图7.1-90所示，则四个点变为自适应点，自适应的意思是四个点会根据项目中体量表面具体的尺寸来调整位置和尺寸，使其能适应体量表面多变的形状。切换到三维视图，点击绘制工具面板中的"参照-线"命令，在四个自适应点之间绘制参照线，如图7.1-91所示。

将绘制好的参照线选中，点击"创建形状-实心形状"，选中视图中出现的两个图标中的前一个，将形状的高度改为20，如图7.1-92所示。

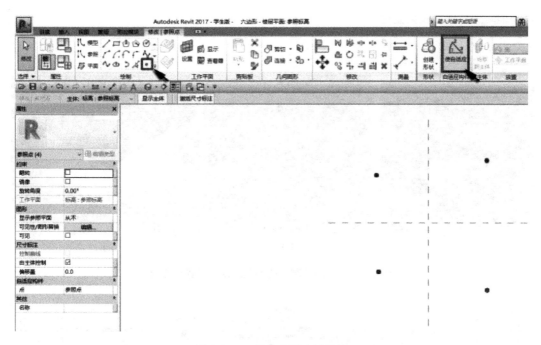

图 7.1-90 使点自适应的操作

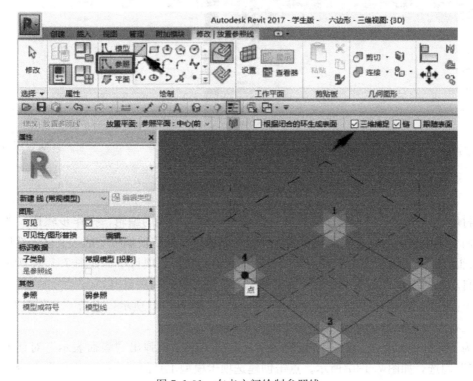

图 7.1-91 在点之间绘制参照线

将形状选中,点击属性面板材质栏后面的"编辑"按钮,在弹出的材质浏览器中复制

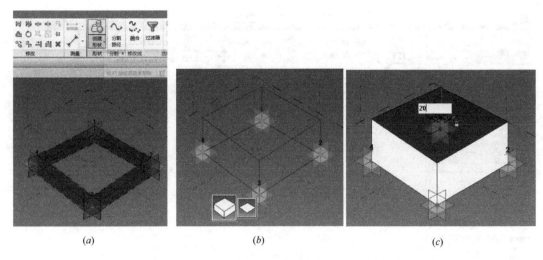

图7.1-92 利用绘制好的参照线创建形状步骤图

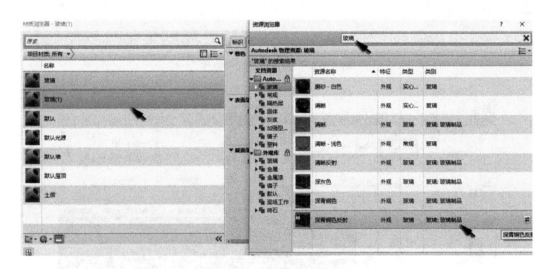

图7.1-93 为形状赋予材质操作

玻璃材质,如图7.1-93所示,并打开资源浏览器做进一步的编辑,操作步骤请参考本小结前面材质编辑的内容,完成后将其单独保存名为"自适应玻璃板"的族文件,然后点击"族编辑器"工具面板中的"载入到项目"按钮将其载入到项目中,如图7.1-94所示,视图会自动返回项目环境下,并为捕捉点的模式,按Esc键两次退出。

下面我们来编辑主体体量,点选部分体量,如图7.1-95所示,点击"分割表面",在选项栏将UV网格数量都改为20,如图7.1-96所示。

为了更好地捕捉点,点击"表面表示"右下方箭头,弹出"表面表示"对话框,将"节点"勾选,如图7.1-97所示。点击创建选项卡模型工具面板中的"构件"命令,则进入放置自适应构件状态,在体量表面的一个矩形的四点依次点击,完成后一个自适应构件添加到了体量表面,点击修改工具面板中的"重复"命令,则自适应构件会自动捕捉填加到体量的全部表面上，如图 7.1-98 所示。

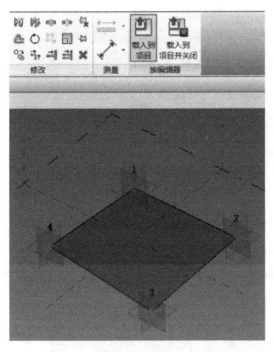

图 7.1-94　将编辑好的族载入到项目

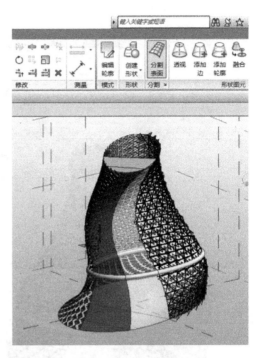

图 7.1-95　分割表面

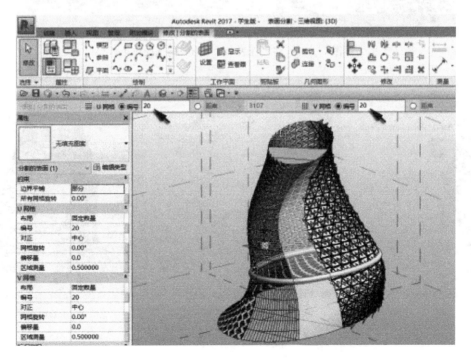

图 7.1-96　修改 UV 网格数值

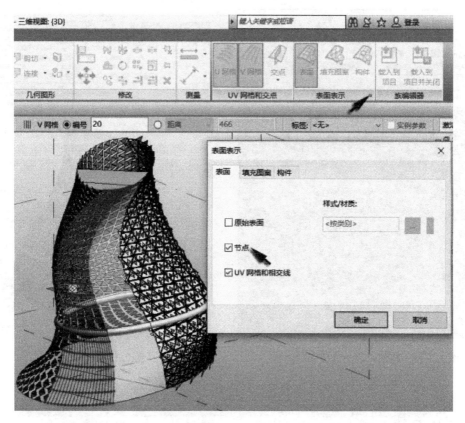

图 7.1-97 将表面表示"节点"勾选操作

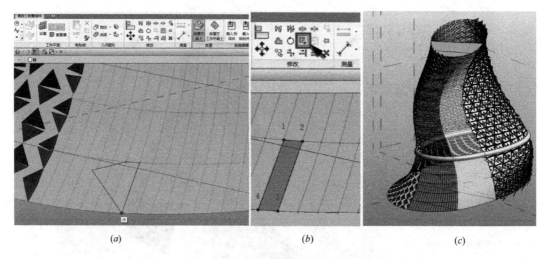

图 7.1-98 添加自适应构件步骤图

7.2 内 建 体 量

在概念体量环境下创建体量方便快捷,且能存为单独的族文件载入到项目中,但是在实际的项目中建筑平面和造型千差万别,很多时候我们要精确地在项目的某些位置做特殊的造型或构造,对此 Revit 提供了内建体量工具允许我们在项目环境下创建体量,内建体量的命令与概念体量的操作高度一致,区别是内建体量不能单独存为族,只能存在项目文件中。我们先通过两个实例来熟悉内建体量的操作,再将售楼部项目外部的不规则斜板完成。

打开素材文件中的"风雨操场"项目文件,切换到三维视图如图 7.2-1 所示,文件中建筑只创建了外墙,现在我们为其创建一个屋顶。建筑设计常识告诉我们,风雨操场需要大跨度的无柱空间,其屋顶通常采用桁架、网架、网壳等结构形式来跨越大的空间,在空间网架形式中,三角空间网架即我们常说的三角锥网架是应用很广泛的一种形式,其平面示意如图 7.2-2 所示。

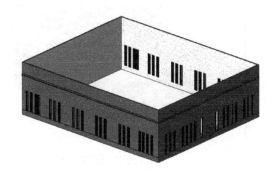 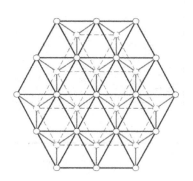

图 7.2-1　案例文件三维视图　　图 7.2-2　三角锥网架平面示意

由于空间网架的多向性,在其节点处要采用一些特殊的构件来连接不同向的杆件,如图 7.2-3 所示。关于这些构造处理读者大概了解即可,下面我们就来创建角锥网架。

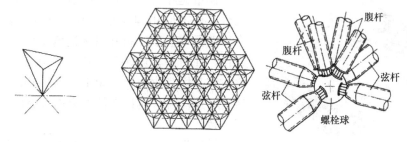

图 7.2-3　三角锥网架节点示意

【空间网格大跨度屋顶,角锥单元族的创建】点击项目浏览器"屋面"层平面视图,点击"体量与场地"选项卡下的"内建体量"命令,在弹出的对话框中命名体量名称,如图 7.2-4、图 7.2-5 所示。

137

图7.2-4 内建体量命令位置

图7.2-5 命名体量

点击"绘制工具面板"上的"矩形"工具,在轴线的左上和右下交点间绘制矩形,如图7.2-6所示,绘制完以后点击"创建形状-实心形状"按钮,切换到三维视图,修改形状的厚度为2000,如图7.2-7所示,通过Tab切换选中体量的上表面,点击"分割表面",如图7.2-8所示。

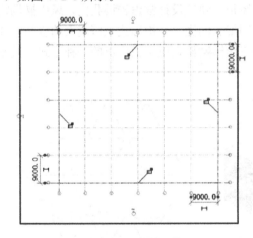
图7.2-6 绘制矩形

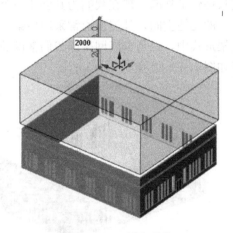
图7.2-7 创建形状

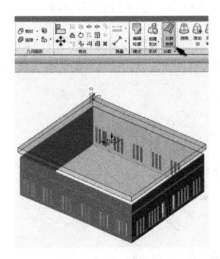
图7.2-8 修改高度

将UV网格数量分别改为18、15;在属性面板填充图案下拉列表中选择"三角形(扁平)",然后点击"√"完成体量编辑,如图7.2-9所示,完成后效果如图7.2-10所示。

体量建好以后,下一步创建将要为其添加角锥构件,点击应用程序菜单按钮下的"新建-族"命令,选择"基于公制幕墙嵌板填充图案"作为样板文件,如图7.2-11所示,进入族编辑环境。点击网格,将其样式改为"三角形(扁平)",如图7.2-12所示,这样就与项目文件中表面填充图案样式取得了一致。

切换到"标高1"平面视图,点击绘制工具面板上的"线"工具,连接驱动点与对面边线的中点以确定三角形的中心,如图7.2-13所示,点击参照点在三角形中心放置点,放置以后将之前用以定位的线删除,选中参照点,在属性面板上将偏移量改为-2000,如图7.2-14所示,则点向下垂直偏移2000。

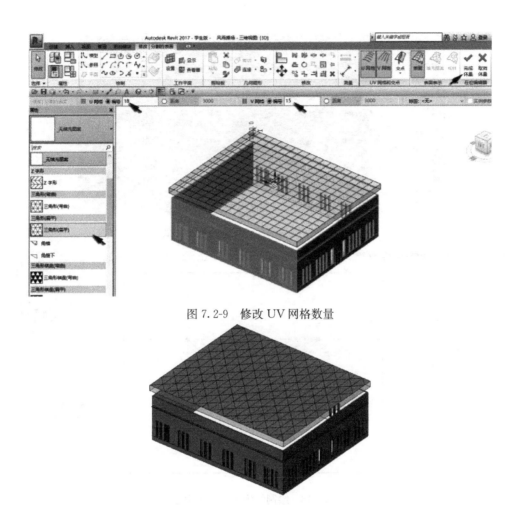

图 7.2-9 修改 UV 网格数量

图 7.2-10 填充图案

图 7.2-11 为新建族选择族样板文件

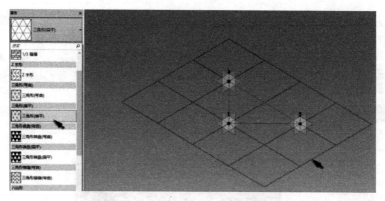

图 7.2-12 族编辑环境下修改网格样式

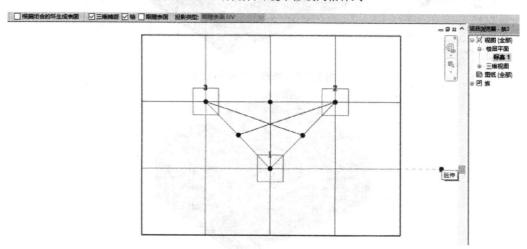

图 7.2-13 绘制线确定三角形中心

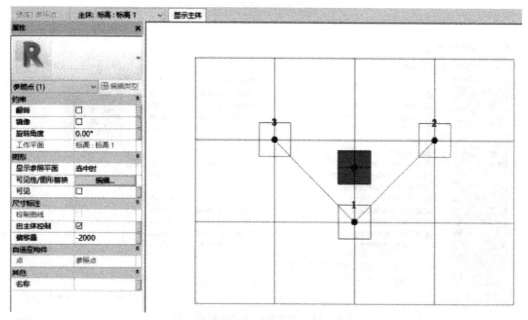

图 7.2-14 添加点并偏移

点击绘制面板上的"参照-线命令",注意不要选择模型线,勾选选项栏上的"三维捕捉",将三个驱动点与新建的下方 2000 的点连接起来,如图 7.2-15 所示。下面创建角锥单元的腹杆件,点击模型点命令在绘制好的参照线上放置点,点选模型点,在激活的工作平面上绘制半径为 60 的圆,将圆与参照线同时选中,点击"创建形状"命令,如图 7.2-16 所示,完成后效果如图 7.2-17 所示。

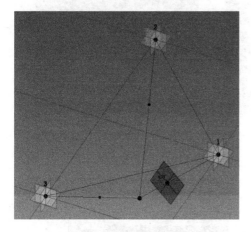
图 7.2-15 用参照线连接三点

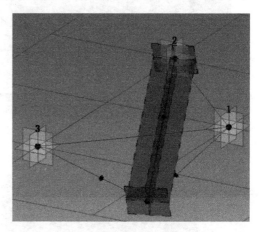
图 7.2-16 绘制圆形轮廓并放样

为了更好地捕捉点,可以先把创建好的腹杆隐藏,点选腹杆点击视图控制栏"隐藏图元"命令将其隐藏,如图 7.2-18 所示;下面创建节点处的球形构件,点选下方的参照点,利用 Tab 键切换工作平面如图 7.2-19 所示,在其上绘制半径为 200 的圆,点击"创建形状"命令,选择视图中出现的后一种形状(球形),如图 7.2-20 所示,则球形构件创建完成,利用同样的办法在另外的三个节点处创建球形构件,完成后效果如图 7.2-21 所示;重复之前创建腹杆的办法,在三个驱动点之间创建弦杆,如图 7.2-22 所示。这样一个角锥网架的单元就创建好了,将其保存名为"角锥单元"的族文件,然后点击"族编辑器"工具面板上的"载入到项目"命令将其载入到"风雨操场"项目文件中,如图 7.2-23 所示,视图自动返回到项目文件。

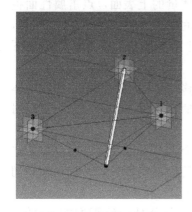
图 7.2-17 放样后效果

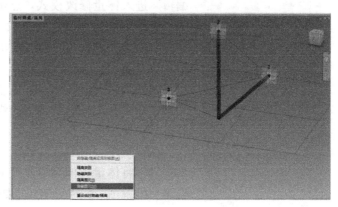
图 7.2-18 隐藏杆件的操作

141

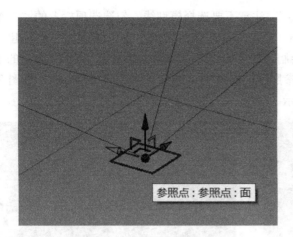
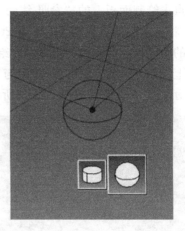

图 7.2-19　切换工作平面　　　　　　图 7.2-20　绘制圆并创建形状

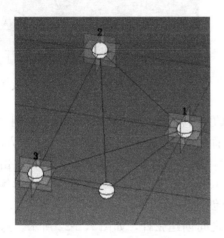

图 7.2-21　创建球形节点　　　　　　图 7.2-22　创建弦杆

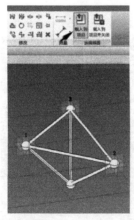

图 7.2-23　完成所有弦杆后效果

点选体量"角锥屋顶",点击"模型"工具面板上的"在位编辑"进入体量修改模式,点击体量的上表面,点击属性面板的填充图案下拉列表,发现载入的族"角锥单元"已经在列,如图 7.2-24 所示,点选它则构件添加成功,添加后效果如图 7.2-25 所示。

切换到南立面视图,将体量移动至屋面层以下,内建的体量选中后会在边缘出现造型操纵柄,如图 7.2-26 所示,可以对其进行拉伸。

在建筑左右两侧分别绘制一个参照平面,然后通过拉伸造型操纵柄将体量拉伸至参照平面的位置,如图 7.2-27 所示,切换至三维视图,完成后的效果如图 7.2-28 所示。

【面屋顶】在第 4 章中学习屋顶部分时,面屋顶的命令的操作没有涉及,这是因为面屋顶要通过拾取体量才能创建成功,

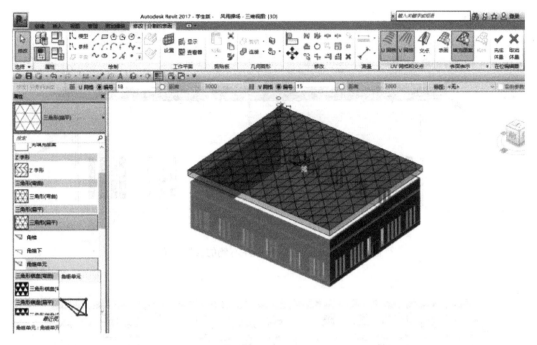

图 7.2-24　载入的填充图案族在列表中并添加给体量

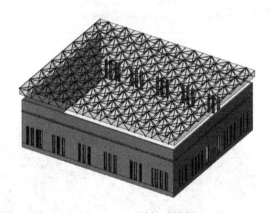

图 7.2-25　添加后效果

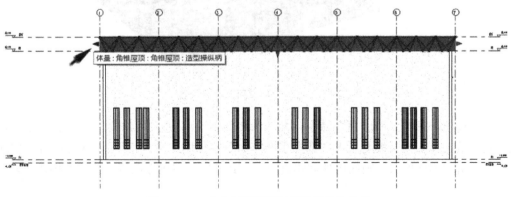

图 7.2-26　南立面视图通过操纵柄拉伸体量

143

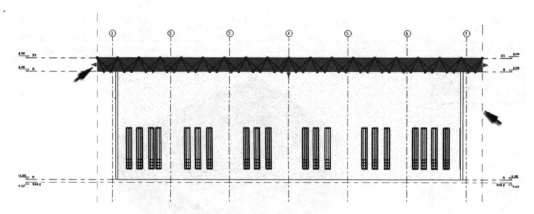

图 7.2-27　将体量拉伸至左右侧的参照平面

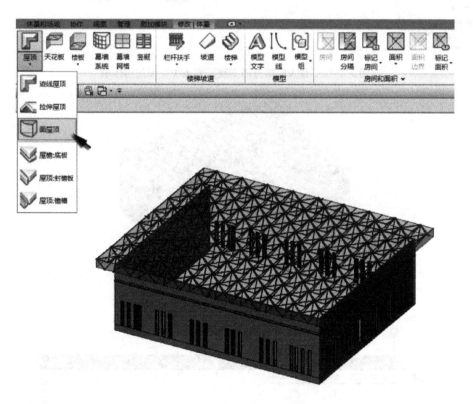

图 7.2-28　"面屋顶"命令位置

点击建筑选项卡下的"面屋顶"命令，如图 7.2-28 所示，进入"修改｜放置面屋顶"模式，在多重选择工具面板上点击"选择多个"命令，如图 7.2-29 所示，然后点击拾取体量，再点击"创建屋顶"则面屋顶创建成功，将其选中，在属性面板下拉列表将其样式改为"玻璃斜窗"，如图 7.2-30 所示。

【曲面屋顶的创建】我们还可以通过内建体量命令创建曲面体量，下面还是通过"风雨操场"项目文件学习不规则曲面体量的创建,将"风雨操场"项目文件另存为"曲面屋顶"的项目文件,将之前创建的角锥体量删掉。切换到F1平面视图,在1轴和7轴外侧3米处及3轴和5轴处绘制四个参照平面,如图7.2-31所示。

图7.2-29 点选"选择多个"命令

点击"体量与场地"选项卡下的"内建体量"命令,在弹出的对话框中将体量命名为"曲面屋顶",如图7.2-32所示,则视图进入体量编辑模式。与之前概念体量环境下的操作顺序一样,我们先来指定工作平面,点击"工作平面"选项卡下的"设置"命令,这时视图中弹出工作平面对话框,如图7.2-33所示,勾选"拾取一个平面"点击"确定",在视图中拾取1轴左侧的参照平面,则系统弹出"转到视图"对话框,要求我们选择一个视图方向,如图7.2-34所示,选择"立面:西立面"则视图转至西立面方向,如图7.2-35所示。

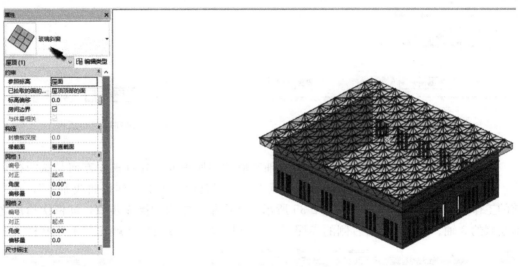

图7.2-30 点选体量生成面屋顶

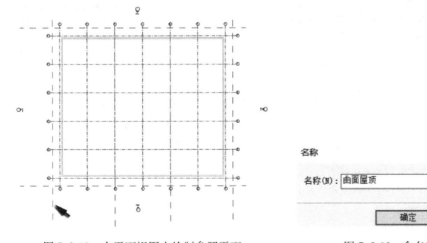

图7.2-31 在平面视图中绘制参照平面　　图7.2-32 命名新建体量

145

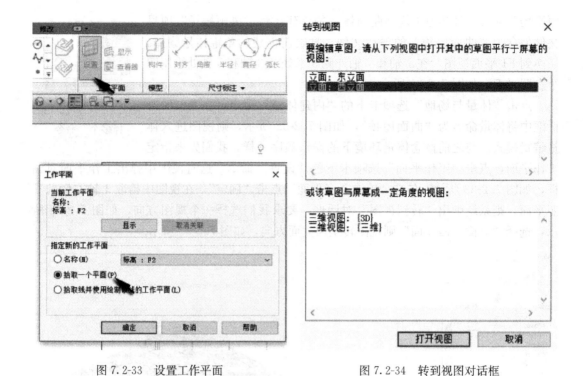

图 7.2-33 设置工作平面　　　　　　　图 7.2-34 转到视图对话框

注意当前的工作平面是我们拾取的 1 轴左侧的参照平面，并且视图方向是从西往东看，请读者理解上两步操作步骤的目的。点击绘制工具面板上的"样条曲线命令"，在当前的工作平面中绘制曲线，如图 7.2-35 所示；之后重复之前的操作步骤，即依次拾取之前绘制的 3 轴、5 轴及 7 轴右侧的参照平面，每拾取一个参照平面就在其上绘制样条曲

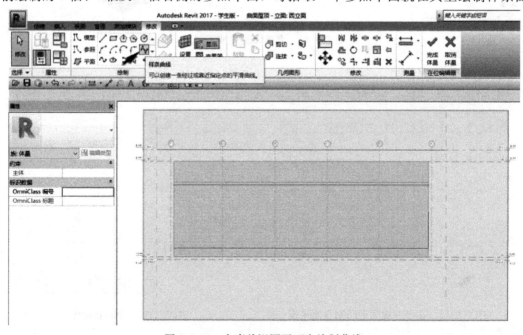

图 7.2-35　在当前视图平面中绘制曲线

线，完成后的效果如图 7.2-36 所示。

切换到三维视图，将绘制好的四条样条曲线选中，点击"创建形状"命令创建实心形状，则曲面体量生成，如图 7.2-37、图 7.2-38 所示。下面先利用体量创建一个面屋顶，创建面屋顶的操作之前讲过这里不再重复，将创建好的面屋顶的样式改为"玻璃斜窗"，并点击属性面板上"编辑类型"，在类型属性对话框中设置玻璃斜窗的网格划分及竖梃样式，如图 7.2-39 所示，添加竖梃后的玻璃屋顶效果如图 7.2-40 所示。

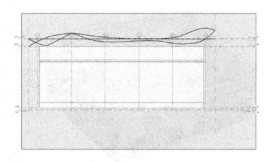

图 7.2-36 依次拾取平面并绘制曲线

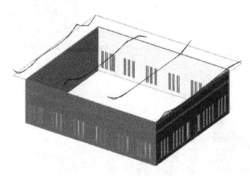

图 7.2-37 选择全部曲线创建形状

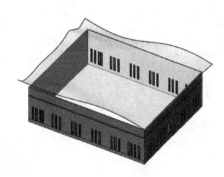

图 7.2-38 创建后效果

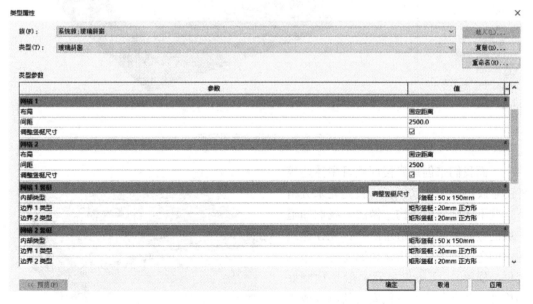

图 7.2-39 为形状添加网格与竖梃

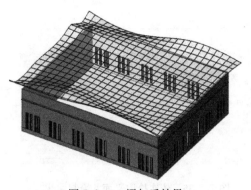

切换到立面视图,将之前创建好的体量向下移动 1000 的距离,从而与玻璃斜窗留出 1000 的距离,回到三维视图,点击"在位编辑"工具,将体量进行表面分割,在属性面板选择之前我们创建好的"角锥单元"族,如图 7.2-41 所示,则构件添加到体量,效果如图 7.2-42 所示。

我们在属性面板下拉列表中修改面屋顶的样式"EDPM 薄膜",如图 7.2-43 所示,修改后的效果如图 7.2-44 所示。

图 7.2-40　添加后效果

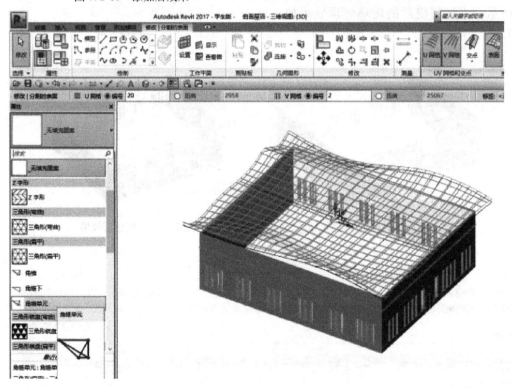

图 7.2-41　选择填充图案族

下面我们来创建售楼部项目主体建筑外的金属斜板和玻璃斜板,我们先来分析下这些不规则斜板的构造做法,我们知道一般的金属幕墙的构造层次是:先在建筑主体的金属预埋件上搭建金属龙骨(包括竖框与横梁),金属板单元一般是预制好的构件,并在其背部有供安装的码件或连接件,金属板单元通过连接件与金属龙骨固定。图 7.2-45 的两幅图可以帮助我们

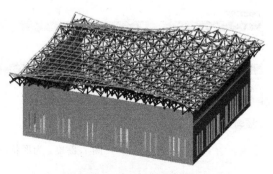

图 7.2-42　添加后效果

 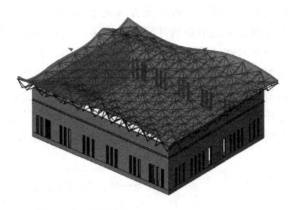

图 7.2-43　修改面屋顶的类型

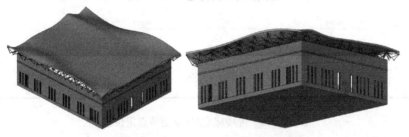

图 7.2-44　面屋顶效果三维视图

图 7.2-45　某建筑异形构件节点图片

理解不规则的金属板与主体结构的连接方式。

我们先来创建金属板的龙骨（支架），需要提前指出的是在此我们创建的一些节点构件比实际项目中的节点构件要简单许多，实际项目中节点构件是非常精细、繁琐的，在此我们先来学习创建异形体量的一些基本操作，希望读者在掌握这些基本操作的前提下，再尝试去创建更为精细的节点构造，那需要丰富的建筑构造专业知识以及花费大量的时间、精力和耐心！在售楼部 CAD 图纸文件中，查看金属板的交点的定位图，如图 7.2-46 所示，打开售楼部项目文件，点击"体量与场地"选项卡下的"内建体量"命令，如图 7.2-47 所示，在弹出的对话框中命名体量，如图 7.2-48 所示。

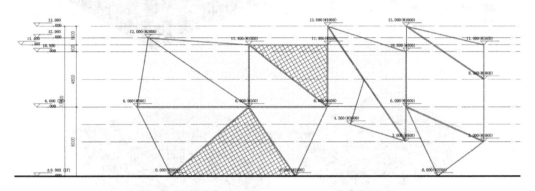

图 7.2-46　售楼部 CAD 立面节点定位图

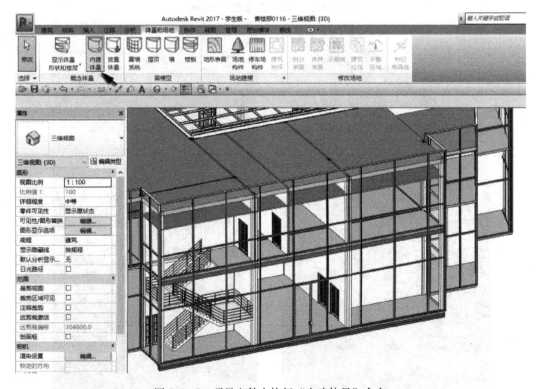

图 7.2-47　项目文件中执行"内建体量"命令

点击绘制工具面板上的"矩形"命令，如图 7.2-49 所示，将鼠标接进要绘制的位置会发现，系统会自动在已有的图元之间切换来激活并确定工作平面，我们确定一个幕墙图元作为工作平面，绘制一个矩形，然后点击"创建形状"，并给予这个形状一个厚度（即龙骨的长度），如图 7.2-50 所示。

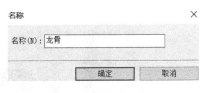

图 7.2-48　命名新建体量

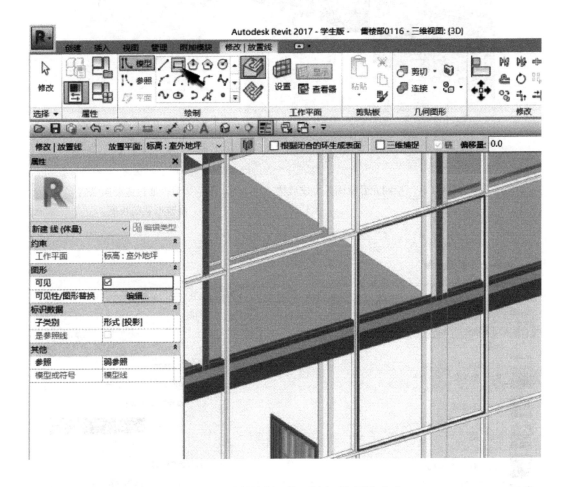

图 7.2-49　选择绘制工具面板上"矩形"命令

点选创建好的体量，其边缘会显示有造型操纵柄，可以将其拉伸以改变其长度，如图 7.2-51 所示，重新进入体量的在位编辑模式，赋予体量一个金属材质，如图 7.2-52 所示。

一根龙骨绘制好以后，可以将其复制到其他位置，必要时要切换到平面视图或立面视图来帮助定位，如图 7.2-53 所示。龙骨的位置、长度都确定以后，开始绘制金属斜板与玻璃幕墙板，点击绘制工具面板上的"模型线"命令，将选项栏的"三维捕捉"勾选到，在视图中捕捉三个空间点绘制一个面，如图 7.2-54 所示。

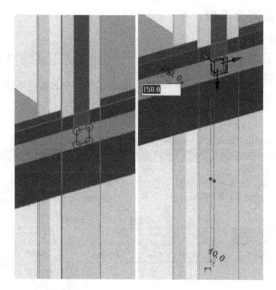
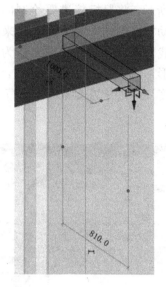

图 7.2-50 绘制龙骨截面并生成形状　　图 7.2-51 通过造型操纵柄修改形状的长度

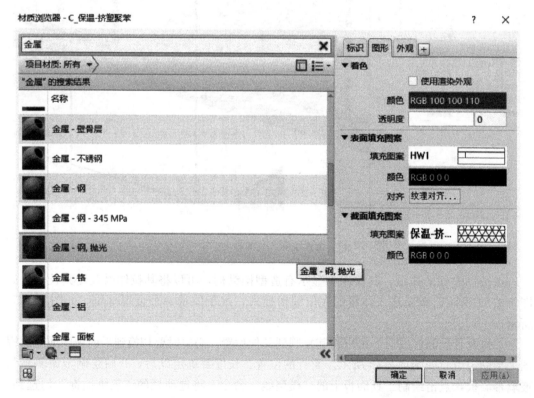

图 7.2-52 赋予体量金属材质

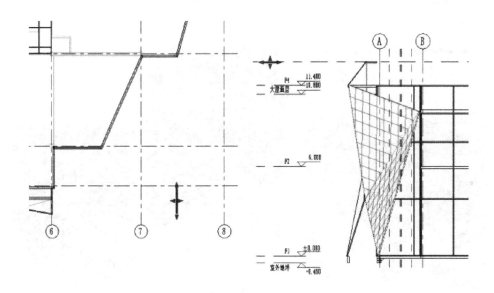

图 7.2-53 切换视图帮助定位体

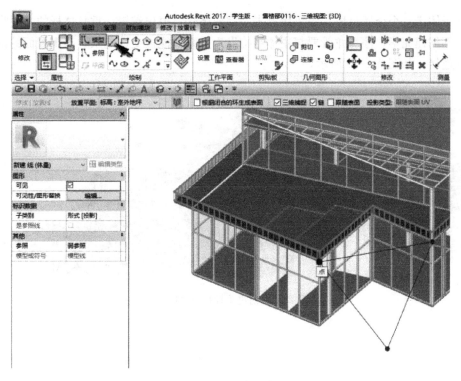

图 7.2-54 通过三维捕捉绘制一个空间面

点击"创建形状"命令,在视图中选择实心形状的图标,修改形状的厚度为60,如图7.2-55所示。

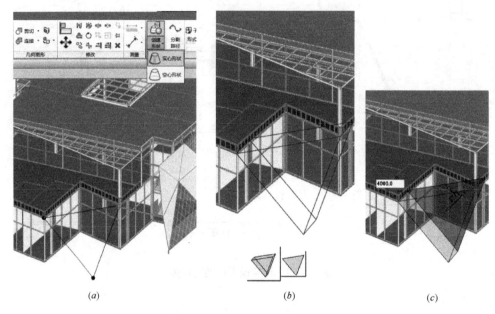

图 7.2-55 利用空间面创建形状步骤图

赋予体量一个金属材质,完成后点击"完成体量"退出编辑,重复这样的方法将金属斜板全部创建完毕,注意龙骨要与主体结构发生关系才能被支撑起来,高出屋面的部分要与钢柱连接,如图7.2-56所示。

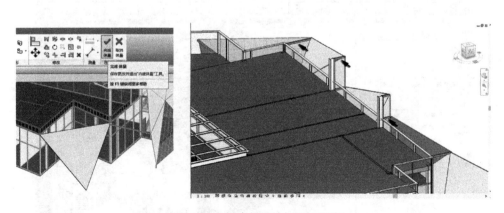

图 7.2-56 创建龙骨并与钢柱连接

8 场地的创建与修改

Revit 的场地工具主要集中在"场地建模"与"修改场地"两个工具面板上,如图 8.0-1 所示,在建筑主体完成后我们开始为其创建场地环境及构件。

图 8.0-1 场地工具位置

8.1 场 地 建 模

场地建模的主要步骤是地形表面的生成;建筑地坪命令则主要用来为建筑主体创建建筑地坪,建筑地坪还有一个重要功能是在已建成的地形表面挖出下沉广场等在深度方向的图元;场地构件则大量通过载入族来为场地添加景观、设备、停车场等构件来丰富场景。

8.1.1 放置点创建地形表面与场地构件

点击"场地建模"工具面板上的"场地构件",在工具面板上可以看到创建地形表面的方式主要有放置点和通过导入创建两种,如图 8.1-1 所示,其中通过导入创建又分为"选择导入实例"与"指定点文件"两种方式,前者是通过导入".dwg"或".dxf"格式的带等高线数据文件来创建场地和地形,后者主要是导入".txt"文档来创建地形,先学习放置点方式创建场地,切换到"场地"平面视图,点击"放置点"命令,进入"修改|编辑表面"模式,因为售楼部项目的室内外高差为 450,所以将选项栏上的高程改为-450,在视图中点击点确定场地的边界,如图 8.1-2 所示,之后点击"√"完成表面命令退出,切换到三维视图查看,场地已经初步建成,如图 8.1-3 所示。

图 8.1-1 创建地形表面工具

很多时候在放置点之后在视图中看不到场地轮廓,这是因为平面视图范围的关系,点击属性面板上的视图范围,在弹出的对话框中将"主要范围"的底部偏移设置为负值,再将视图深度偏移也改为负值,如图 8.1-4 所示。

场地地形表面创建好以后,切换到"剖面图 1",会发现在 F1 楼板与场地之间有空隙,如图 8.1-5 所示,这显然是不符合一般的构造做法,因此我们要为建筑添加建筑地坪。

点击"场地建模"面板上的"建筑地坪"工具,进入"修改|创建建筑地坪边界"模

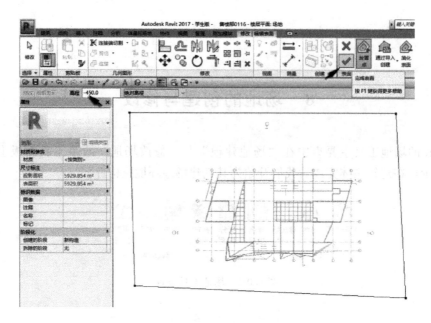

图 8.1-2　放置点并修改场地高程

图 8.1-3　场地初步完成后效果

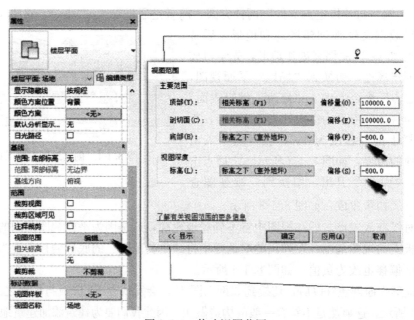

图 8.1-4　修改视图范围

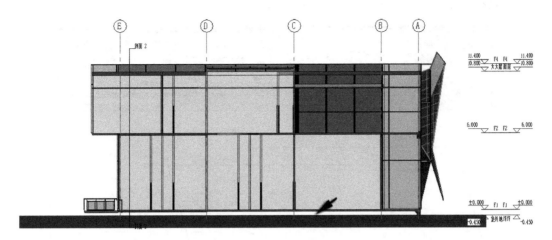

图 8.1-5 剖面视图

式,其操作与楼板的创建很类似,先在属性面板中设置地坪高度偏移,通过查询可知 F1 的楼板厚为 140,建筑地坪在楼板之下,所以将偏移值设为-140;选择"地坪 2"为地坪类型,点击"编辑类型"按钮,在编辑部件对话框中设置地坪的厚度,因为室内外高差为 450,450 减去板厚 140 等于 310,所以将地坪厚度设为 310,如图 8.1-6 所示。

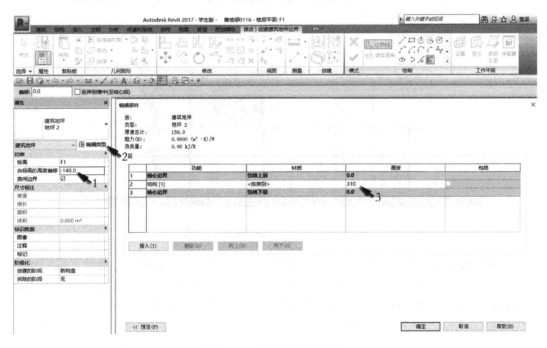

图 8.1-6 设置建筑地坪参数

点击"确定"返回,在视图中利用"拾取墙"和"拾取线"命令,再利用"修剪"工具完成建筑地坪的边界轮廓,如图 8.1-7 所示,与之前我们创建楼板时的操作类似,点击"√"退出编辑,则建筑地坪生成,再次切换到"剖面 1"视图,观察添加后的效果。如图 8.1-8 所示。建筑地坪还可以在地形表面上进行挖洞,查看售楼部 CAD 图纸,其主体建筑西侧有下沉广场，下面我们利用"建筑地坪"工具挖出下沉广场。

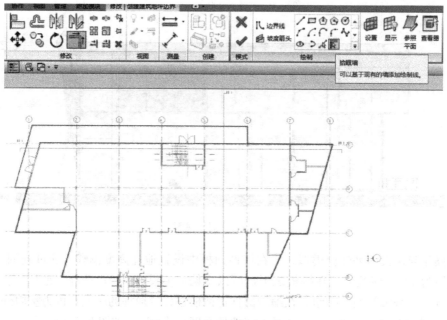

图 8.1-7 拾取建筑地坪轮廓

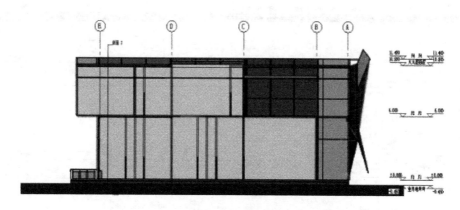

图 8.1-8 添加建筑地坪后剖面视图

切换到场地平面视图，先在关键点处绘制参照平面以便于我们之后确定下沉广场轮廓，点击"建筑地坪"命令，利用参照平面定位将下沉广场的边界轮廓确定，将属性面板上的偏移值设为F1标高-3000，点击"√"完成退出编辑，如图 8.1-9 所示。

切换到"剖面1"视图，点击"标高"命令在-3000标高处创建新的标高，并将其命名为下沉广场，如图 8.1-10 所示；切换到下沉广场平面视图，参看售楼部CAD文件在相应位置绘制-3000到-450标高的两部楼梯，如图 8.1-11 所示。

查看售楼部项目的效果图，发现其主入口两侧有景观水池，我们同样用"建筑地坪"命令来创建景观水池。点击"建筑地坪"命令，在主入口左侧绘制如图 8.1-12 所示形状的景观水池轮廓，将属性面板中的偏移值改为F1标高-950，场地标高为-450，所以景观水池深500；完成后重复之前的操作在右侧同样开挖一个水池，如图 8.1-13 所示。

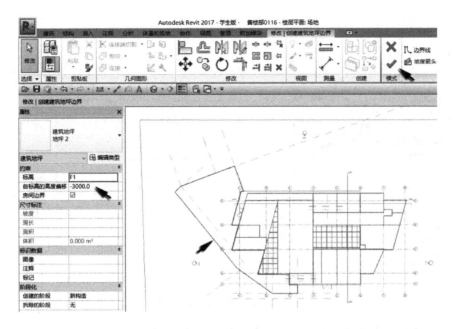

图 8.1-9 利用"建筑地坪"命令创建下沉广场

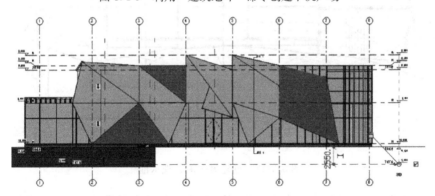

图 8.1-10 立面视图中创建下沉广场标高

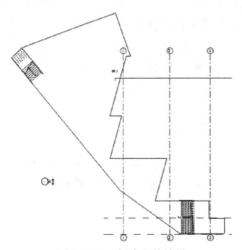

图 8.1-11 创建室外楼梯

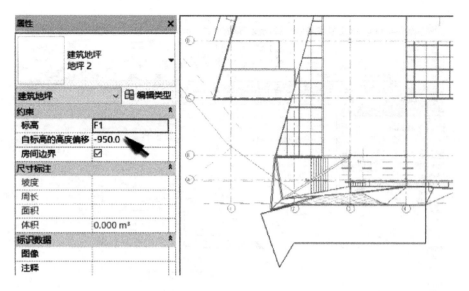

图 8.1-12 创建景观水池

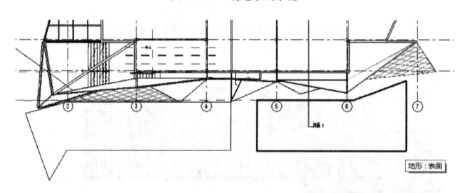

图 8.1-13 创建另一侧景观水池

下面使用楼板工具创建水,点击"楼板"工具,在属性面板中选择一个楼板类型,点击"编辑类型"按钮,复制该类型,点击"结构-编辑"按钮,在编辑部件对话框中将其厚度设为300,这是因为我们将楼板放置在-650标高处,比室外标高低200,已知景观水池深500,所以设楼板厚为300,如图 8.1-14 所示,点击材质后的小按钮,在材质浏览器中找到"场地-水"材质,将其赋予楼板,如图 8.1-15 点击"确定"返回,使用"拾取

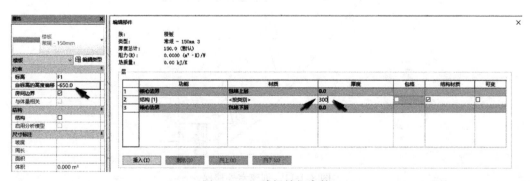

图 8.1-14 编辑楼板参数

线"工具将水池边线选中,如图 8.1-16 所示,点击"√"完成编辑,至此景观水池和水创建完毕。

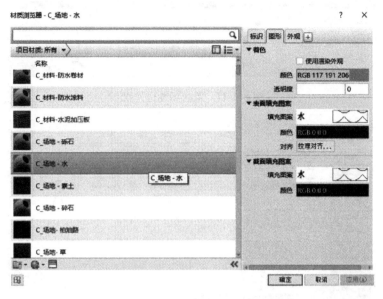

图 8.1-15 将水材质赋予楼板

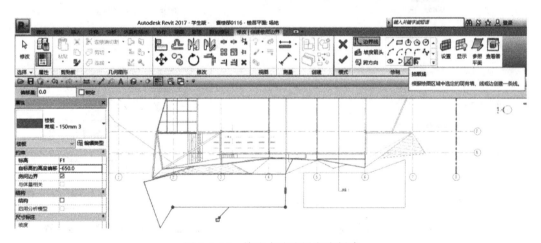

图 8.1-16 拾取水池边界完成创建

在场地建模工具面板上的"场地构件"命令允许我们在场地中添加构件以丰富场景,操作流程为:先通过"载入族"命令将场地构架族载入到文件中,再通过"场地构件"命令放置这些构件。下面我们先来载入放置一个喷泉构件,点击插入选项卡下的"载入族"命令,如图 8.1-17 所示,浏览到素材文件中的景观小品文件夹,点选"喷泉 2"打开,如图 8.1-18 所示。

这时系统会通过一定时间的升级之后将其载入,如图 8.1-19 所示,放置构件时用"场地构件"或者建筑选项卡中构件下拉列表中的"放置构件"命令都可以,如图 8.1-20 所示,执行命令后在属性面板下拉列表中选择要使用的构件,找到"喷泉 2"如图 8.1-21 所示。

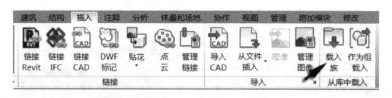

图 8.1-17　载入场地构件族

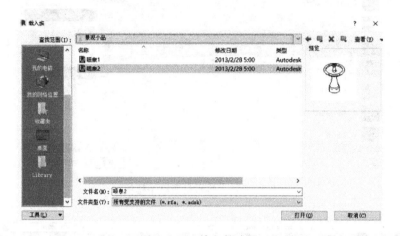

图 8.1-18　族文件路径

图 8.1-19　系统提示

图 8.1-20　"放置构件"命令位置

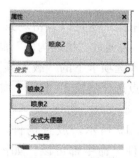

图 8.1-21　选择族

　　切换到场地或室外地坪视图，也可以在三维视图中选择合适的位置放置喷泉，在放置时要在属性面板中设置要放置的标高平面以及偏移值，如图 8.1-22 所示。放置构件时在属性面板下拉列表中会发现有 RPC 构件，如图 8.1-23 所示，RPC 构件是自带颜色信息的构件，读者可选择添加，然后将三维视图显示样式改为"真实"模式来查看 RPC 构件的显示效果，将一些车位汽车及植物等场地构件载入并放置在适当位置，这部分操作请读者自行完成，完成后切换到三维视图查看效果，如图 8.1-24 所示。

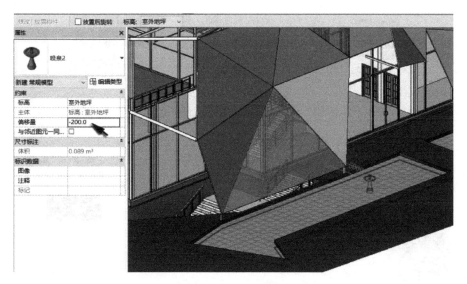

图 8.1-22 放置族操作

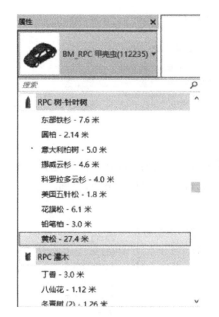

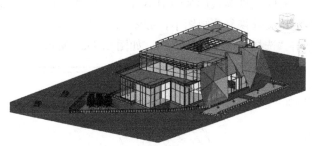

图 8.1-23 PRC 族列表　　　　图 8.1-24 添加场地构件族后效果

8.1.2 导入文件创建地形

【导入 CAD 文件创建地形】在设计建筑总图时，我们会依据勘测单位提供的原始地形图开始设计，以往我们习惯用 Autocad 绘制二维图纸，Revit 允许我们将带有高程点数据的".dwg"或".dxf"格式的文件导入来生成地形表面。先新建一个空白的项目文件，然后将 CAD 文件导入，点击插入选项卡下的"导入 CAD"命令，如图 8.1-25 所示，浏览到素材文件夹，将名为"地形图"的 CAD 文件选中，点击"打开"载入到项目文件中，导入时对话框会有一些选项需要确定，将其设定为如图 8.1-26 所示。

163

图 8.1-25　"导入 CAD"命令位置

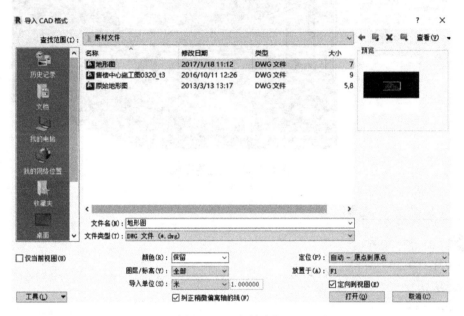

图 8.1-26　文件路径

有时文件导入后视图中不可见，在视图中点击鼠标右键，在弹出的对话框中选择缩放匹配将文件恢复到视图中，如图 8.1-27 所示。点击场地建模选项卡中"地形表面"命令，点击"选择导入实例"工具，如图 8.1-28 所示。

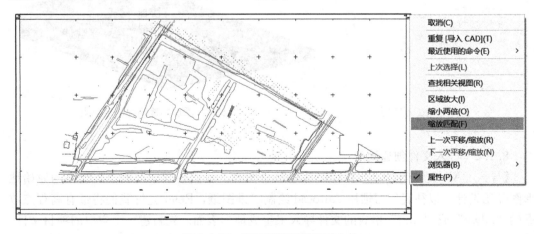

图 8.1-27　通过缩放匹配显示文件

点击导入的文件，在弹出的对话框中将要添加的点类型全部选中，如图 8.1-29 所示，

图 8.1-28 "选择导入实例"命令位置

点击"确定",则系统会自动根据文件的高程值生成表面,如图 8.1-30 所示,点击工具面板上的"简化表面"工具,将对话框中的精度改为 120,如图 8.1-31 所示,则地形表面会变得精简一些。

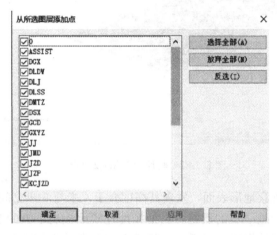

图 8.1-29 添加点对话框

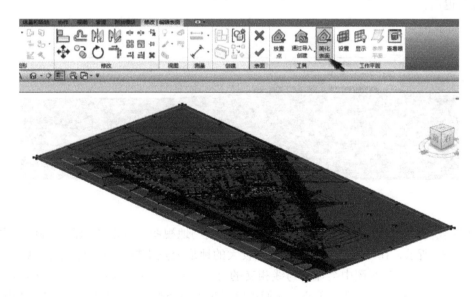

图 8.1-30 生成表面后效果

注意当前视图中原始的 CAD 文件依旧依附在表面下方,将其选中删除,如果系统出现错误提示,则需要将其解锁再删除,如图 8.1-32 所示。

图 8.1-31　修改表面精度数值

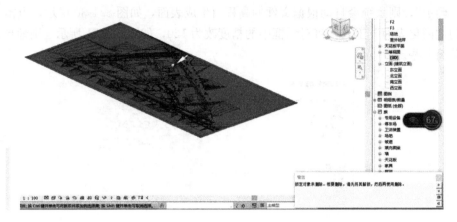

图 8.1-32　将原始 CAD 文件删除

切换到立面视图观察地形表面，发现其高度介于 4 米与 6 米之间，如图 8.1-33 所示，我们可以对其等高线做进一步的设置，点击场地建模面板右下方的箭头，如图 8.1-34 箭头所指位置，弹出"场地设置"对话框，将其上的参数设为如图 8.1-34 所示选项，点击"确定"退出。

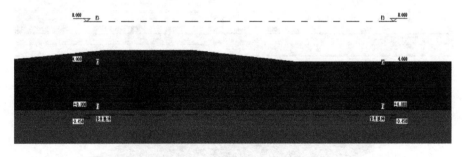

图 8.1-33　立面视图

下面我们对设置好的等高线进行标记，切换到场地视图，点击"标记等高线"命令，如图 8.1-35 所示，在视图中选择一处高差较大的地形处点击拖动鼠标标记等高线，如图 8.1-36 所示，完成后视图中会显示与线相交的等高线的高程值，如图 8.1-37 所示，图中的数值标注尺寸较大，出现了重叠，我们可以通过编辑类型来修改标注的样式，选中标记线点击属性面板中的"编辑类型"，在弹出的类型属性对话框中修改其文字大小，如图 8.1-38 所示。

图 8.1-34　场地设置对话框

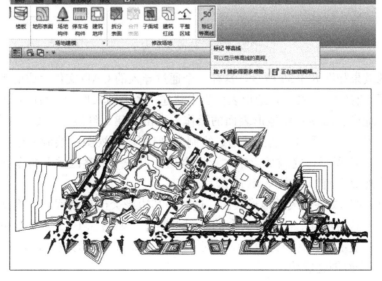

图 8.1-35　标记等高线命令位置

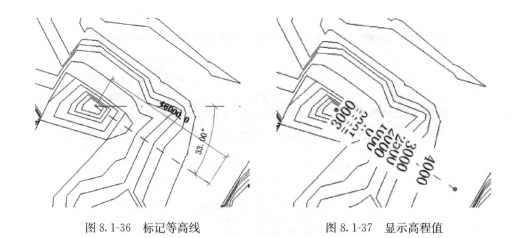

图 8.1-36　标记等高线　　　　　　　　图 8.1-37　显示高程值

图 8.1-38　修改文字大小

　　修改后的效果如图 8.1-39 所示，这样一个通过导入的 CAD 文件生成的表面就基本创建及标记完了。有时我们希望在地形表面当中新建一个表面来作为项目的场地表面，下面来进行在当前地形表面中新建地形表面的操作，点击"建筑红线"命令，如图 8.1-40 所示，系统会弹出一个问话框，选择"通过绘制来创建"，在视图中绘制一个三角形的场地轮廓线如图 8.1-41 所示，完成后点击"√"退出。点击"平整区域"命令并选择"仅基于周界点新建地形表面"，如图 8.1-42 所示。

　　点击通过 CAD 文件生成的地形表面，这时在其边缘会出现高程点，拖动临近的高程点至新建三角平面的角点上，并将其余的高程点删除，如图 8.1-43 选择新表面的三个端点，在属性面板上定义其高程为 2500，即原地形表面靠近中间的位置，如图 8.1-44 点击"√"退出，新表面创建成功。

　　切换到三维视图，轮番点击选中原始地形表面和新建的地形表面，在属性面板会相应地显示地形表面的面积等信息，如图 8.1-45 所示。

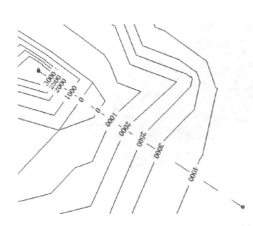

图 8.1-39　修改文字后效果　　　　　图 8.1-40　创建建筑红线对话框

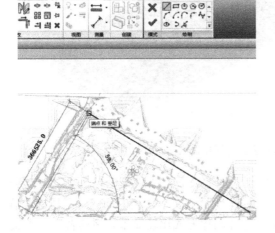
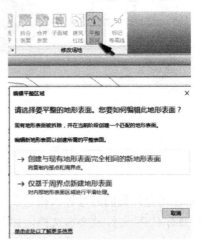

图 8.1-41　绘制红线　　　　　　　　图 8.1-42　编辑平整区域对话框

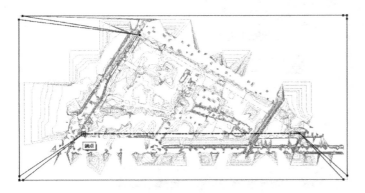

图 8.1-43　编辑区域角点高程值　　　　图 8.1-44　修改立面高程值

169

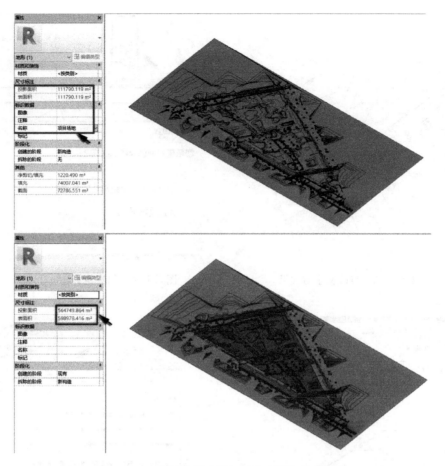

图 8.1-45　原始地形表面与新建地形表面对照图

Revit 还允许我们通过导入指定点文件创建地形表面，如图 8.1-46 所示，指定点文件主要类型有 CSV 文件及文本文档，如图 8.1-47 所示，文本文档上面记录了所有高程点的 X、Y、Z 轴上的坐标，如图 8.1-48 所示，这种创建方式比较简单，请读者自行尝试。

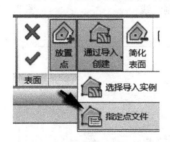

图 8.1-46　指定点文件位

图 8.1-47　可导入的文件格式

```
全部高程点 - 记事本
文件(F)  编辑(E)  格式(O)  查看(V)  帮助(H)
224621.6752, 22530.6201, 23.7744
224577.2270, 23563.9789, 24.9936
224571.1944, 22555.1752, 25.6032
224650.6386, 23597.9397, 20.7264
224645.3399, 22595.2046, 21.3360
224651.2658, 23595.7241, 20.7264
224574.5328, 22585.3317, 24.3840
224581.2800, 23590.4223, 23.7744
224573.0451, 22589.7059, 24.3840
224646.1765, 23593.6464, 21.3360
224636.6009, 22590.3924, 21.9456
224639.3213, 23587.0890, 21.9456
224580.8828, 22574.3081, 24.3840
224588.4106, 23588.1988, 23.7744
224578.6672, 22580.0977, 24.3840
224535.9248, 23565.7229, 27.4320
224555.7432, 22562.4833, 27.4320
224545.9247, 23570.8619, 27.4320
224633.4475, 22542.6220, 23.7744
224632.0702, 23548.7256, 23.7744
```

图 8.1-48 高程点文本文件

8.2 修 改 场 地

"修改场地"面板上另一个比较常用的工具为"子面域",如图 8.2-1 所示,通常用来创建场地内地的道路与区域,点击"子面域"工具进入"修改|创建子面域边界"模式下,在视图中绘制场地道路的轮廓,如图 8.2-2 所示,绘制完成后点击"√"退出,完成后效果如图 8.2-3 所示,注意绘制的子面域须是闭合的,点击生成的子面域,点击材质后的"编辑"按钮,在材质浏览器选择合适道路的材质赋予子面域,如图 8.2-4 所示。

图 8.2-1 子面域命令

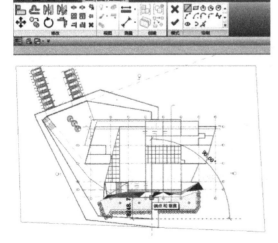

图 8.2-2 绘制道路轮廓

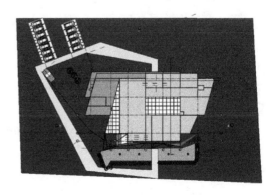

图 8.2-3 道路完成后效果

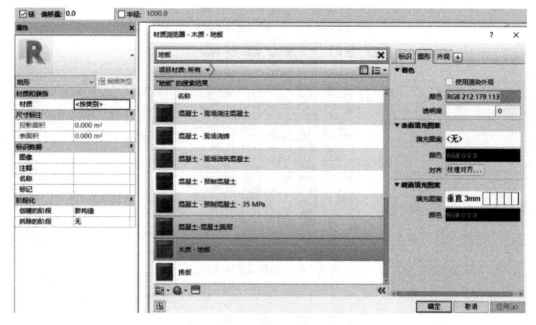

图 8.2-4 赋予子面域材质

经验告诉我们,道路在转弯处不会是直角,通常带有一定的转弯半径,所以在使用"子面域"工具创建场地道路时,经常要绘制弧线,这时可使用"圆角弧"工具,它可以拾取一定角度的两条直线来生转角弧,如图 8.2-5 所示,读者可自行尝试,熟悉其操作。

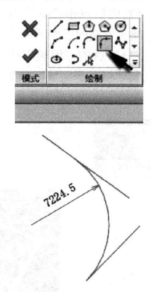

图 8.2-5 利用"圆角弧"命令生成道路转弯半径

9 房间和面积及家具布置

室内房间在分隔好以后,要为其布置家具,家具/洁具的布置可以作为房间尺度是否合理的一个参照;房间的功能和尺度也要进行标注和分析,有时还要生成图例,此章我们要学习上述内容。

9.1 家具/洁具布置

Revit 的家具/洁具布置首先要保证有足够多样式的家具和洁具可供布置,通过载入族将大量的家具洁具载入到项目中,如图 9.1-1 所示,如果还是不能满足要求,就要自己创建族,对此 Revit 也提供了相应的族样板文件,放置家具则通过"放置构件"命令来完成,如图 9.1-2 所示。

图 9.1-1 载入家具族

点击了"放置构件"命令之后,属性面板下拉列表中所有可用的构件都显示其中,如图 9.1-3 所示,点选某个构件之后,在视图中通过临时尺寸帮助定位到目标位置之后点击鼠标即可完成布置,如图 9.1-4 所示,放置后还可以在属性面板修改偏移量等参数,如果勾选选项栏上的"放置后旋转"则放置后会跟着出现旋转操作。

需要注意的是放置洁具时,点击视图任意空白处并不能完成添加,这是因为洁具族必须拾取墙图元作为放置主体,

图 9.1-2 "放置构件"
命令位置

将鼠标光标靠近墙体时则洁具出现，移动到合适位置点击完成洁具的放置，如图 9.1-5 所示。

图 9.1-3 可用族下拉列表

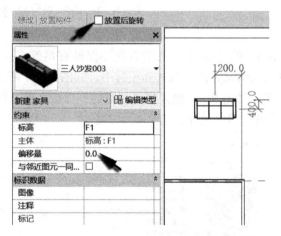

图 9.1-4 放置族及设置参数

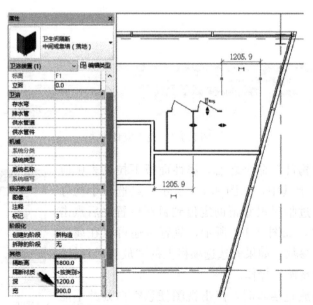

图 9.1-5 拾取墙放置洁具

9.2 房间和面积

Revit 关于房间和面积的命令大部分集中在"房间和面积"工具面板上,如图 9.2-1 所示。

图 9.2-1 房间和面积工具面板

9.2.1 房间标记与面积

点击"房间"工具,在属性面板选择"名称+面积"标记类型,将鼠标放置在房间内即可自动生成房间名称和面积,如图 9.2-2 所示如果标记类型是只标记名称的,则不会显示房间面积,选项栏上的"水平"指的是文字的放置方向;勾选"引线"则会在房间标记上添加引线;房间名称面积标记完毕后按 Esc 键退出。

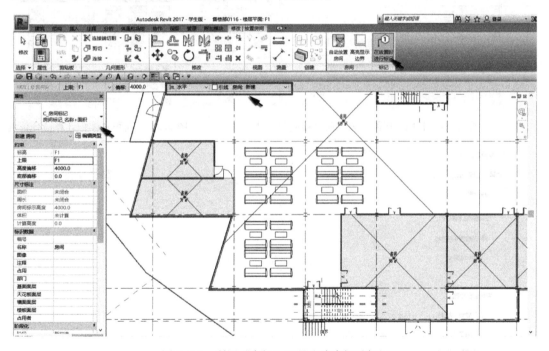

图 9.2-2 利用"房间"工具生成房间及标记

点击某个房间的标记根据功能修改其名称,如图 9.2-3 所示;在放置在卫生间前室时,显示的面积与实际不符,这是因为没有隔墙,标注的是连通的大厅的面积,点击"房间分隔"命令,在前室外侧绘制分隔线,再用"房间"命令标注则创建了房间及正确的面积,如图 9.2-4 所示。

需要注意的是房间的面积计算按要求的不同有时以墙的内表面为准,有时以墙的中心为准。需要设置面积计算准则时，点击房间和面积工具面板上的下拉箭头，在下拉列表中点击"面积和体积计算"，如图9.2-5所示，在弹出的对话框中设置体积和面积计算的基准即可，如图9.2-6所示。

9.2.2 房间颜色方案与面积方案

在项目文本中经常会用到房间的颜色方案及图例，标记好房间之后，就可以为其添加颜色方案了。添加颜色方案有两种方式：一种是利用"房间和面积"工具面板上的"颜色方案"命令，如图9.2-5所示，创建颜色方案以后，在视图平面的属性面板中的"颜色方案"应用即可，如图9.2-7所示；另一种是利用"注释"选项卡下的"颜色填充图例"命令添加颜色方案，如图9.2-8所示，"颜色填充图例"命令既可以应用现有的颜色方案，也可以自己编辑颜色方案。

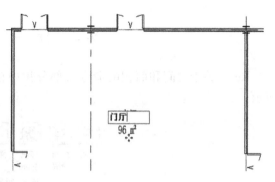

图 9.2-3 修改房间名称

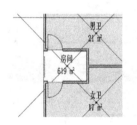  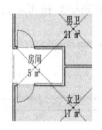 

图 9.2-4 利用"房间分隔"命令绘制分隔线　　图 9.2-5 面积和体积计算命令位置

图 9.2-6 确定计算基准

图 9.2-7 颜色方案在属性面板上位置　　图 9.2-8 颜色填充工具面板

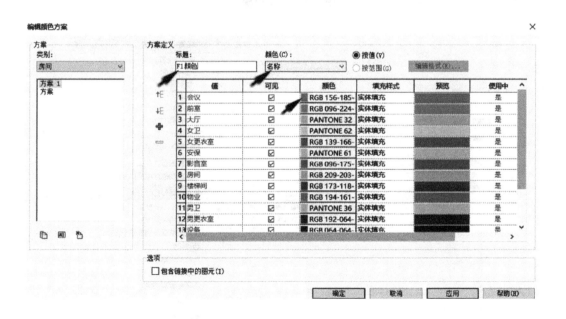

图 9.2-9 编辑颜色方案对话框

先来学习第一种，点击"颜色方案"命令，弹出"编辑颜色方案"对话框，如图

177

9.2-9所示，在其上我们可以新建方案，指定标题，选择以何种方式创建颜色方案（一般选名称，即通过房间名称区分颜色），还可以修改某个房间的颜色，点击带色卡编号的颜色，弹出颜色框，指定自己想要的颜色点击"确定"返回，如图 9.2-10 所示；我们也可以对现有的颜色方案名称进行重命名、复制和删除操作，如图 9.2-11 所示，颜色方案确定好以后，切换到某楼层平面视图，在属性面板上点击"颜色方案"后的"无"按钮，如图 9.2-7 所示，则系统又会弹出"编辑颜色方案"对话框，为其指定颜色方案即可。颜色方案添加好以后，点击"颜色填充图例"命令，在平面视图中点击可以放置图例。

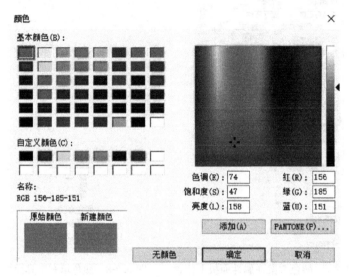

图 9.2-10 指定颜色

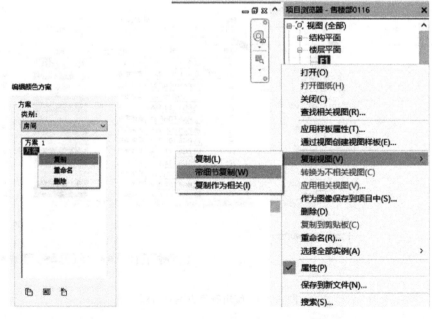

图 9.2-11 编辑颜色方案　　　　图 9.2-12 复制视图操作

当不需要让颜色方案显示在平面视图中时，可单独创建一个颜色方案平面视图，在项目浏览器中 F1 处点击右键，选择"复制视图-带细节复制"如图 9.2-12 所示，系统会在项目浏览器中创建 F1 副本，点击右键将其重命名为"F1 配色"，如图 9.2-13 所示。

图 9.2-13　重命名视图

利用属性面板为 F1 配色视图指定颜色方案并添加图例，生成后如图 9.2-14 所示，点击 F1 配色右键，选择"作为图像保存到项目中"，弹出对话框，在其上设置名称、分辨率等参数，如图 9.2-15 所示，完成后点击"确定"，图像保存到了项目浏览器"渲染"下，如图 9.2-16 所示。

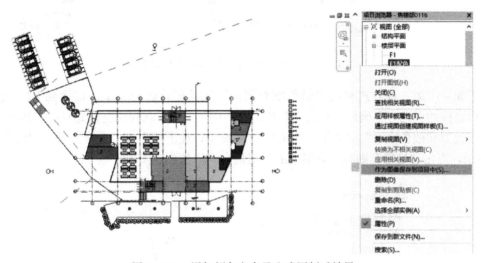

图 9.2-14　添加颜色方案及生成图例后效果

图 9.2-15　保存颜色方案

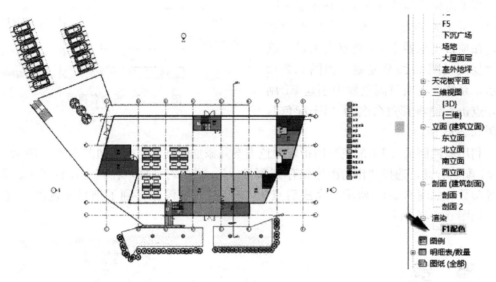

图 9.2-16　颜色方案在项目浏览器中位置

下面学习第二种方式利用"颜色填充图例"工具创建颜色方案，切换到 F1 配色视图，将之前的颜色方案删掉，点击"颜色填充图例"工具，在视图空白处点击，弹出"选择空间类型和颜色方案"对话框，如图 9.2-17 所示；在下拉列表中选择方案 1，如图 9.2-18 所示，点击"确定"则颜色方案生成且图例自动添加到视图中。

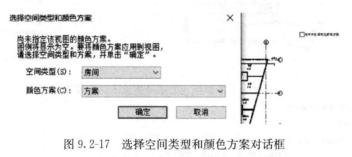

图 9.2-17　选择空间类型和颜色方案对话框

图 9.2-18　选择方案

也可选择颜色方案为"无"，如图 9.2-19 所示，然后将视图中的"没有向视图指定颜色方案"图标选中，点击工具面板中的"编辑方案"工具，如图 9.2-20 所示，则又进入编辑颜色方案对话框，剩下的操作前文已经讲解，请读者自行完成。

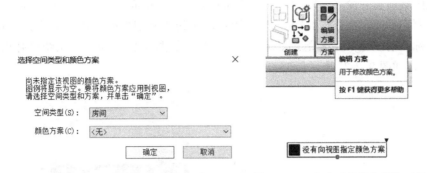

图 9.2-19　将颜色方案设为无　　图 9.2-20　点击"编辑方案"工具

很多时候我们要统计项目中各类面积的配比并对其进行标记,而这些面积配比并不是以房间为单元划分的,这时我们就要创建面积方案。找到"房间和面积"工具面板下拉箭头点击,选择列表中的"面积和体积计算",如图 9.2-21 所示,在弹出的对话框"面积方案"中点击"新建"按钮两次,新建两个面积区域名称"洽谈区"和"客户休息区",并可以对其进行自定义说明,如图 9.2-22 所示。

图 9.2-21　面积和体积计算命令位置

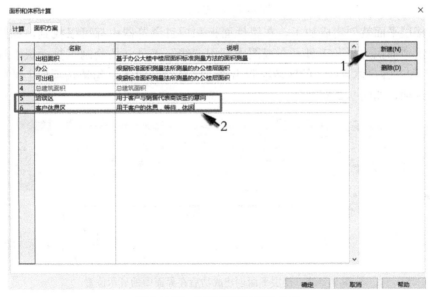

图 9.2-22　新建面积区域并命名

面积区域新建并命名好以后，下一步为其创建面积平面，点击"房间和面积"工具面板上的"面积平面"命令，如图 9.2-23 所示，在新建面积平面对话框中找到新建的面积区域的名称"洽谈区"并选择 F1，点击"确定"，如图 9.2-24 所示，系统会弹出问话框，选择"否"，如图 9.2-25 所示。

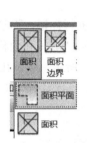

图 9.2-23　"面积平面"命令位置　　　　图 9.2-24　点选面积区域

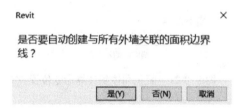

图 9.2-25　系统提示

这样楼层平面就创建成功了，在属性面板和项目浏览器中都可以找到，如图 9.2-26 所示，点击"面积边界"工具，在视图中利用"线"工具（从绘制工具面板上选择）将"洽谈区"和"客户休息区"的区域绘制出来，注意绘制时不要勾选选项栏上的"应用面积规则"选项，如图 9.2-27 所示。

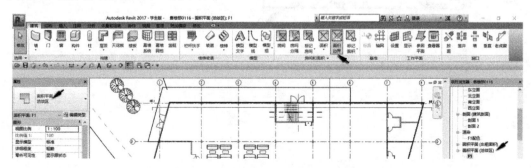

图 9.2-26　楼层平面创建成功后在界面中的显示位置

面积边界绘制好以后，点击"面积"工具对其进行标记，如图 9.2-28 所示，标记好以后还可以对其重新命名，如图 9.2-29 所示。

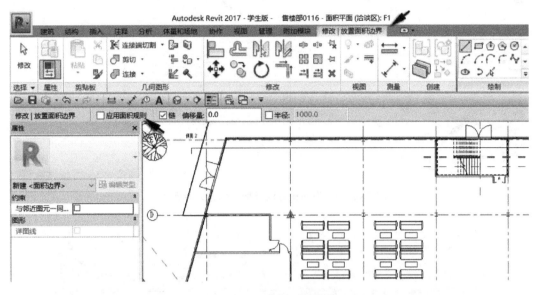

图 9.2-27　绘制面积边界

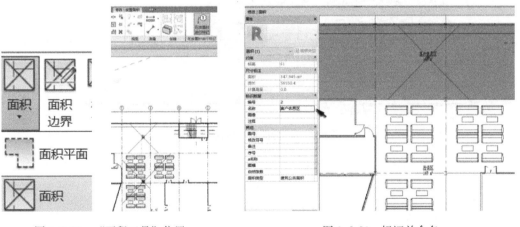

图 9.2-28　"面积工具"位置　　　　　图 9.2-29　标记并命名

下面为面积分区添加颜色方案，在视图平面的属性面板上点击颜色方案后的按钮，弹出编辑颜色方案对话框，"颜色"下的选项改为名称后，则弹出一个"不保留颜色"的问话框，点击"确定"，则颜色方案添加成功，点击"确定"，如图 9.2-30 所示，点击"颜色填充图例"命令，还可以在视图中为其添加颜色图例，如图 9.2-31 所示。

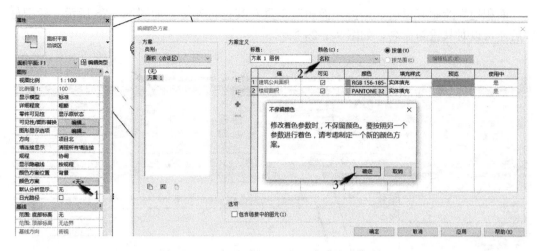

图 9.2-30 为面积分区添加颜色方案步骤图

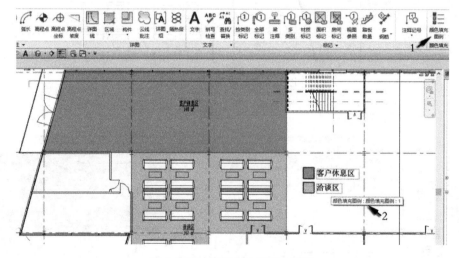

图 9.2-31 为面积分区添加图例

10 渲 染 与 动 画

项目建模进行到一定阶段需要展示效果时，就要对模型进行渲染并导出图像以供展示，建筑模型为了表现其空间体验，有时还要制作漫游动画，这章我们来学习渲染和动画的内容。

10.1 项 目 渲 染

模型渲染的很多工作要在渲染之前完成，比如我们要对模型进行材质上的（包括材料、颜色、图案等）、光线的、观察角度的等参数进行预设，这一过程往往很耗时且要反复调整至我们想要的效果，下面依次对设置内容进行讲解

【材质设置】项目中使用的材质众多，点击管理选项卡下的"材质"工具，如图 10.1-1 所示，弹出材质浏览器，点击"文档材质"按钮，在下拉菜单中点击"显示使用中材质"，如图 10.1-2 所示，可以帮助我们快速找到项目中正在使用的材质并对其编辑修改。

图 10.1-1 "材质"工具位置

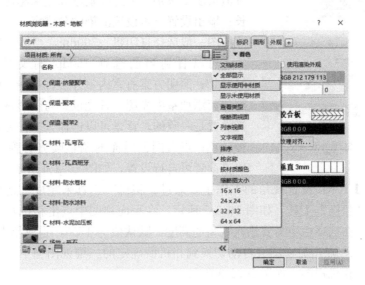

图 10.1-2 显示使用中材质

材质浏览器中每类材质的指标都显示在列表右侧，其中"标识"下显示了材质的一些基本信息；"图形"和"外观"都与材质的颜色、图案相关，如图10.1-3所示，要强调的是"图形"下的颜色与表面填充图案是与视图控制栏下的"着色"模式相关，转言之"图形"下设置的颜色和表面填充图案并不能体现在渲染中，真正与渲染相关的是"外观"下的设置，包括颜色与图像，如图10.1-4所示，图像的意思是我们可以使用素材图片来对材质的表面进行渲染。

图10.1-3 材质浏览器

图10.1-4 材质外观设置

【显示设置】点击视图控制栏的视觉样式按钮最上方的"图形显示"选项，在弹出的图形显示对话框中，将其上的选项设置为如图10.1-5所示；点击视图控制栏上的"显示渲染对话框"按钮弹出对话框，此对话框中的参数与渲染命令直接相关；可以指定渲染区域；设置渲染质量级别，注意级别越高效果越佳同时耗时也越长；输出设置下可设置渲染的分辨率，如果是最终的出渲染图一般选择打印机：300dpi，当然文件也会变得很大，可以看到当前选择150dpi时文件大小已经有112MB；照明方案有室内室外多种选择，后面我们会讲到如何添加室内光源；日光设置与图形显示选项下的日光设置是一致的；背景可以选择天空作为背景，或是某种颜色；点击图像后面的调整曝光会弹出曝光控制选项，读者可自行设置，如图10.1-6所示。

【视角设置】Revit设置视角的工作主要通过"相机"工具来完成，点击视图选项卡三维视图下的"相机"工具，如图10.1-7所示，在平面视图中点击相机基点再拖动鼠标确定视角方向，在选项栏中需要输入视角的高度，默认值为1750，是成年人的平均身高，如图10.1-8所示，点击后视图会自动切换到相机所确定的三维视图当中，并且在项目浏览器中会创建该相机视图，如图10.1-9所示。

如果要返回相机做进一步的调整，在项目浏览器中点选视图，点击鼠标右键，在其上点击"显示相机"，如图10.1-10所示，则相机会显示出来，注意相机的两个点都是可以

图 10.1-5　图形显示对话框

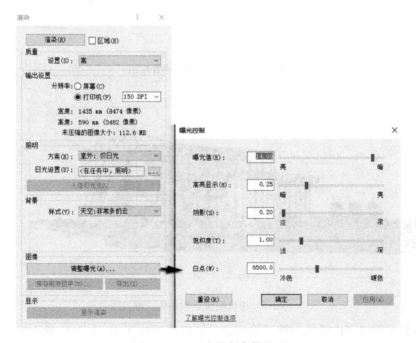

图 10.1-6　曝光控制参数设置

点击拖动的，以方便我们调整角度，如图 10.1-11 所示。

【人造光设置】利用 Revit 同样可以对室内的环境进行渲染，用"相机"工具创建视图即可，室内环境的渲染一个重要的参数设置是室内灯光的布置，利用"载入族"命令将素材文件中的"BM＿LED三防灯-WT160C-40W-吸顶安装"载入到项目文件中，在 4.2 节中我们学习了天花板的创建，请读者先为 F1 平面创建天花板平面，切换到天花板平面，将载入的灯放置在天花板上如图 10.1-12 所示，如果放置时灯具在天花板视图中不可见，是因为视图范围的关系，可以使用属性面板中的立面确定灯的高度，将其设定为与天花板同样的高度值即可。

图 10.1-7 相机工具位置

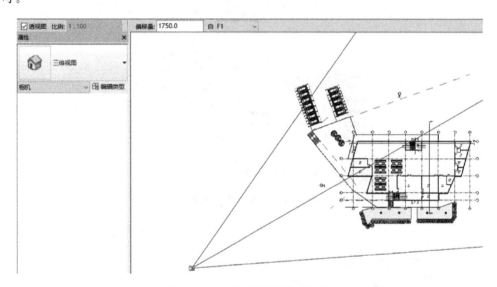

图 10.1-8 平面视图中放置相机

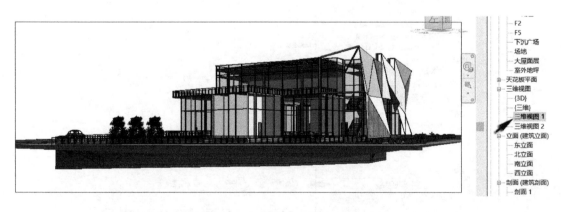

图 10.1-9 相机放置后创建的三维视图

【渲染】下面以室内场景为例开始渲染，放置相机如图 10.1-13 位置，将渲染对话框中的各项指标设为如图 10.1-14 所示，点击"渲染"按钮开始，系统会自动开始渲染并在屏幕中显示进度条。

图 10.1-10 显示相机命令位置　　图 10.1-11 拖动相机控制点

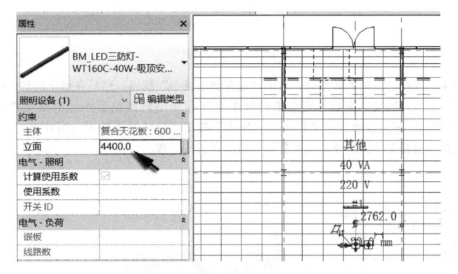

图 10.1-12 天花板平面上放置人造光源族

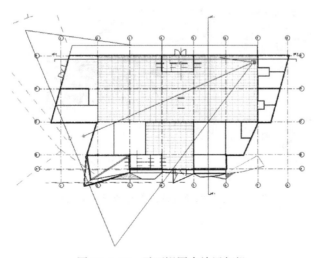

图 10.1-13 平面视图中放置相机

189

图 10.1-14 渲染对话框

渲染完成后，在对话框中可以点击"保存到项目中"按钮，然后在弹出的对话框中将其命名，点击"确定"完成，则渲染的效果会保存在项目浏览器中的渲染项里，如图 10.1-15 所示；还可以通过对话框中的"导出"按钮将渲染效果导出为图片格式的文件，系统会弹出保存文件的路径，这部分操作请读者自行完成。

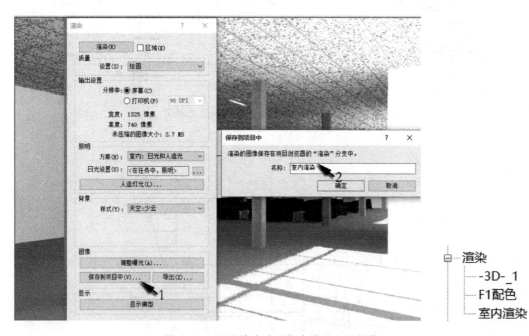

图 10.1-15 渲染完成后保存或导出的操作

10.2 漫 游 动 画

下面来制作漫游动画，点击三维视图下的"漫游"工具，如图10.2-1所示，切换到F1平面视图，在视图中绘制漫游的路径，可以在选项栏中设置视角的高度，绘制完成后点击"完成漫游"按钮，如图10.2-2箭头所示。

将路径选中，点击工具面板上的"编辑漫游"，如图10.2-3所示；接下来的设置比较重要，首先在选项栏设置动画的总帧数，"控制"一项后选择"活动相机"，然后拖动视图中的相机图标到不同的点，逐点设置其方向，如图10.2-4所示。

设置好以后可以看出每一点的相机方向，如图10.2-5所示，按Esc键退出，点击项目浏览器上的"漫游1"进入漫游视图，点击选中视图中的边框，点击"编辑漫游"，如图10.2-6所示，在选项栏将帧数改为1，然后点击上方的播放按钮，可以查看整个动画效果，如图10.2-7所示。

图10.2-1 "漫游"工具位置

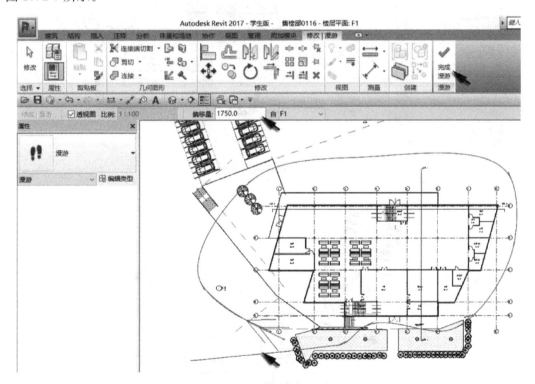

图10.2-2 绘制漫游路径

点击应用程序菜单按钮下的"导出"，选择"漫游与动画-漫游"，如图10.2-8所示，在弹出的对话框中设定动画的长度与格式，如图10.2-9所示，设置完毕点击"确定"在弹出的导出漫游对话框设置动画的保存位置，如图10.2-10所示，至此动画就成功地导出为单独的视频文件。

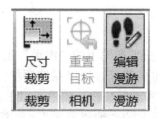

图 10.2-3 "编辑漫游"工具位置

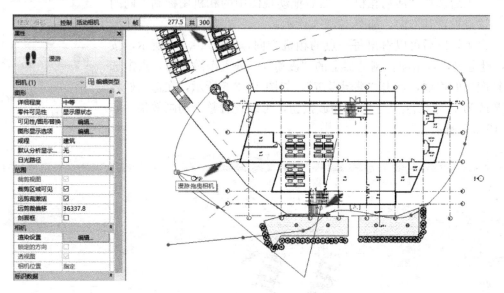

图 10.2-4 设置活动相机参数

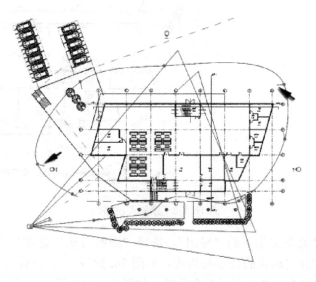

图 10.2-5 相机角度方向的显示

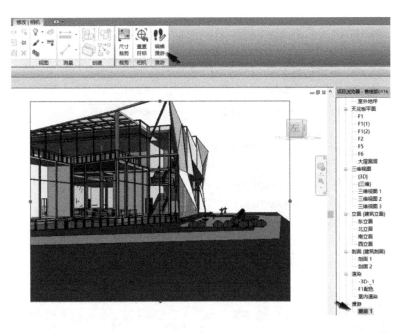

图 10.2-6　进入编辑漫游

图 10.2-7　帧数设置及播放操作

图 10.2-8　导出漫游动画开始操作

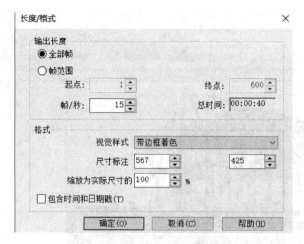

图 10.2-9　设置动画的长度与格式

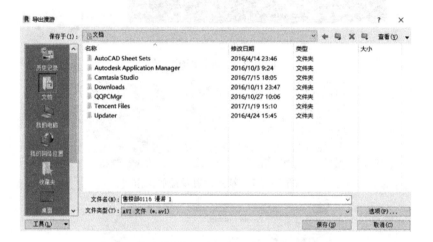

图 10.2-10　保存路径的选择

11 图纸设计与打印

三维模型创建好以后，出于工程需要很多时候要将其打印成二维的工程图纸，那么对于建筑工程图纸国家是有相应的制图规范与标准的——对图纸的信息、样式、比例等都有明确的规定，这就要求我们在打印图纸之前要先对其做图纸上的整理，包括模型本身在平面视图中显示样式的整理。注释工具的应用与整理、图纸的布置与打印准备等，当模型在平面视图上的状态达到了图纸所需要的深度与规范时，就可以将其打印或导出为".dwg"格式的文件完成与Autocad的交互使用。本章分为三大部分：对象与视图管理、图纸注释、图纸布置与打印。

11.1 对象与视图管理

11.1.1 对象样式管理

二维图纸的图面并不复杂，主要由各种线、尺寸标注、符号和文字标注组成，那么以线图元举例，墙线和轴线的线宽、样式都不尽相同，并且出于绘图习惯的不同，其呈现出来的颜色可能也不同，这就要求我们对Revit的各种图元做对象样式上的整理。

打开售楼部项目文件，切换到F1平面视图，当前的各种线投影都以黑色为主，如果我们想对各种线做颜色上的区分，就要用到管理选项卡下的"对象样式"工具，如图11.1-1所示。

图11.1-1 对象样式命令位置

从弹出的对象样式对话框中可以看到，对象样式主要有线宽、线颜色、线型图案和材质四个指标，我们找到模型对象下的墙类别，点击展开，可以看到墙图元的线宽与颜色信息，如图11.1-2所示。在图中我们注意到，有些图元的线宽的值为1，有的又为16，这与我们关于线宽的常识不符，点击管理选项卡下的"线宽"，如图11.1-3所示。

在线宽对话框中，不管是模型线宽还是注释线宽，其线宽的编号都是1~16，并且上面详细列出了对应各个编号的线宽值，需要注意的是对应不同比例下线宽值并无变化，如图11.1-4所示，这是因为图表中的线宽值是指打印出来的线宽的绝对值，Revit会根据比例自动调整以保证打印出来的图纸上线宽是图表中指定的值。

我们可以根据自己的需要修改线宽值，比如国家建筑制图统一标准对线宽有以下规定，如图11.1-5所示，我们可以在线宽对话框中将以下线宽值输入，点击"确定"完成。

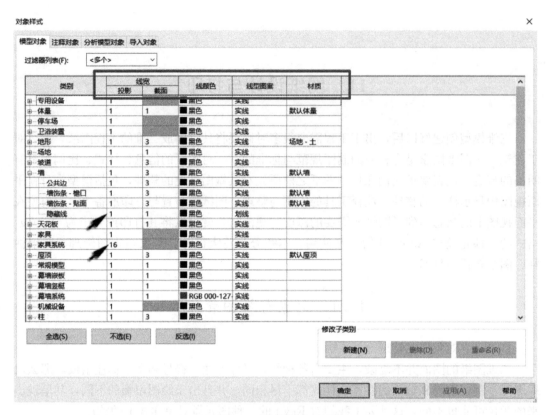

图 11.1-2　对象样式对话框

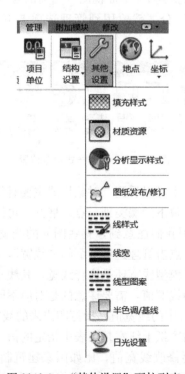

图 11.1-3　"其他设置"下拉列表

图 11.1-4　线宽对话框

3　图　　线

3.0.1 图线的宽度 b，宜从下列线宽系列中选取：2.0、1.4、1.0、0.7、0.5、0.35mm。

每个图样，应根据复杂程度与比例大小，先选定基本线宽 b，再选用表3.0.1中相应的线宽组。

表3.0.1　线宽组(mm)

线宽比	线宽组					
b	2.0	1.4	1.0	0.7	0.5	0.35
$0.5b$	1.0	0.7	0.5	0.35	0.25	0.18
$0.25b$	0.5	0.35	0.25	0.18	—	—

注：1 需要微缩的图纸，不宜采用0.18mm及更细的线宽。
　　2 同一张图纸内，各不同线宽中的细线，可统一采用较细的线宽组的细线。

图 11.1-5　国家建筑制图标准对线宽的规定

重新点击打开对象样式对话框，找到墙图元，将其线宽值编号改为3，并将颜色改为黄色，如图11.1-6所示，返回到视图中发现墙图元已经发生了变化，如图11.1-7所示。

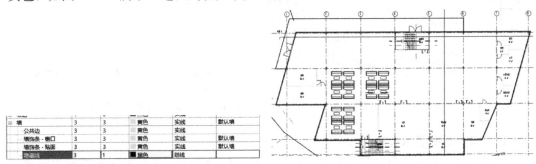

图 11.1-6　修改线宽编号及颜色　　　　图 11.1-7　修改后效果

前文提到对象样式主要有线宽、线颜色、线型图案和材质四个指标，下面来研究线型图案，在管理选项卡"其他设置"下找到"线型图案"命令点击，弹出线型图案对话框，如图11.1-8所示，图中列举了很多的线型及其对应的图案样式，对话框中还有"新建"、

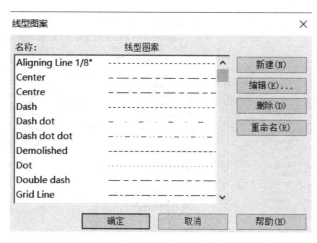

"编辑"、"删除"和"重命名"功能按钮,点击"新建",在弹出的"线性图案属性"对话框中新命名一个样例线型,点击下面的类型栏,在下拉列表中选择"划线"或者"空格"或者"圆点",并为它们赋值,如图 11.1-9 所示,点击"确定"返回,发现新创建的线型图案已经在列表中,如图 11.1-10 所示。在视图中任意点选一根轴线,点击属性面板上的"编辑类型"按钮,弹出类型属性对话框,如图 11.1-11 所示,在

图 11.1-8 线型图案对话框

填充图案后面的下拉列表中可以看到"样例线型"已经在列,可供选择。通过以上实例我们学习了对象样式的主要指标——线宽、颜色、线型图案的含义以及如何修改。

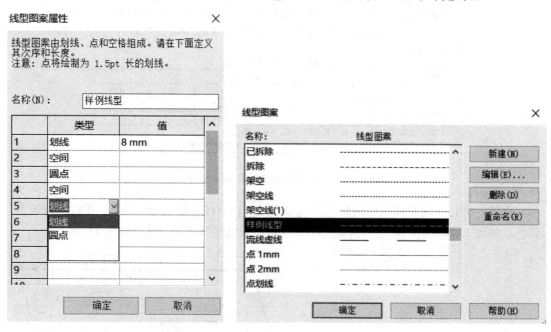

图 11.1-9 线型图案属性对话框　　　　图 11.1-10 新建线型显示在列表中

11.1.2 视图显示管理

做视图显示上的管理主要是控制在视图上显示何种图元,显示的图元显示为何种状态,其目的在于整理图面以达到出图的要求。切换到 F1 平面视图进行观察,发现视图显示比较杂乱,除了主体模型的图元,还有参照平面、参照线、景观植物等显示其中,如图 11.1-12 所示,下面我们通过视图选项卡上的"可见性/图形"命令来进行整理,如图 11.1-13 所示,可见性的意思是在不删除图元的前提下控制图元在视图中的可见/不可见。

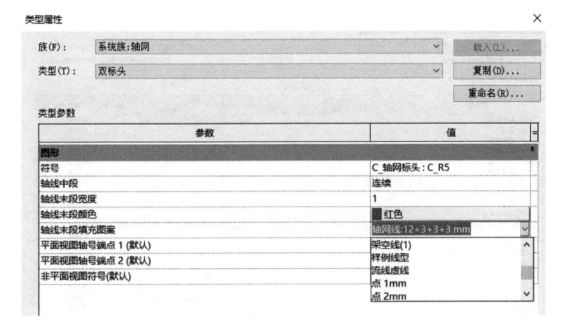

图 11.1-11 类型属性对话框

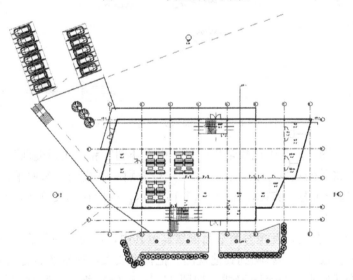

图 11.1-12 视图显示管理前状态

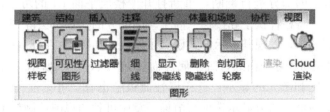

图 11.1-13 可见性/图形命令位置

点击命令后弹出"楼层平面 F1 的可见性/图形替换"对话框，对话框中用 5 个类别对图元进行了分类，如图 11.1-14 所示，我们可以点击查看在各个类别下有哪些图元以便

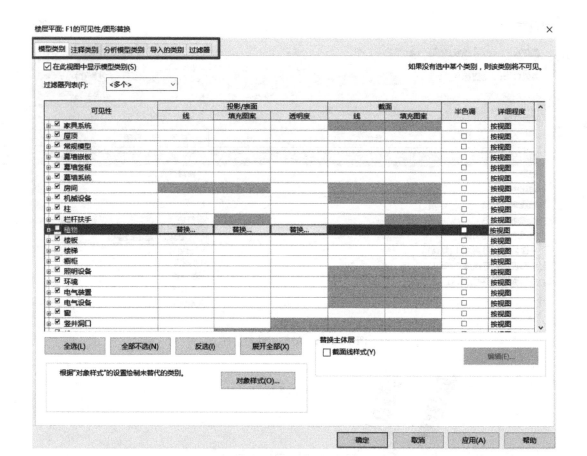

图 11.1-14　楼层平面可见性/图形替换对话框

快速找到要编辑的图元，其中比较常用的是"模型类别"和"注释类别"，在"模型类别"下找到"植物"将其勾选状态去除掉，在"注释类别"下找到"参照平面"、"参照点"、"参照线"将其勾选状态去除掉，如图 11.1-15 所示，返回视图发现视图已将以上选项隐藏，如图 11.1-16 所示。

切换到 F2 平面视图，发现参照平面依然显示其中，这说明我们在某一个视图平面中对可见性所做的修改并不会影响到其他视图。把视图放大，观察平面北端的楼梯，发现其显示样式不符合我们平日的绘图习惯，如图 11.1-18（a）所示，通常我们在一层平面中会把楼梯截断线以上的部分进行剖断，重新打开"楼层平面 F1 的可见性/图形替换"对话框，在模型类别中将栏杆扶手和楼梯＜高于＞的部分的勾选都去除掉，如图 11.1-17 所示，返回到平面视图中，发现其显示样式已做了修改，如图 11.1-18（b）所示。

点击 F1 平面视图任意空白处，观察属性面板如图 11.1-19 所示，属性面板上也有很多指标用以控制视图和图元的显示：首先属性面板中也有"可见性/图形替换"的按钮，点击它即可弹出对话框；图形显示选项与渲染一章中讲到的视图控制栏上的图形显示选项是一致的；"基线"一栏当将"范围：底部标高"后的选项设为其他平面视图如下沉广场，则下沉广场的图元以淡显的方式出现在当前平面视图中，我们不能对其淡显的图元进行选择；视图范围的设置在之前的章节中已经有所涉及，点击"编辑"弹出视图范围对话框，

楼层平面: F1的可见性/图形替换

模型类别 注释类别 分析模型类别 导入的类别 过滤器

☑ 在此视图中显示注释类别(S)

过滤器列表(F): <多个>

可见性	投影/表面线	半色调
☑ 分析支撑标记		☐
☑ 分析条形基础标记		☐
☑ 分析柱标记		☐
☑ 分析梁标记		☐
☑ 分析楼层标记		☐
☑ 分析楼板基础标记		☐
☑ 分析独立基础标记		☐
☑ 分析节点标记		☐
☑ 分析链接标记		☐
☑ 剖面		☐
☑ 剖面框		☐
☑ 卫浴装置标记		☐
☑ 参照平面		☐
☐ 参照点	替换...	☐
☐ 参照线		
☑ 图框		☐
☑ 场地标记		☐
☑ 基础跨方向符号		☐
☑ 墙标记		☐
☑ 多类别标记		☐

全选(L) 全部不选(N) 反选(I) 展开全部(X)

根据"对象样式"的设置绘制未替代的类别。 对象样式(O)...

图 11.1-15 去掉某些图元显示的勾选状态

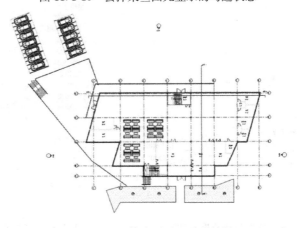

图 11.1-16 修改图元显示后效果

201

可见性	投影/表面			截面		半色调	详细程度
	线	填充图案	透明度	线	填充图案		
☑ 栏杆扶手						☐	按视图
☐ <高于> 扶手							
☐ <高于> 栏杆扶手截面线							
☐ <高于> 顶部扶栏	替换...			替换...			
☑ 扶手							
☑ 扶栏							
☑ 支座							
☑ 栏杆							
☑ 终端							
☑ 隐藏线							
☑ 顶部扶栏							
☐ 植物							
☑ 楼板						☐	按视图
☑ 楼梯						☐	按视图
☐ <高于> 剪切标记							
☐ <高于> 支撑							
☐ <高于> 楼梯前缘线							
☐ <高于> 踢面线							
☐ <高于> 轮廓							
☑ 剪切标记							

图 11.1-17 楼梯显示状态的修改操作

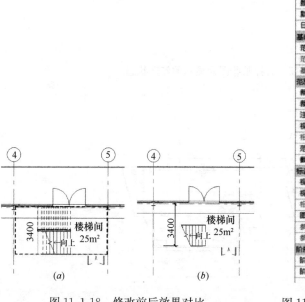

图 11.1-18 修改前后效果对比　　图 11.1-19 楼层平面属性面板

如图 11.1-20 所示，当我们把底部偏移选为下沉广场，则下沉广场的图元会显示出来并且是可以选择的。

我们还可以对特定区域的视图显示做单独的设置而不影响到其他区域，点选平面视图下的"平面区域"命令，如图 11.1-21 所示，进入"修改｜创建平面区域边界"模式，点击绘制工具面板上的"矩形"工具，在视图中绘制一个矩形区域，点击属性面板中视图范围后的"编辑"按钮，如图 11.1-22 所示，将视图范围对话框中的底部偏移设为"下沉广场"，如图 11.1-23 所示，点击"√"退出编辑，返回视图中查看，可见矩形区域范围内的下沉广场图元已经显示，矩形范围外则没有，如图 11.1-24 所示。

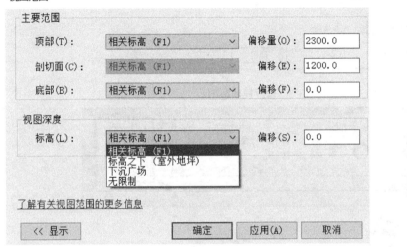

图 11.1-20　编辑视图范围　　　　　　　　图 11.1-21　平面区域命令位置

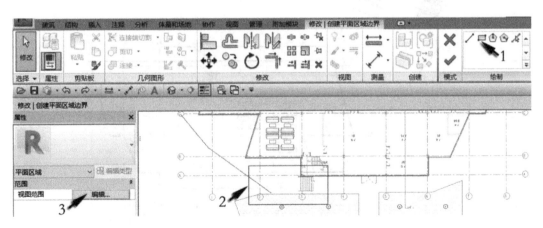

图 11.1-22　绘制平面区域及编辑操作步骤图

之前的章节中我们多次使用过"过滤器"工具，当选中一个以上的图元时，点击选择工具面板上的"过滤器"弹出过滤器对话框，如图 11.1-25 所示，过滤器会以图元类比来作为筛选条件，有时过滤器的筛选条件并不能满足使用，我们需要更精准的条件来筛选图元，这时就要用到视图过滤器，为了不影响原有视图，先从项目浏览器复制一个视图，在项目浏览器 F1 平面点击右键，点击"复制视图-复制"，如图 11.1-26 所示。

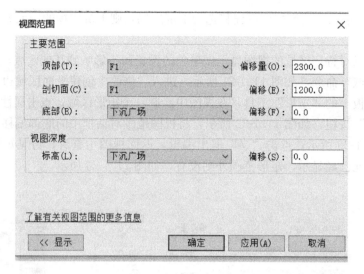

图 11.1-23　修改视图范围

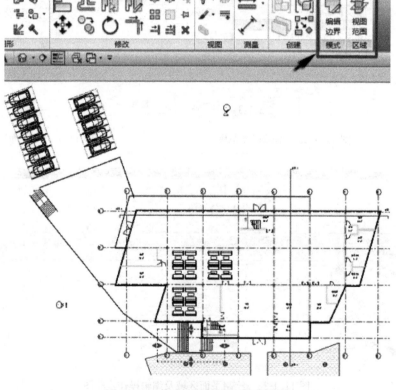

图 11.1-24　平面区域设置完成效果

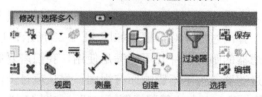

图 11.1-25　"过滤器"工具及过滤选项列表

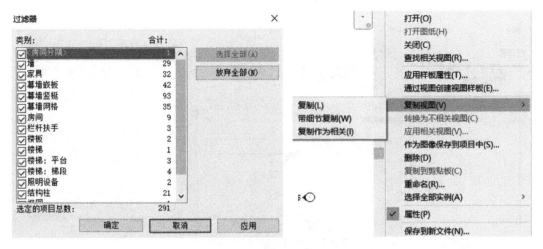

图 11.1-26 复制视图操作

点击视图选项卡下"可见性/图形"工具,在弹出的对话框中点击"过滤器",点击下方的"添加"按钮,弹出添加过滤器对话框,继续点击"编辑/新建"按钮,如图 11.1-27 所示,在弹出的下一级对话框中点击下方的"新建"按钮,在弹出的对话框中命名为"12 宽门",如图 11.1-28 所示。

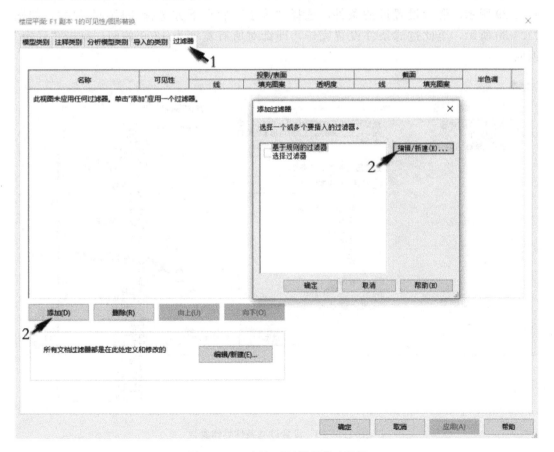

图 11.1-27 添加过滤器操作步骤图

图 11.1-28　命名新建的过滤条件

返回上一级对话框,在"过滤器列表"中选择门,在过滤条件下选择"宽度",如图 11.1-29 所示,继续设置过滤条件,选择"等于"后在下方选择"1200"尺寸,如图 11.1-30 所示,至此过滤条件设置完毕,即针对所有宽度为 1200 的门,点击"确定"返回。

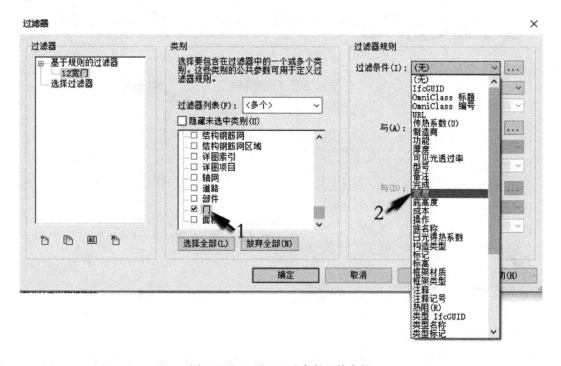

图 11.1-29　设置过滤条件具体参数

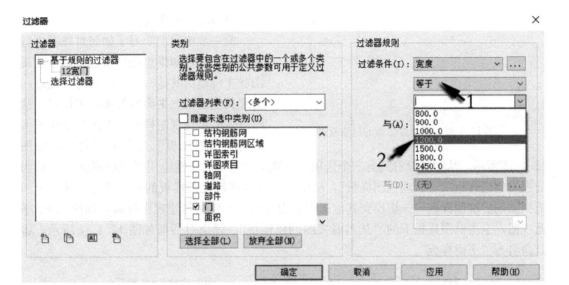

图 11.1-30 为过滤条件设置具体尺度

返回上一级菜单,接下来设置过滤器在视图中的显示效果,点击"投影/表面"下的线,点击其下方的"替换"按钮,在弹出的对话框中将颜色改为紫色,如图 11.1-31 所示,点击"确定"返回,点击"应用"按钮,点击"确定"返回到视图中,这时视图中所有 1200 宽的门都已经以紫色显示,如图 11.1-32 所示,说明自定义的视图过滤器创建成功。

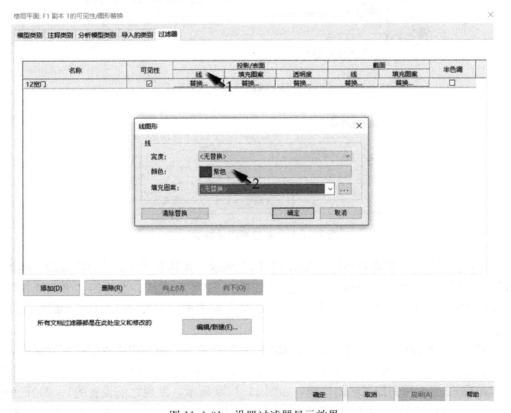

图 11.1-31 设置过滤器显示效果

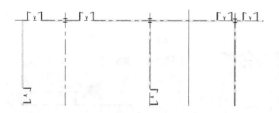

图 11.1-32 新增过滤器的过滤效果

11.1.3 视图样板

前一节中我们学习了如何对视图进行管理和规范，如果想把当前这种规范的视图状态传递给其他视图，以避免我们逐一管理其他的视图平面所带来的工作量，这时就需要创建视图样板，点击视图选项卡下的"视图样板"命令下拉列表，如图 11.1-33 所示，从中可以看到有三个选项，分别是"将样板属性应用于当前视图"、"从当前视图创建样板"、"管理视图样板"，从中我们可以理解视图样板的逻辑顺序：从某个当前视图创建视图样板——切换到其他视图应用样板。下面来创建视图样板，切换到 F1 平面视图，点击试图样板下的"从当前视图创建样板"，弹出对话框如图 11.1-34 所示，将其命名为"平面样板"。

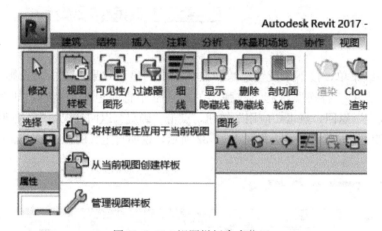

图 11.1-33 视图样板命令位置

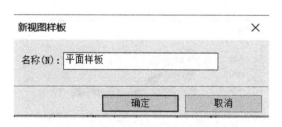

图 11.1-34 新建视图样板对话框

系统会弹出视图样板对话框，如图 11.1-35 所示，在其上可以对视图样板的一些参数做设置，我们保持默认状态点击"确定"；切换到 F2 平面视图，在应用"平面样板"视图样板之前，为了检验其效果，我们先将 F2 平面视图的比例改为 1∶200，如图 11.1-36 所示。

应用"平面样板"视图样板，操作如图 11.1-37 所示，弹出应用视图样板对话框，在列表中选择，点击"确定"，如图 11.1-38 所示，应用之后视图的显示发生了一些变化，我们查看 F2 平面视图控制栏的比例，如图 11.1-39 所示，发现之前设置的 1∶200 已修改为 1∶100，这是因为"平面样板"的比例在此发挥了作用，我们还发现，在视图的属性面

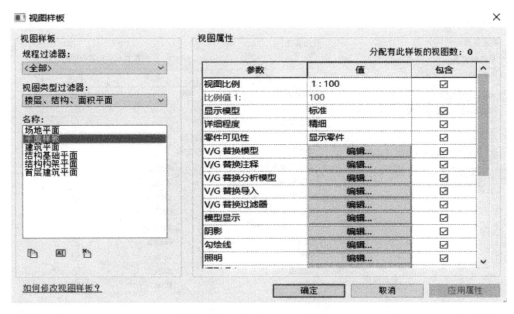

图 11.1-35 设置视图样板参数

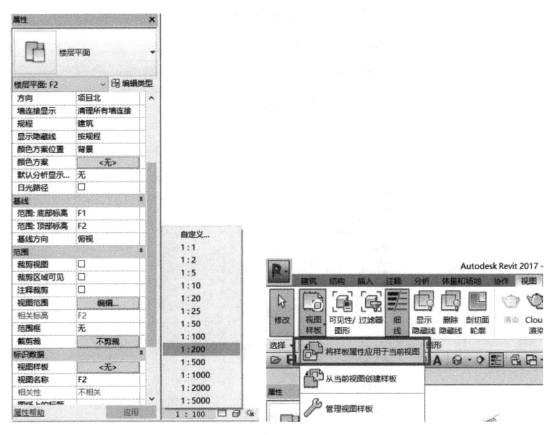

图 11.1-36 修改视图比例　　　　图 11.1-37 应用视图样板到当前视图

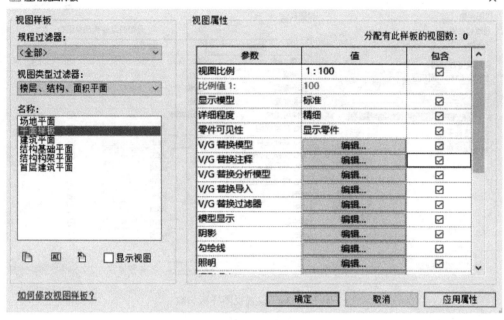

图 11.1-38 选择要应用的视图样板

图 11.1-39 查看应用视图样板后的视图比例

板上也有"视图样板"选项，点击它我们同样可以完成应用视图样板的操作，要注意应用视图样板之后比例处于灰显状态无法修改，也是应用的视图样板在发挥作用，此外还要注意，视图中关于"基线"的设置不会随视图样板一起传递，须手动自行更改，如图 11.1-40 所示，请读者自行完成。

图 11.1-40　属性面板上"基线"设置

11.2　图　纸　注　释

图纸的一项重要内容是注释，包括尺寸的标注和符号文字的标注，注释的工作在 Revit 中主要通过"注释"工具完成，点击注释选项卡查看其下附带的注释工具面板，如图 11.2-1 所示。

图 11.2-1　注释选项卡及其下的注释工具面板

11.2.1　尺寸标注

从尺寸标注工具面板上可以看到，其上不但有尺寸标注工具，还有标注角度、半径直径、高程点以及坡度的工具，如图 11.2-2 所示。先来学习"对齐"工具，切换到 F1 平面视图，点击"对齐"工具，在选项栏设置参照位置与拾取方式，如图 11.2-3 所示，先选择"拾取单个参照点"的方式，点击属性面板上的"编辑类型"按钮，对标注样式的类型属性进行设置，标注样式的设置很重要因为要保证其符合国家的制图标准，例如按规范文字大小 3.5mm 是个常用的值，在类型属性面板上就可以设置文字大小为 3.5mm，如图 11.2-4 所示。

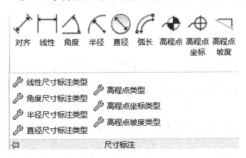

图 11.2-2　尺寸标注面板

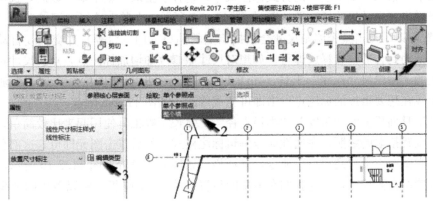

图 11.2-3　设置"对齐"标注参数

图 11.2-4　修改标注文字大小

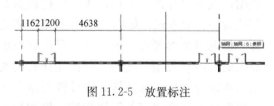

图 11.2-5　放置标注

设置好以后在要标注的图元上依次点击拾取图元的边界，靠近图元时图元可供拾取的参照会高亮显示，如图 11.2-5 所示，拾取完以后将尺寸线移动至合适位置在空白处点击鼠标即可完成标注，完成后双击某个尺寸值，会弹出尺寸标注文字对话框，可以在以文字替换后输入文字代替尺寸，如图 11.2-6 所示。

下面学习拾取"整个墙"的方式标注尺寸，选择了拾取"整个墙"以后，选项会被激活，点击弹出"自动尺寸标注选项"，如图 11.2-7 所示，在其上选择"洞口"及"相交轴网"，设置好以后点击某个墙则尺寸会根据墙上的洞口（门、窗等）并交轴线自动生成尺寸标注，拖动到合适位置释放即可。如想对尺寸做修改如增加标注点，点选尺寸再点击工具面板上的"编辑尺寸标注"工具，如图 11.2-8 所示，这时视图中会出现一个随鼠标移动的拾取线在想要增加的标注点点击即可完成修改，如图 11.2-9 所示。

尺寸工具面板上的"角度"、"半径直径"、"弧长"等工具使用起来比较简单，点击后在选项栏设置拾取的参照，在属性面板编辑标注样式，然后点击图元即可，这部分内容请读者自行尝试。点击"高程点"命令，选项栏与属性面板设置如图 11.2-10 所示，在视图中点击放置两个高程点，因为我们在卫生间位置做了 50 的降板，所以卫生间的坐标显示为－50。

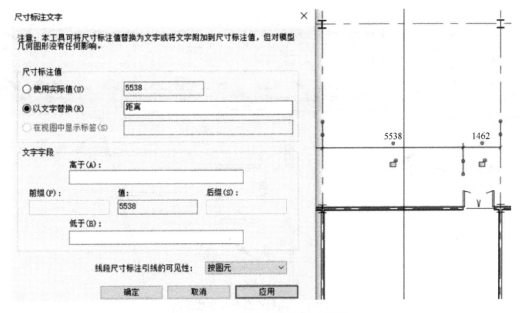

图 11.2-6　尺寸标注文字对话框

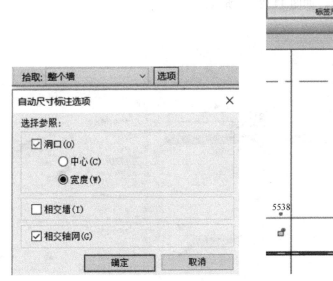

图 11.2-7　自动尺寸标注选项预设

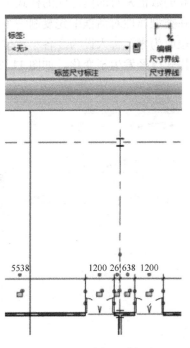

图 11.2-8　编辑尺寸标注

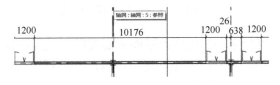

图 11.2-9　增加标注点

213

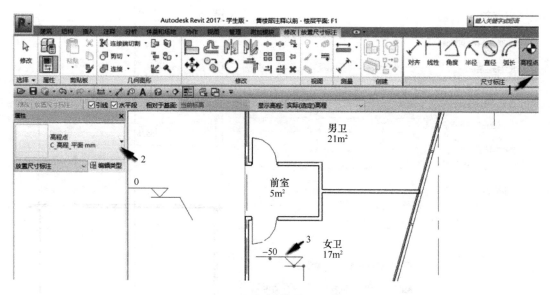

图 11.2-10　高程点命令及参数预设

标高的数值是对的但标注的样式不符合规范，选中坐标，点击属性面板上的编辑类型按钮，在类型属性对话框中先复制一个样式，点击"单位格式"，在弹出的格式对话框中先将单位改为米，舍入设为 3 各小数位，如图 11.2-11 所示，点击"确定"返回，视图中的标注样式已经发生了变化，如图 11.2-12 所示。

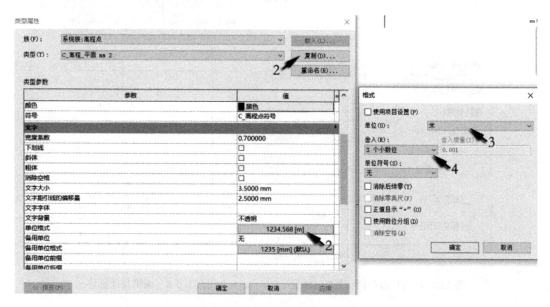

图 11.2-11　修改标高符号样式

下面使用高程点坡度命令，切换到大屋面平面视图，点选屋顶，点击工具面板上的"修改子图元"命令，如图 11.2-13 所示，进入"修改｜屋顶"模式，点击"添加点"在图中放置两个点，如图 11.2-14 所示。

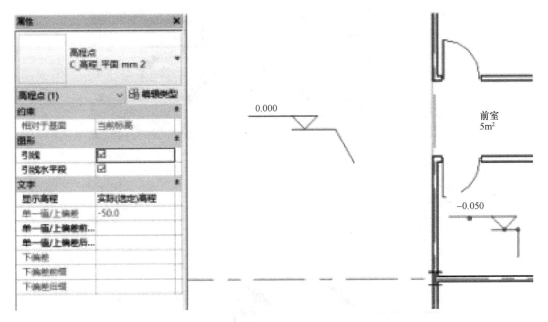

图 11.2-12 标高符号修改后效果

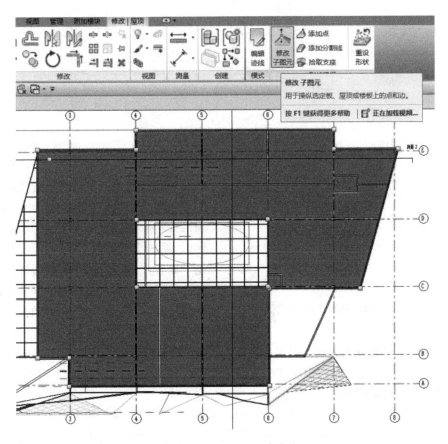

图 11.2-13 修改子图元命令位置

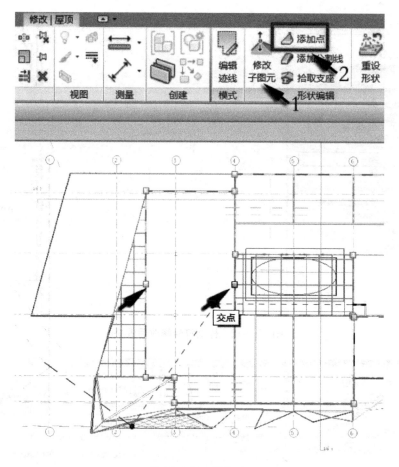

图 11.2-14 添加点

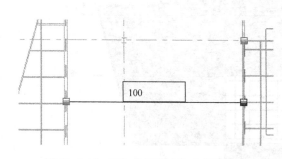

图 11.2-15 添加分割线及修改其标高值

点击"添加分割线"命令，在两点间绘制一条线，绘制完以后点击线，再点击其上的尺寸图标，将 0 改为 100，如图 11.2-15 所示则该线比屋顶其他处高出 100，系统会根据高差自动生成坡度，点击"高程点坡度"命令，在属性面板上选择标注类型，然后在视图中标注坡度，如图 11.2-16 所示，坡度现在以"°"为单位。

习惯上坡度以百分比表示，点击"坡度"，进入其类型属性对话框，改其单位为百分比，如图 11.2-17 所示，则图中的坡度标注修改为百分比格式，如图 11.2-18 所示。

11.2.2 符号文字标注

当有些标注信息必须用二维注释表达时，就要设法使用注释选项卡上的各类工具，有时需要两种及以上的工具才能完成标注。我们还是以上一节中屋顶坡度的标注为例，切换到大屋面平面视图，用二维的方式为其绘制排水组织，点击符号工具面板的"符号"命令，如图 11.2-19 所示，在属性面板中选择符号类型为"C. 排水1"，将鼠标靠近上一节中

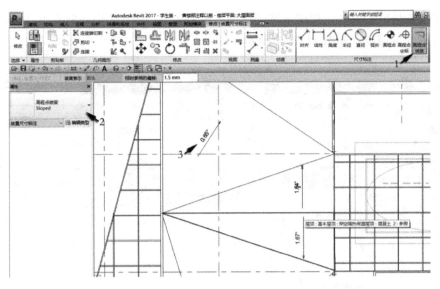

图 11.2-16 标注坡度

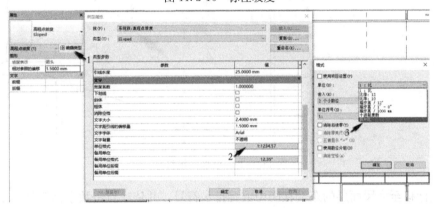

图 11.2-17 修改坡度标注单位

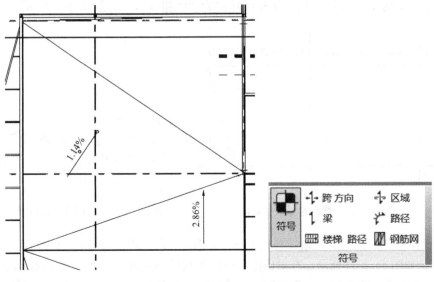

图 11.2-18 坡度标注修改后效果　　图 11.2-19 符号工具面板

我们做了屋面坡度的位置发现排水坡度依然显示为0%，说明符号是单纯的二维符号，并不能捕捉图元的坡度，如图11.2-20所示。

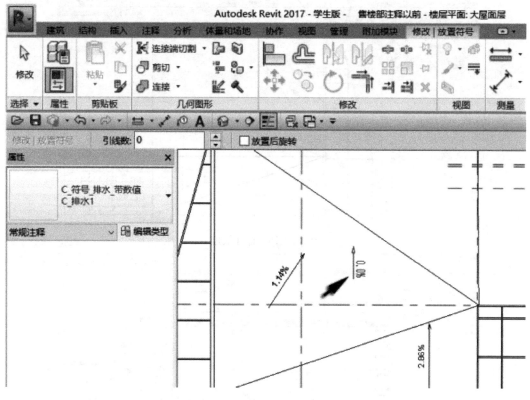

图11.2-20　添加二维符号

将鼠标移至大屋面层的东端在图中放置排水符号，并依次点击数字修改其坡度值，如图11.2-21所示，符号绘制完以后开始绘制排水线，点击详图面板上的"详图线"工具，如图11.2-22所示，在属性面板中选择线样式为"中粗线"，如图11.2-23所示。

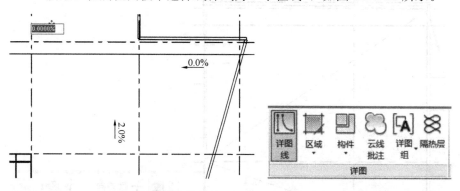

图11.2-21　修改符号坡度数值　　　　图11.2-22　详图线工具位置

在视图中绘制一段线，发现线样式不符合要求，点击管理选项卡下其他设置下的"线样式"命令，如图11.2-24所示，在对话框中将中粗线的颜色改为黑色，线型图案改为实线，如图11.2-25所示。在大屋面平面视图中将排水线绘制完毕，效果如图11.2-26所示。

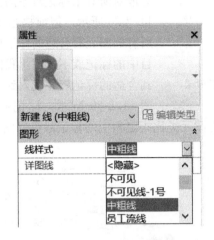

图 11.2-23　设置线样式　　　图 11.2-24　线样式命令位置

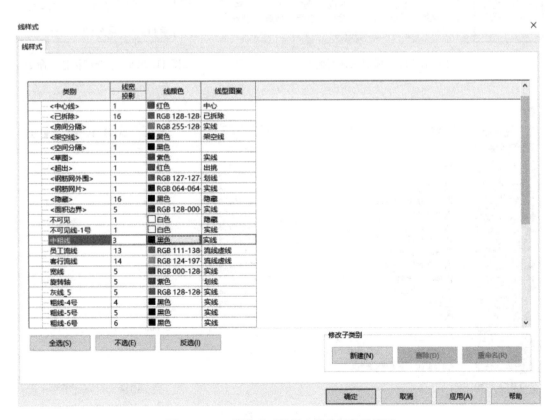

图 11.2-25　线样式对话框中修改颜色及线型

219

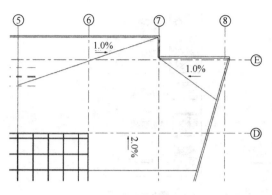

图 11.2-26 用二维方式添加坡度标示完成后效果

下面为门窗幕墙添加标记，点击注释选项卡观察其下的标记工具面板，如图 11.2-27 所示，"按类别标记"和"全部标记"是比较常用的工具，尤其是"全部标记"，可以一步完成对所有未标记对象的标记，如图 11.2-28 所示，但前提是文件中针对所有的图元有合适的标记族，如果项目中的标记族不适用，我们就需要找到合适的标记族并载入到文件中，如图 11.2-29 所示，标记族准备好以后，单击"全部标记"命令，在对话框中为图元类比指定相应的标记族，如图 11.2-30 所示，点击"确定"即可完成标记。

图 11.2-27 标记工具面板

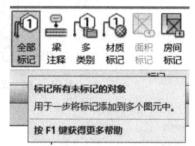

图 11.2-28 "全部标记"命令

图 11.2-29 载入标记族

图 11.2-30 为标记类别指定标记族

如果需要手动添加标记，则需使用按类别标记工具，与全部标记工具一样，标记前要确保有合适的标记族，点击标记面板的下拉箭头，点击"载入的标记和符号"，如图 11.2-31 所示，可以查看已经载入到项目中的标记族列表，以及当前图元所使用的标记族名称，如图 11.2-32 所示，调整每项类别后面的标记族，点击"确定"退出，点击"按类

图 11.2-31 手动指定标记族

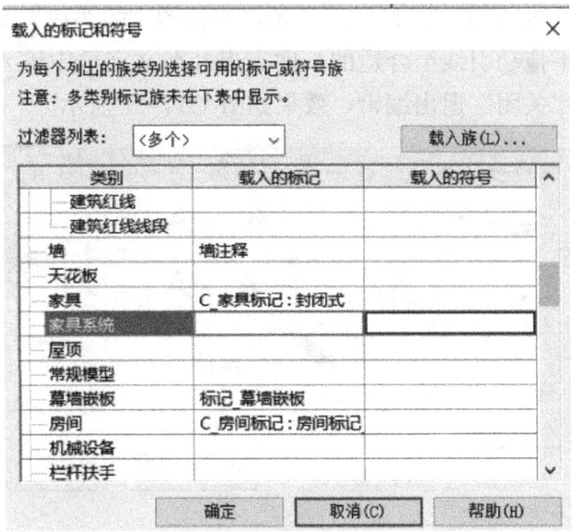

图 11.2-32 为标记类别指定标记族

别标记"工具，手动捕捉图元完成标记。Revit 提供了文字工具以供我们在图纸中添加文字、引注等。文字工具在注释选项卡下文字工具面板上，如图 11.2-33 所示，点击右下角的箭头，弹出类型属性对话框，在其上对文字标注的样式及各项指标进行设置，如图 11.2-34 所示。

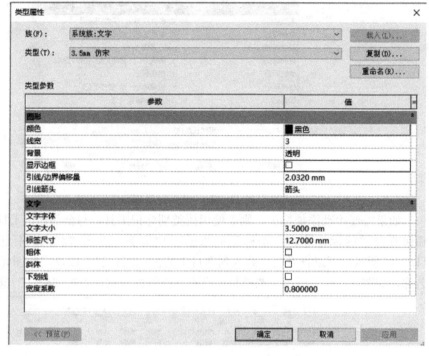

图 11.2-33　文字工具面板

图 11.2-34　文字类型属性对话框

完成后点击"文字"进入"修改 | 放置文字"模式，在"引线"工具面板上设置标注的引线方式，选择"两段"，如图 11.2-35 所示，在视图中需要放置文字的位置点击鼠标，拖动引线，再点击水平拖动引线至合适的长度点击，在文字框中输入文字，如图 11.2-36 所示，输入完毕点击"关闭"退出编辑，效果如图 11.2-37 所示。

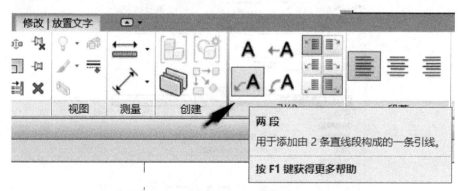

图 11.2-35　放置文字样式预设

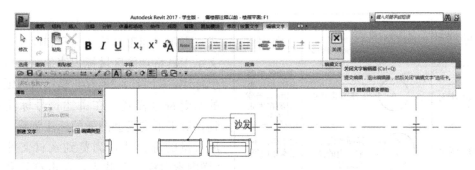

图 11.2-36 放置文字操作

11.2.3 平立面图深化

前面的章节中我们学习了对象样式管理、视图管理以及各类标注工具的使用，这些内容都是为绘制规范的图纸所服务的，本节开始我们对各类图纸进行深化工作，以达到出图的深度。打开售楼部的CAD图纸，切换到F1平面视图。

对视图进行裁剪，以控制视图中的显示范围，在属性面板中的"裁剪视图"、

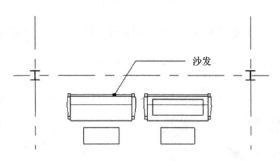

图 11.2-37 文字放置完成

"裁剪区域可见"在视图控制栏有同样的命令，如图 11.2-38（a）中框选的两处范围，当点击"裁剪区域可见"时，视图中会显示裁剪区域范围框，我们可以通过拖动其边缘的夹点来改变显示范围，在裁剪范围框外还有一个虚线框，此虚线框当我们在属性面板上勾选"注释裁剪"时才会出现，其含义是所有的注释都要在此虚线框内完成。拖动裁剪范围框时会发现注释范围框也随之一起移动，拖动裁剪范围框至合适的位置，然后去除属性面板上"裁剪区域可见"的勾选（也可通过视图控制栏）将范围框隐去。

我们先将尺寸标注的工作完成，尺寸主要的作用是定位图元，注意平面中的非垂直角度

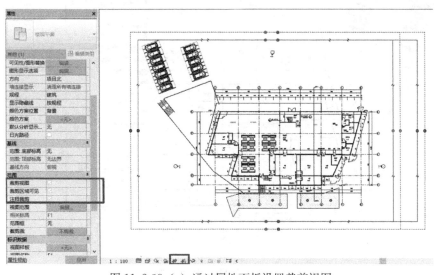

图 11.2-38（a） 通过属性面板设置裁剪视图

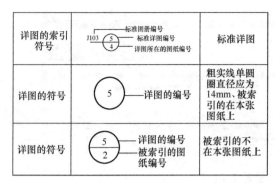

图 11.2-38（b） 常用索引符号

的墙还要标注角度；接下来将标高标注完成；利用房间工具标注房间和面积，再用文字工具将功能区域标识清楚；最后是索引标注，图 11.2-38（b）是国内图纸常用的索引符号样式。在讲述符号标注时提到，对于不同类型图元的标注要载入并使用大量的标记族，浏览到素材文件夹将"详图索引标头"载入，点击符号命令选中刚载入的标记族，如图 11.2-39 所示，依次点击符号上的文字输入文字，在属性面板上通过数字来控制引线的长短，完成后效果如图 11.2-40 所示。

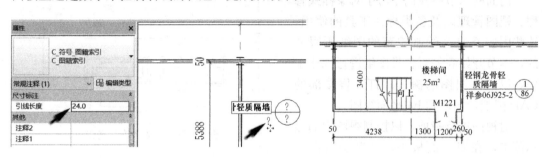

图 11.2-39　修改索引符号样式及引线长度　　　　图 11.2-40　索引符号完成

标注好以后我们来清理图面，把不需要显示的图元隐藏掉，我们既可以使用"可见性/图形"来设置可见性，也可以直接选中不需要显示的图元，点击鼠标右键，在列表中选择"在视图中隐藏"，如图 11.2-41 所示，如果只需要隐藏该图元则选择"图元"，如果

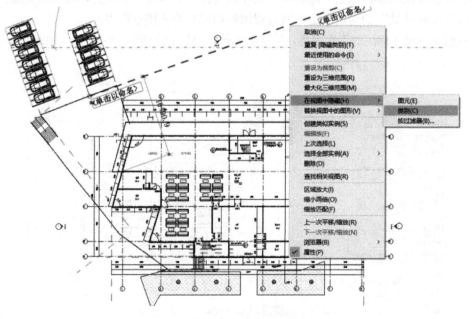

图 11.2-41　通过鼠标右键选项隐藏图元

需要隐藏视图中所有该图元类型则选择"类型",我们选择将参照平面隐藏掉,完成后效果如图11.2-42所示。用同样办法为其他平面视图进行标注和整理。

【立面符号】下面整理立面图纸,通常我们新建一个项目文件,项目样板文件中已经放置好了立面符号,图11.2-43所示框选的符号即为立面符号,如果需要自行创建立面时,点击视图选项卡创建工具面板中的"立面"命令,在图中四个方向放置立面符号即可创建立面,且会在项目浏览器中列表中创建立面视图名称,点击立面符号会显示一个视图深度框,拖动其夹点即可改变立面的视图深度,这部分内容请读者自行练习,掌握如何在没有预设立面的项目文件中创建立面视图。整理立面图之前还是先对视图进行裁剪,图11.2-44(a)、图11.2-44(b)是剪裁之前和之后的效果。

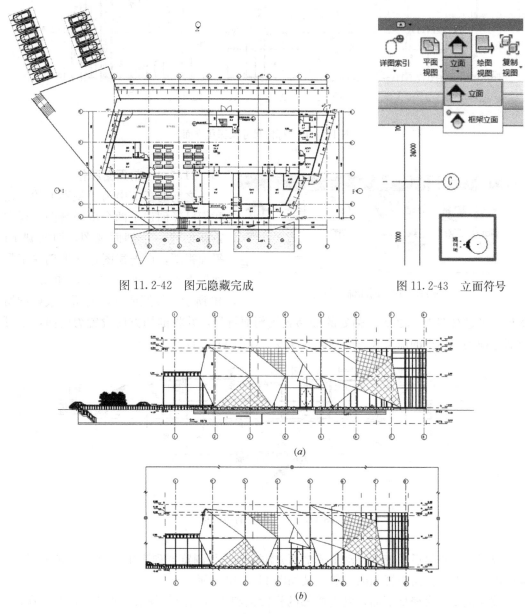

图11.2-42　图元隐藏完成　　　　图11.2-43　立面符号

图11.2-44　立面视图剪裁前后对比

先进行尺寸标注，立面着重图元竖向上的尺寸标注，标注完常规尺寸后，利用高程点标注构件关键点的标高；用"文字"工具标注立面构件的材质、色号；利用"符号"工具标注详图索引。标注完毕后将属性面板注释裁剪范围框勾选确保所有注释都在范围框内，如图 11.2-45 所示。用同样的办法将其余三个立面整理完毕。

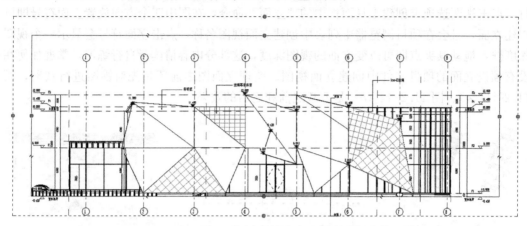

图 11.2-45　标注尺寸及深化立面

图 11.2-46　剖面命令位置

11.2.4　剖面图深化

之前的章节中为了观察上的方便我们已经创建了两个剖面视图，现在重新创建一个剖面视图，切换到 F1 平面视图，点击视图选项卡创建工具面板上的"剖面"命令，如图 11.2-46 所示，按照惯例，剖面一般要剖切楼梯，经过视图中 3 轴交 A 轴处的楼梯放置剖面符号，并将剖切方向设置为南向，还可以通过拖动剖切框的箭头来改变剖面的深度，如图 11.2-47 所示。

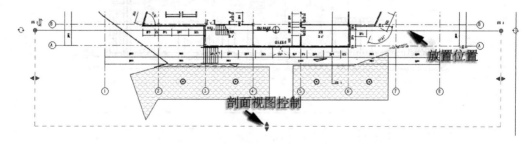

图 11.2-47　确定剖切位置

放置剖面符号后系统会自动生成剖面并添加到项目浏览器列表中，点击"剖面 3"切换到剖面视图，先编辑视图的裁剪区域如图 11.2-48 所示。

放大视图观察楼梯剖面，发现楼梯的梯段梁和平台的边梁缺失，如图 11.2-49 所示，

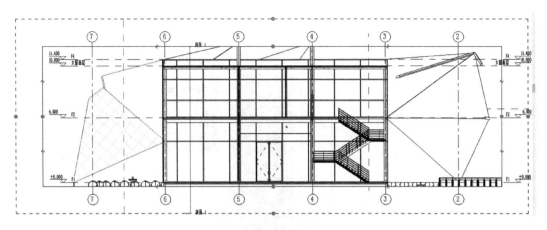

图 11.2-48 编辑视图截剪区域

下面为其添加梁。点击建筑选项卡楼板工具下拉列表中的"楼板边"工具，如图 11.2-50 所示，切换到 F2 平面视图，拾取楼梯边线点击，生成边梁，如图 11.2-51 所示。

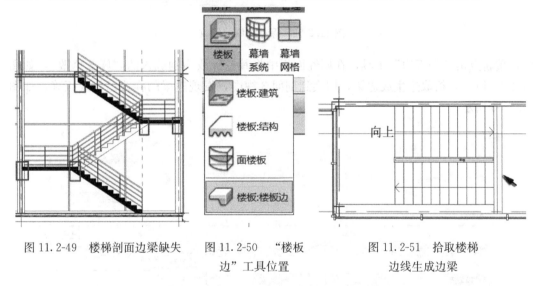

图 11.2-49 楼梯剖面边梁缺失　　图 11.2-50 "楼板边"工具位置　　图 11.2-51 拾取楼梯边线生成边梁

切换回剖面视图，观察效果，发现楼梯边梁翻上一部分，如图 11.2-52 这是因为之前在使用"楼板边"工具时我们创建的族轮廓有部分翻边，打开素材文件夹中的"族 2"，将其上翻的部分删除掉如图 11.2-53 所示。

图 11.2-52 边梁上翻　　图 11.2-53 编辑"族 2"轮廓，删除上翻部分

将修改后的轮廓另存名为"族 2 修改"的族文件，如图 11.2-54 所示，载入到项目

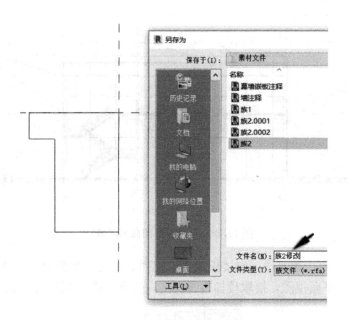

图 11.2-54　保存对族的修改

中，重新点击"楼板边"工具，在属性面板中将其轮廓改为刚载入的"族 2 修改"，如图 11.2-55 所示，拾取边生成边梁，切换到剖面 3 视图，发现边梁的样式已修改正确，如图 11.2-56 所示。

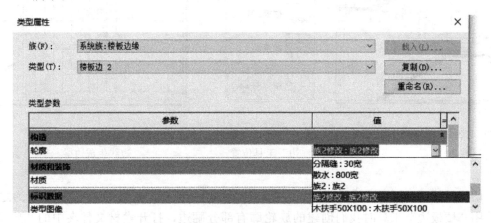

图 11.2-55　重新载入并作为轮廓选中

图 11.2-56　边梁修改后效果

Revit 还允许我们用二维的方式添加梁，点击视图选项卡图形面板上的"剖切面轮廓"工具，如图 11.2-57 所示，点击楼梯平台，则进入编辑模式，利用"线"工具绘制梁的轮廓，注意其轮廓线边缘有个箭头图标，点击它可切换其指向，所指的方向是要保留的方向，如图 11.2-58 所示，完成后点击"√"退出编辑。

还可以用注释选项卡下"填充区域"命令添加梁轮廓，如图 11.2-59 所示，选择"填充区域"命令，在视图中绘制梁的轮廓，同时将属性面板的填充样式选为"黑色填充"，如图 11.2-60 所示，点击"√"退出编辑，完成后效果如图 11.2-61 所示。

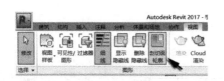

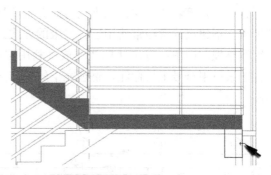

图 11.2-57　"剖切面轮廓"工具位置　　　　图 11.2-58　绘制边梁轮廓

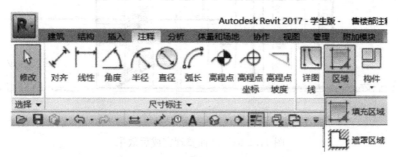

图 11.2-59　"填充区域"命令位置

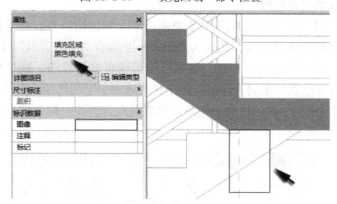

图 11.2-60　"黑色填充"

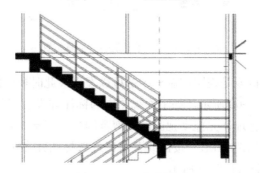

图 11.2-61　完成效果

需要注意的是以上两种方法只是以绘制的方式添加了梁轮廓，并没有在模型中生成实体的形状，并且笔者认为这种二维的方式是与 BIM 模拟三维营造的理念相抵触的，读者了解即可，不建议读者经常使用这种二维的方式。

继续整理剖面图：将尺寸标注完成，利用"高程点"工具标注竖向上的标高，将做法、详图索引用符号工具标注，整理完毕效果如图 11.2-62 所示，用同样的办法整理其余剖面图。

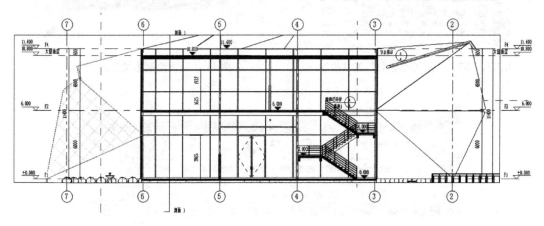

图 11.2-62　剖面整理完成后效果

11.2.5　详图索引与整理

【卫生间大样图】一套完整的图纸除了总图、平立剖面图以外，对于构造做法复杂的部位还要画放大平面图或节点大样图，为此 Revit 提供了"详图索引"工具，如图 11.2-63 所示，允许我们在平立剖面中框选一定的范围形成单独的详图，就是我们常说的大样图，下面先来创建和绘制卫生间大样图。点击视图选项卡下创建面板上的"详图索引"工具，在 F1 平面视图中拖动鼠标框选卫生间，完成后点击标头，则系统自动切换到详图视图中，如图 11.2-64 所示。

图 11.2-63　"详图索引"工具位置

在详图视图属性面板或是视图控制栏中都可以发现，此时视图的比例已经自动切换为 1∶50 的比例，如图 11.2-65 所示，如平面视图中的标注并没有显示在视图中，这就需要对其做进一步的绘制和整理。先拖动视图的裁剪范围框，将不需要的图元排除在外。其次通过属性面板上的"可见性/图形"按钮或者是通过选择图元点击鼠标右键的方法将部分不需要的图元隐藏，如图 11.2-66 所示。

为卫生间添加排水符号箭头，点击注释选项卡符号工具面板上的"符号"工具，在属

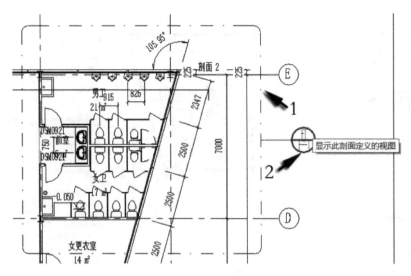

图 11.2-64 框选索引范围

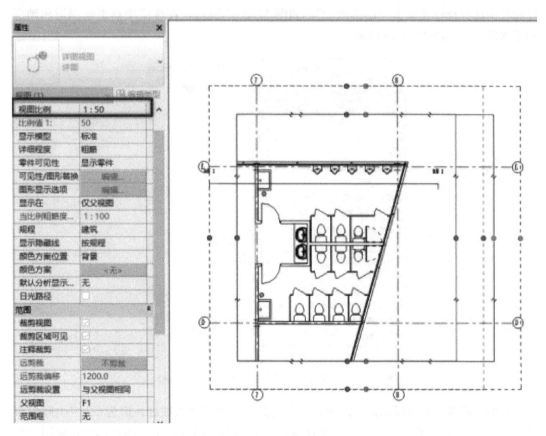

图 11.2-65 详图视图

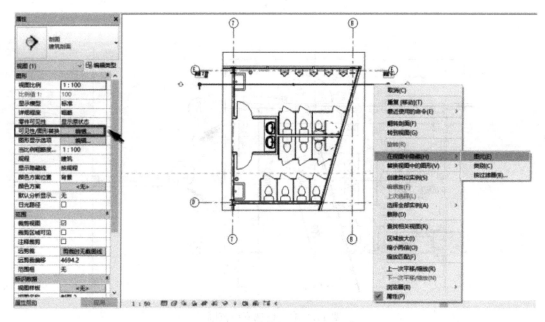

图 11.2-66　隐藏部分图元的操作

性面板中选择标注类型为"C-排水 1",如图 11.2-67 所示,在视图中点击绘制坡向地漏的排水箭头,如图 11.2-68 所示。

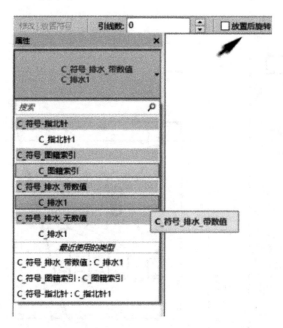

图 11.2-67　执行"符号"工具并选择标注类型

利用空格键来切换排水箭头的方向,点击其上的数字修改坡度。因为 F2 卫生间的布置与 F1 相同,因此此卫生间大样为通用大样,我们不用高程点来标注其标高,而用"符号"工具,再次点击"符号"工具,在属性面板中选择"标高_卫生间"类型,在卫生间内点击放置，然后修改其标高值为"H-0.050"，意为卫生间标高比楼层标高低50，如图11.2-69所示。接下来用"对齐"工具为卫生间添加尺寸，主要标注洁具的定位，如图11.2-70所示。

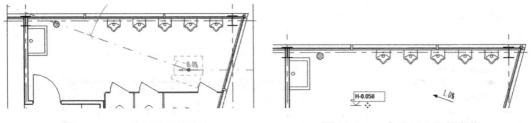

图11.2-68　绘制坡度箭头　　　　　　图11.2-69　标注卫生间标高值

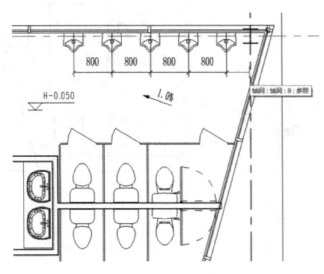

图11.2-70　添加洁具定位尺寸

卫生间内共有两个残疾人厕位，可以为其添加引注，至此卫生间大样就创建绘制完成了，在属性面板或项目浏览器都可以修改其名称，将其改为"卫生间大样"，完成后效果如图11.2-71所示。

【楼梯剖面大样图】我们也可以在剖面视图中创建详图索引，切换到剖面3视图，执行"详图索引"命令，在视图中框选楼梯剖面部分，如图11.2-72所示，点击标头进入详图视图，将属性面板中的"详细程度"改为"精细"，如图11.2-73所示，下面为楼梯剖面添加缺失的标注信息。

先将建筑地坪下的空白填充素土符号，点击注释选项卡详图面板中构件命令下的"重复详图构件"，图11.2-74所示，在属性面板中选择"素土夯实"，在建筑地坪下拖动鼠标添加符号，如图11.2-75所示。

下一步添加尺寸标注，标注F1标高至第一个楼梯平台的距离，点击尺寸上的数字，在弹出的"尺寸标注文字"对话框中的"前缀"处填写"167×12="，意为踏步高×步数=距离，如图11.2-76所示，点击"确定"返回，将全部尺寸标齐，用"符号"工具为楼梯的栏杆扶手和踏步引用图集，完成后效果如图11.2-77所示。

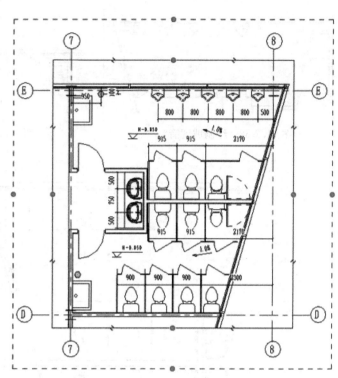

图 11.2-71 卫生间大样整理完毕后效果

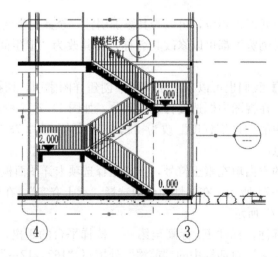

图 11.2-72 框选楼梯剖面索引范围

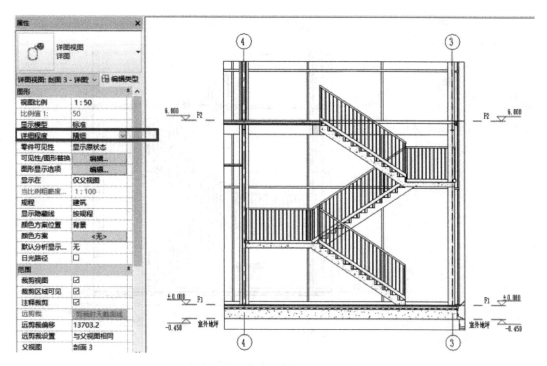

图 11.2-73 修改视图详细程度为"精细"

图 11.2-74 "重复详图构件"命令位置

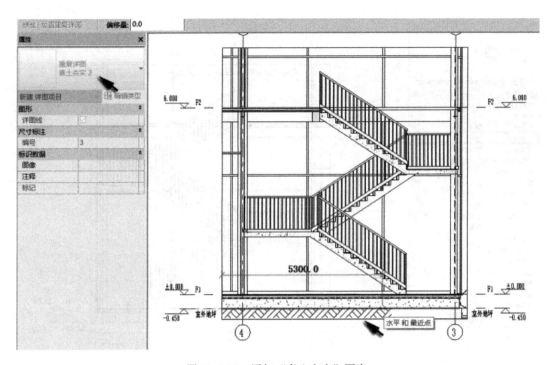

图 11.2-75 添加"素土夯实"图案

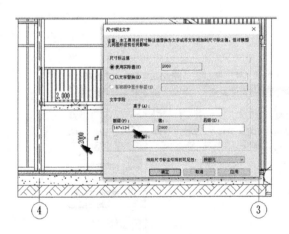

图 11.2-76 修改标注文字

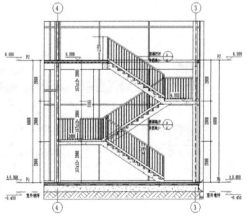

图 11.2-77 楼梯剖面详图完成后效果

11.3 图纸的布置与打印

图纸绘制完毕以后，就进入了布置和打印阶段，打印之前我们要对图纸的内容、数目及排序有大概的了解，图 11.3-1 是某项目工程项目其中一个子项的图纸目录，可以帮助我们了解图纸的编排逻辑。

图纸目录

序号	图纸名称	图号	版本号	出图日期	图别	备注
1	图纸目录	1/16	0	2014.04	建施	
2	设计说明	2/16	0	2014.04	建施	
3	设计说明	3/16	0	2014.04	建施	
4	技术措施表 选用图集目录及附表	4/16	0	2014.04	建施	
5	3号楼一层平面图	5/16	0	2014.04	建施	
6	3号楼二层平面图	6/16	0	2014.04	建施	
7	3号楼三层平面图	7/16	0	2014.04	建施	
8	3号楼四~二十五层平面图	8/16	0	2014.04	建施	
9	3号楼屋顶层平面图	9/16	0	2014.04	建施	
10	3号楼构架层平面图	10/16	0	2014.04	建施	
11	3号楼⑬~①轴立面图 3号楼①~⑬轴立面图	11/16	0	2014.04	建施	
12	3号楼Ⓐ~Ⓔ立面图 3号楼Ⓔ~Ⓐ立面图	12/16	0	2014.04	建施	
13	3号楼1-1剖面图	13/16	0	2014.04	建施	
14	3号楼-5.550,-9.250标高核心筒大样图 3号楼楼电梯剖面大样图	14/16	0	2014.04	建施	
15	3号楼墙身大样图	15/16	0	2014.04	建施	
16	3号楼门窗表及门窗大样图	16/16	0	2014.04	建施	

图 11.3-1　某项目建筑图纸子项目录

11.3.1　布置图纸

Revit 布置图纸的命令大部分集中在视图选项卡图纸组合工具面板上，如图 11.3-2 所示。点击"图纸"命令，则弹出新建图纸对话框，如图 11.3-3 选择"A0 公制"，如要创建其他尺寸的图纸须点击"载入"以载入其他尺寸的图框，点击"确定"，则系统自动转入图纸视图中，如图 11.3-4 所示，视图中会显示 A0 公制的图框，在项目浏览器下图纸项下系统会自动添加新建图纸的编号。先来设置项目的信息，点击管理选项卡设置工具面板中的"项目信息"命令，弹出"项目信息"对话框，如图 11.3-5 所示，输入项目的各类信息点击"确定"，系统会自动将信息添加到图框中。

图 11.3-2　图纸组合工具面板

图 11.3-3　选择图纸尺寸

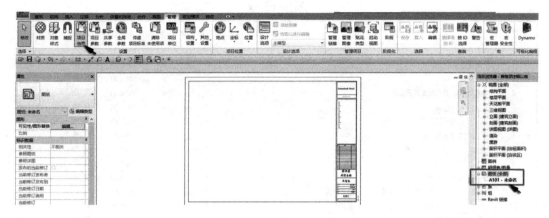

图 11.3-4　图纸视图界面

图 11.3-5　输入项目信息

接下来为图纸视图添加图纸内容，点击图纸组合工具面板上的"视图"命令，则弹出视图列表框，如图 11.3-6 所示，选择楼层平面：F1，则视图中会出现一个浮动的矩形框，如图 11.3-7 所示，此矩形框即为 F1 平面的外围轮廓线（由视图裁剪框确定），就浮动框移动至合适位置点击放置，放置后图纸内容会显示出来，如图 11.3-8 所示，则平面视图成功地添加至图纸。

图纸视图中的图纸与原楼层平面的图纸是相互关联的，当返回 F1 平面视图改变裁剪范围框，则图纸视图中的图纸也发生了同样的变化，如图 11.3-9 所示，反之亦然，说明两者是同步的。

图 11.3-6　可供选择视图列表

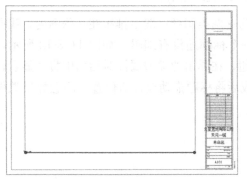

图 11.3-7　通过浮动框确定视图放置位置

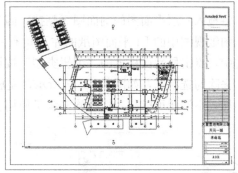

图 11.3-8　平面视图添加到图纸

我们也可以通过拖动的方式向图纸视图添加其余视图中的内容，点击项目浏览器中的"剖面 3"名称，保持鼠标左键不放向图纸中拖动，释放鼠标则浮动范围框会显示出来，如图 11.3-10 所示，移动至合适位置点击，则剖面 3 视图的内容显示在图纸中，如图 11.3-11 所示。

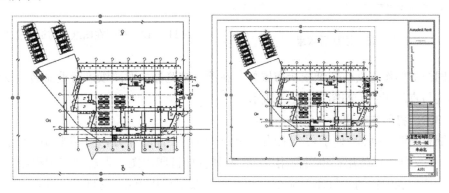

图 11.3-9　图纸视图中的平面与源文件的同步关系示意

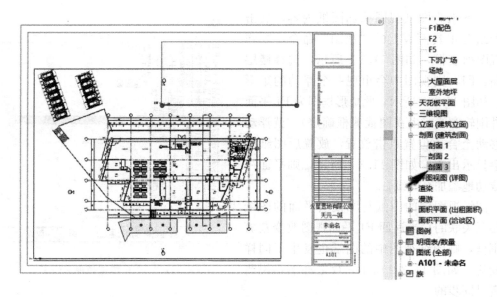

图 11.3-10　继续添加视图到图纸

将拖入一层平面图的剖面图 3 删掉，因为这两类图纸一般不排布在一张图内，我们注意到图纸视图中的 F1 平面图纸的左下角有一个标题还没有编辑，如图 11.3-12 所示，将其选中，点击属性面板上的"编辑类型"按钮，在弹出的类型属性对话框中将"显示延伸线"去除勾选状态，如图 11.3-13 所示，完成后将标题拖动至合适位置。注意如果觉得标题的样式不够还可以载入标题族来满足使用。

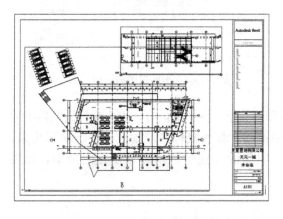

图 11.3-11　添加后效果

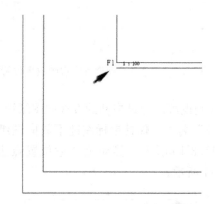

图 11.3-12　视图在图纸中的标题位置

用同样的操作将其他图纸依次布置好，在项目浏览器中对图纸进行重命名，以便于快速地切换与查阅图纸，如图 11.3-14 所示。

11.3.2　打印与导出

图纸布置好以后，对于习惯操作 Autocad 绘图的设计方，可以将其导出格式为 ".dwg" 的文件以供使用；也可使用 Revit 将其直接打印出图。点击"应用程序"菜单按钮，在下拉列表中找到"打印"命令，在其下一级菜单中点击"打印"，如图 11.3-15 所示，弹出打印对话框，如图 11.3-16 所示。

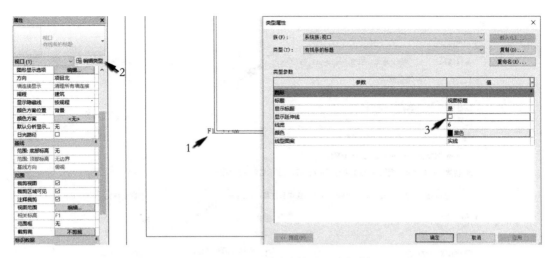

图 11.3-13 编辑视图在图纸中标题

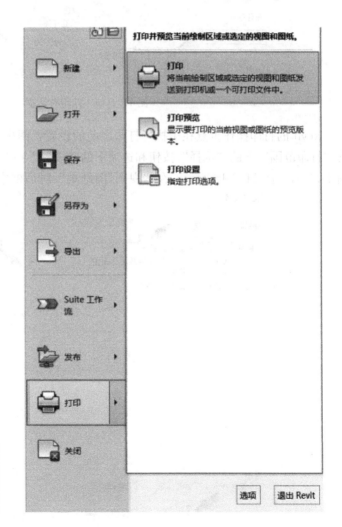

图 11.3-14 重命名项目浏览器中的图纸名称

图 11.3-15 "打印"工具命令

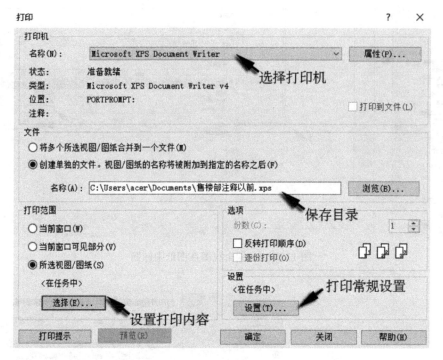

图 11.3-16 打印对话框

Revit 的打印操作重点在于执行打印之前的设置，图中表示出了关键的设置事项，点击"打印范围"下的"选择"按钮和选项下的"设置"按钮会分别弹出下一级对话框，如图 11.3-17、图 11.3-18 所示。在"视图/图纸集"对话框中，先确定勾选"图纸"，并且

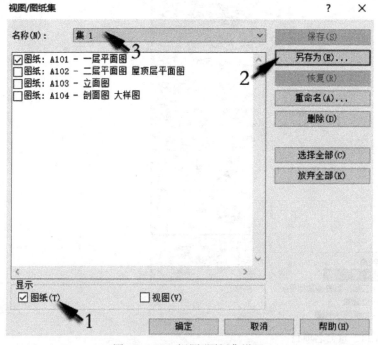

图 11.3-17 视图/图纸集设置

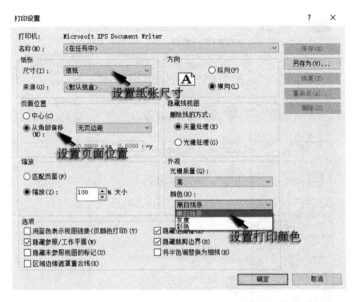

图 11.3-18 "打印设置"对话框中各参数设置

一般不勾选"视图",意为只打印图纸;其次,可将打印的列表另存为一个打印集,方便打印时快速选择,设置好以后点击"确定"返回。在"打印设置"对话框中,"尺寸"一栏可设置打印纸张的尺寸;页面位置一般勾选"从角部偏移-无页边距",这样系统会自动进行页边距的处理;"缩放"一栏,选择"匹配页面"的话就是铺满图纸,属于无比例打印;选择"缩放-100%"就是以1∶1的比例将图纸打印到选好的纸张中;"颜色"选择黑白即打印黑白图纸,也是工程图纸中最为常用的,其他选项保持与图中一致,点击"确定"系统会弹出"保存设置"对话框,如图 11.3-19 所示,选择"是",则系统会将当前的打印设置作为格式保存起来,以方便下次使用,点击"否"返回。

图 11.3-19 确定是否保存设置

全部设置完成后返回到"打印"对话框,点击"确定"打印即可。下面学习如何将 Revit 项目图纸导出为".dwg"格式文档。点击应用程序菜单下的"导出-CAD 格式-dwg"命令,如图 11.3-20 所示,弹出 DWG 导出对话框,如图 11.3-21 所示,点击图中箭头所指按钮,弹出下一级"修改 DWG/DXF 导出设置"对话框,如图 11.3-22 所示,在对话框中要先对导出标准进行选择,如箭头 1 所指位置,选项中有美国标准、新加坡标准、英国标准等,意为 Revit 将以此标准将图元类别属性导出为 CAD 中的层,如果以标准来,则系统会自动处理,否则操作者须手动逐项设置。

切换到"填充图案",如图 11.3-23 所示,列表中给出的是"Revit 中的填充图案"将导出为何种"DWG 中的填充图案",用户可根据自己的习惯进行设置。

图 11.3-20 设定导出格式

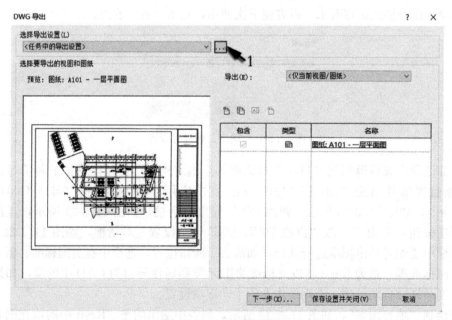

图 11.3-21 导出对话框

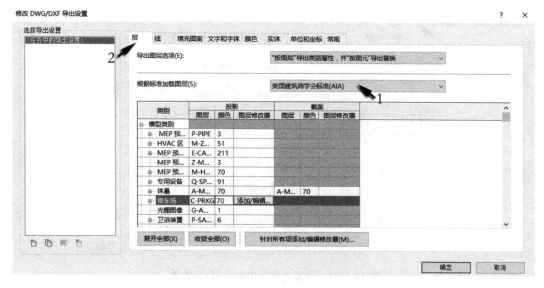

图 11.3-22 Revit 至 DWG/DXF 格式的导出设置

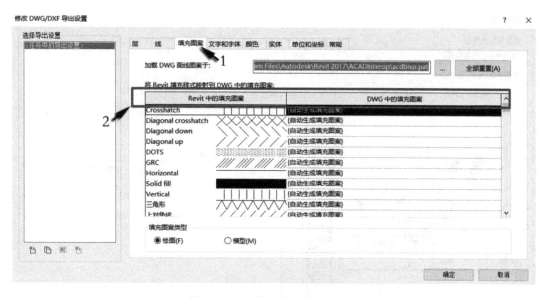

图 11.3-23 填充图案的导出设置

为了检验导出效果，我们返回"层"，在列表中找到"墙/内部"将其在 CAD 中的颜色设置为 2，即黄色，如图 11.3-24 所示，点击"确定"返回上一级对话框。

点击对话框中的"下一步"，如图 11.3-25 所示，在弹出的对话框中指定文件的保存路径，点击"确定"完成导出，如图 11.3-26 所示；用 CAD 打开导出文件，会发现内墙的颜色为黄色，证明导出成功。

图 11.3-24 设置内墙导出到 CAD 中效果

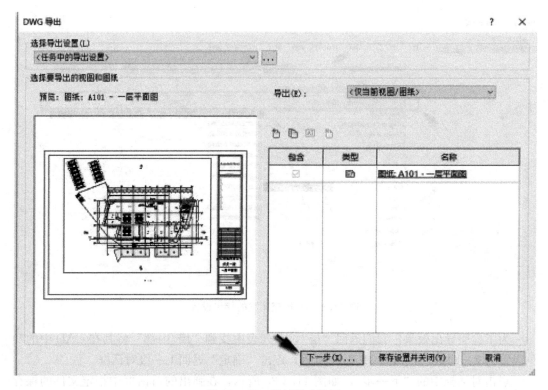

图 11.3-25 继续导出设置

图 11.3-26　指定导出文件保存路径

12 明细表工具

查看第 11 章图 11.3-1 的图纸目录,其最后一张的图纸内容为"门窗表及门窗大样图",整套建筑施工图纸的最后一张通常是门窗表,即对项目中门窗的数量规格等指标进行统计,以便建设单位进行材料上的准备,在 Revit 中这部分的工作是由明细表工具来完成的,明细表不但可以统计门窗表,还可以对模型图元的某些专门指标进行统计。查看售楼部项目文件中的项目浏览器,发现其中已经存在明细表视图,包括"图纸列表"、"门明细表"、"窗明细表"三项,点击门明细表视图,如图 12.0-1 所示,上面列举了项目中门的样式、规格、宽度高度等信息,需要注意的是这三项明细表视图不是系统自动生成的,而是我们在创建售楼部项目文件时选择的项目样板文件自带的三个视图,如果样板文件中没有自带这三个视图,就需要我们自行创建,一旦创建了明细表,那么项目中的信息就会自动反映到其中。明细表工具主要集中在视图选项卡创建工具面板上,如图 12.0-2 所示。下面创建一个幕墙嵌板明细表,点击"明细表/数量"命令,弹出"新建明细表"对话框,如图 12.0-3 所示。

图 12.0-1 门明细表

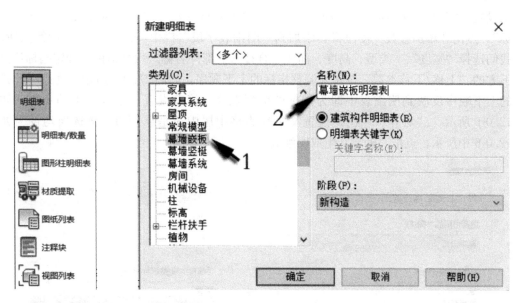

图 12.0-2 明细表工具　　　　　　　　　图 12.0-3 新建明细表对话框

可见图元按类别列在其中，点击"幕墙嵌板"，在名称栏输入"幕墙嵌板明细表"作为明细表名称，完成后点击"确定"，进入"明细表属性"对话框，如图 12.0-4 所示，先

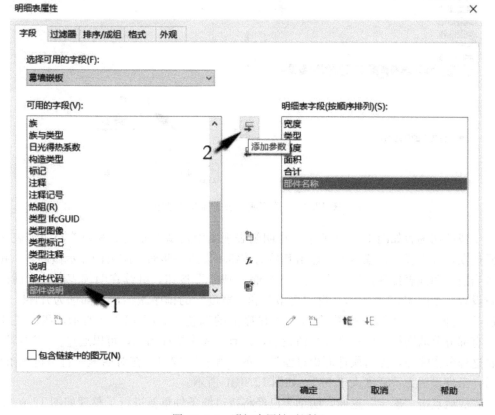

图 12.0-4 明细表属性对话框

249

来设置"字段",字段的意思是明细表当中的主要指标,在"可用的字段"中选择"指标",点击"添加参数"按钮将其添加到"明细表字段"栏中,如图12.0-4中箭头所示,我们选择"宽度"、"类型、高度、面积、合计"、"部件名称"六个指标,确定指标后点击下方的"上移/下移参数"按钮来调整指标的上下顺序,如图12.0-5所示,注意在此指标的上下顺序反映到明细表中即为指标的前后顺序;接着设置"格式"下的参数,如图12.0-6所示,"对齐"一栏是设置文字在表格中居中还是靠一边,将选项均设为如图12.0-6中所示,点击"确定"生成明细表。

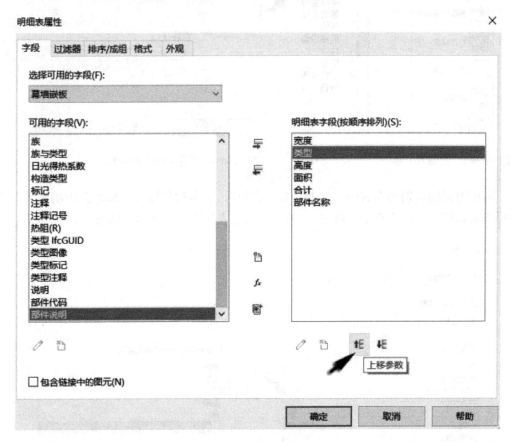

图12.0-5 确定明细表指标及其排序

生成的明细表如图12.0-7所示,在明细表视图中,属性面板上罗列着与明细表属性一致选项,如字段、过滤器等,点击其后的按钮可以进一步对明细表的显示做调整,我们发现当前的明细表排列比较无序,点击"排序/成组"按钮,继续在明细表属性对话框中进行设置,如图12.0-8所示,将"类型"和"宽度"的排序激活,且都选为升序,点击"确定"返回,可见明细表根据设置做了排序上的调整,如图12.0-9所示,我们还注意到,有部分幕墙嵌板宽度和高度数值较小,没有在表中统计出来,可以通过"过滤器"设置将这部分去除掉,点击属性面板过滤器后的"编辑"按钮,在对话框中将"过滤条件"激活,条件设置为"宽度大于97",如图12.0-10所示。

完成后点击"确定"返回,明细表已经将按过滤条件重新进行了整理如图12.0-11所示。对于明细表呈现出来的效果,可以通过明细表属性的"外观"进行设置,如图12.0-

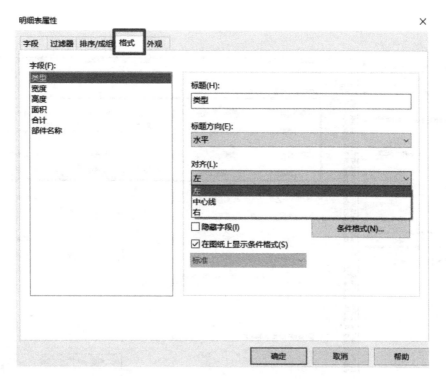

图 12.0-6　设置明细表格式参数

图 12.0-7　设置后生成明细表

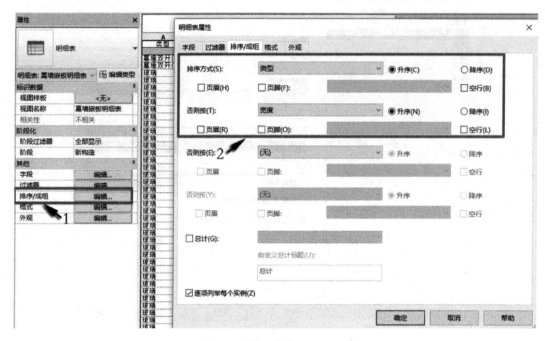

图 12.0-8　排序/成组的进一步编辑

图 12.0-9　调整后效果

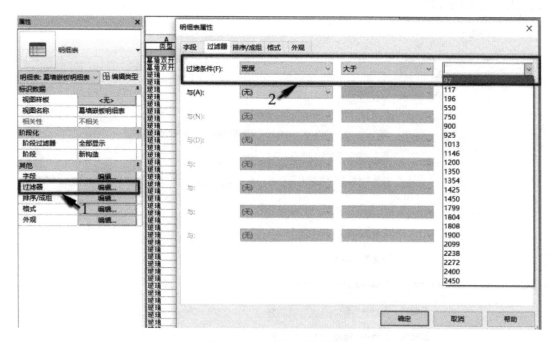

图 12.0-10　设置过滤器条件

图 12.0-11　过滤后效果

12所示，可以设置轮廓线及网格线的线型，设置文字的字体、大小等以保证明细表的样式是我们想要的效果。

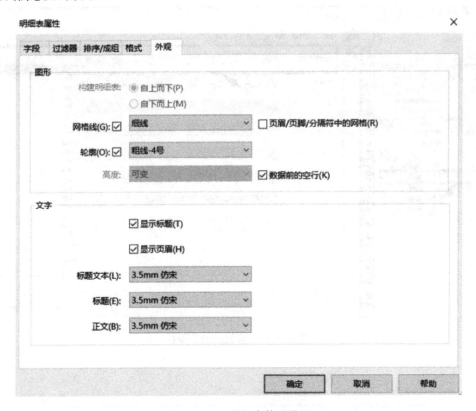

图 12.0-12　明细表外观设置

下面通过材质提取的方式创建材质明细表，点击明细表命令下的"材质提取"命令，如图 12.0-13 所示，在"新建材质提取"对话框类别中点选"楼板"，如图 12.0-14 所示，点击"确定"在明细表属性对话框中字段中选取"类型"、"材质"、"面积"、"材质"、"体积"、"体积"指标创建明细表，如图 12.0-15 所示。

下面为明细表增加参数并使用公式，点击属性面板上的"字段"后的"编辑"按钮，在弹出的"材质提取属性"对话框中，点击"新建参数"按钮，在"参数属性"对话框中输入"市场价"作为新参数名称，在"参数类型"下选择"数值"方式，如图 12.0-16 箭头所示。

点击"确定"返回，点选市场价参数，点击对话框中的"添加计算参数"按钮，在计算值对话框中输入名称"总造价"将类型改为"体积"，在公式栏通过点击后面的"选择"按钮选择"市场价"和"体积"两项计算指标，在两者间添加 * 号，意为两者相乘，如图 12.0-17 所示。

在材质明细表中，"市场价"、"总造价"参数已成功添加，为了来测试公式是否可用，在市场价栏输入 100，点击弹出一个询问框，点击"确定"则系统自动计算体积与市场价的数值在总造价下显示，如图 12.0-18 所示。

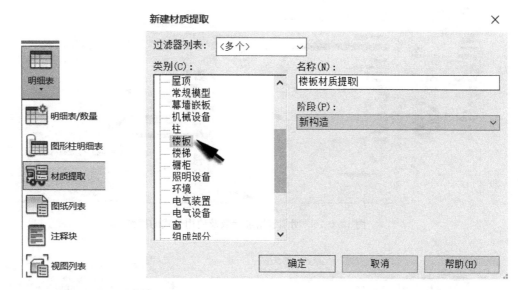

图 12.0-13 “材质提取”命令位置

图 12.0-14 “新建材质提取”对话框中选择类别

<楼板材质提取>

A	B	C	D
类型	面积	材质：体积	体积
常规 140 - 20	952 m²	9.52 m³	133.27 m³
常规 140 - 20	952 m²	28.56 m³	133.27 m³
常规 140 - 20	952 m²	95.19 m³	133.27 m³
常规 140 - 20	952 m²	0.00 m³	133.27 m³
常规 140 - 20	43 m²	0.43 m³	5.98 m³
常规 140 - 20	43 m²	1.28 m³	5.98 m³
常规 140 - 20	43 m²	4.27 m³	5.98 m³
常规 140 - 20	733 m²	7.33 m³	102.68 m³
常规 140 - 20	733 m²	22.00 m³	102.68 m³
常规 140 - 20	733 m²	73.35 m³	102.68 m³
常规 140 - 20	733 m²	0.00 m³	102.68 m³
常规 140 - 20	43 m²	0.43 m³	5.98 m³
常规 140 - 20	43 m²	1.28 m³	5.98 m³
常规 140 - 20	43 m²	4.27 m³	5.98 m³
常规 140 - 20	241 m²	2.41 m³	33.69 m³
常规 140 - 20	241 m²	7.22 m³	33.69 m³
常规 140 - 20	241 m²	24.06 m³	33.69 m³
常规 - 150mm	112 m²	16.73 m³	16.73 m³
常规 - 150mm	14 m²	2.16 m³	2.16 m³
常规 - 150mm	96 m²	28.80 m³	28.80 m³
常规 - 150mm	74 m²	22.22 m³	22.22 m³

图 12.0-15 明细表

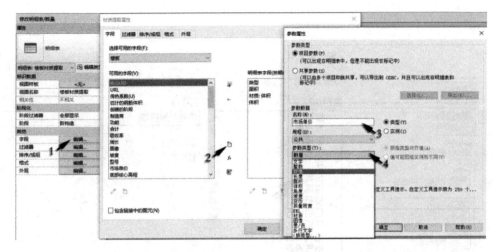

图 12.0-16 明细表增加参数及使用公式的操作

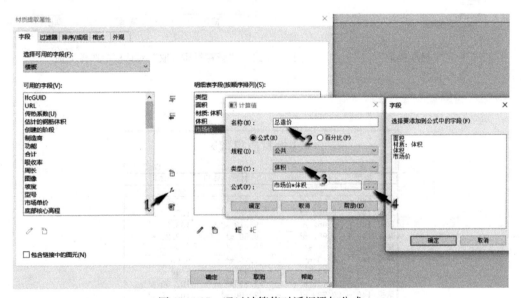

图 12.0-17 通过计算值对话框添加公式

图 12.0-18 输入数值检验公式是否可用

查看明细表发现总造价的数值显示单位为 m³，如图 12.0-19 所示，则显然不符合常识，点击"格式"后的"编辑"按钮，在对话框中选择"总造价"，点击"字段模式"按钮，在弹出的对话框中将"单位符号"设为无，如图 12.0-20 所示，点击"确定"返回，查看修改后的效果如图 12.0-21 所示。

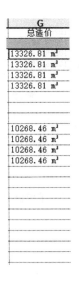

图 12.0-19　查看数值单位

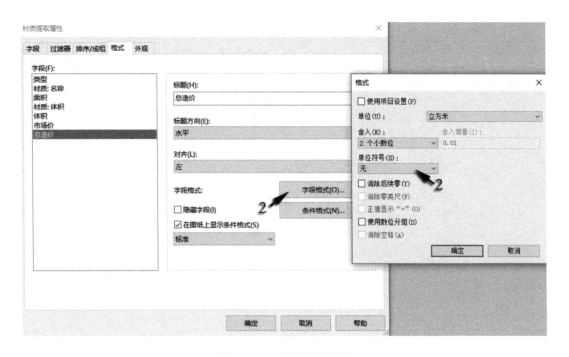

图 12.0-20　编辑字段模式

G
总造价
13326.81
13326.81
13326.81
13326.81
10268.46
10268.46
10268.46
10268.46

图 12.0-21　单位修改后效果

13 组、零件与部件

13.1 组工具的使用

高层建筑超高层建筑是在实际项目中经常碰到的建筑类型，很多时候其层与层之间的平面布置与造型变化较少，甚至完全一致，我们称之为标准层，在完成标准层的建模后可为其创建组，然后对组进行复制或阵列，这样就避免了逐层建模的重复工作量，并且之后对标准层的模型做进一步修改时该组的变化是完全同步的，使用过 Autocad 的读者应该能理解，Revit 组的概念与 Autocad 中的块十分类似。创建组有两种方式，但其工作原理十分类似。打开素材文件夹中的"组 1"文件，点击建筑选项卡模型工具面板上的"创建组"命令，如图 13.1-1 所示，弹出"创建组"对话框，命名组 1，如图 13.1-2 所示，视图进入创建组模式，点击"添加"命令，之后利用鼠标点选要进入组 1 的图元，点击"删除"命令可将误选的图元删掉，如图 13.1-3 所示，完成后点击"√"退出编辑。

图 13.1-1 创建组命令位置

图 13.1-2 命名组

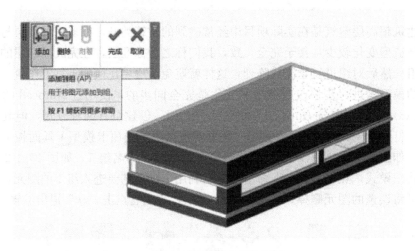

图 13.1-3 选择要进组的图元

这时再使用鼠标点击图元,会发现无法选中单独的图元,而是将其整体选中,如图 13.1-4 所示,说明组已经创建成功,与创建组反向的命令是"解组",点选组在"成组"面板上点击"解组"命令即可解组,如图 13.1-5 所示。

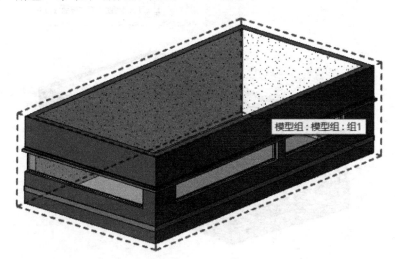

图 13.1-4 组创建后效果

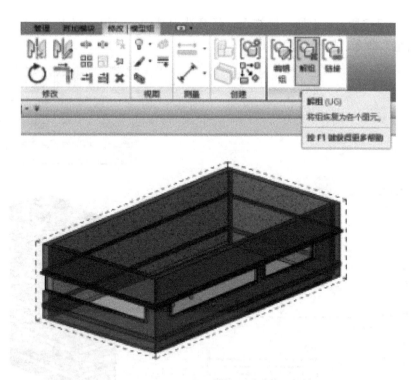

图 13.1-5 "解组"的操作

另一种创建组的方式比较简捷，将欲建组的图元全部选中，点击创建工具面板上的"创建组"命令即可，如图 13.1-6 所示。切换到立面视图，将建好的组利用"阵列"命令

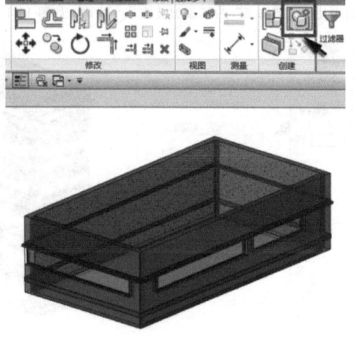

图 13.1-6 创建组的另一种操作

复制，如图 13.1-7 所示；返回三维视图，任意选中其中一个组，点击"成组"工具面板上的"编辑组"命令，如图 13.1-8 所示。

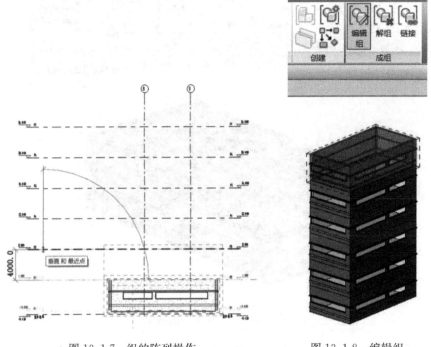

图 13.1-7　组的阵列操作　　　　　图 13.1-8　编辑组

进入编辑组模式，点选其中一面墙，点击"编辑类型"按钮，如图 13.1-9 所示，在类型属性对话框中使用"墙饰条"为墙添加装饰一个檐沟，如图 13.1-10 所示，点击

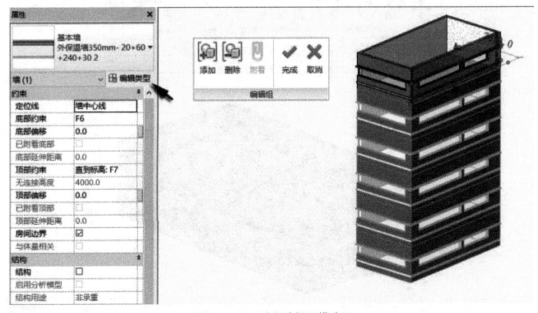

图 13.1-9　进入编辑组模式

"√"退出编辑,发现所有的组都随着修改过的组发生了变化,如图13.1-11所示,此操作可帮助我们理解组的特点。

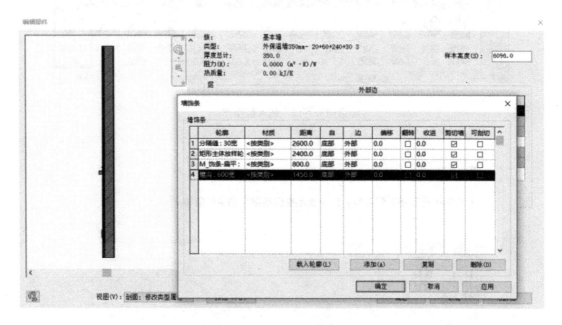

图13.1-10 为其中一个组添加墙饰条

建好的组会在项目浏览器中建立列表,并可以导出格式为".rvt"的文件及载入到其他项目文件中使用,点击项目浏览器中的组,点击鼠标右键"保存组"然后选择路径即可保存。如图13.1-12所示。新建一个空白的项目文件,点击"插入"选项卡"作为组载入"命令,如图13.1-13所示,浏览到路径找到刚保存的组文件,点击"打开",系统会弹出提示框,点击"确定",如图13.1-14所示。

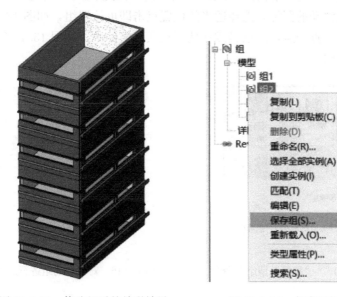

图13.1-11 修改组后的关联效果　　图13.1-12 保存组操作

263

图 13.1-13　载入组操作

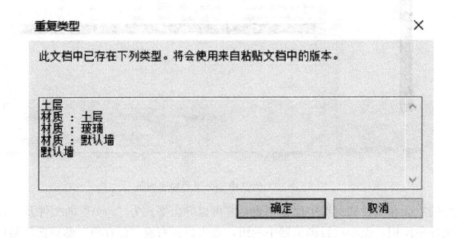

图 13.1-14　重复类型系统提示

载入组以后开始放置，点击"模型组"下的"放置模型组"命令，如图 13.1-15 所示，视图中会出现浮动的图标，选择适当的位置点击即可放置组，如图 13.1-16 所示，切换到三维视图查看，点选组，组已经成功地存在项目文件中，如图 13.1-17 所示，这样我们就载入并放置了组。

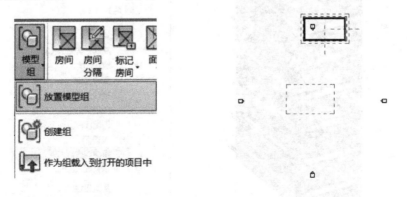

图 13.1-15　"放置模型组"命令　　图 13.1-16　对载入的组进行放置操作

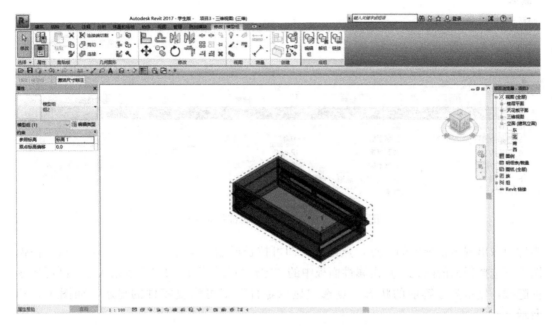

图 13.1-17 载入的组放置操作完成

13.2 零件与部件

建模过程中编辑模型图元的图元属性或类型属性来修改其参数，我们已经习惯这样的操作方式，有时在实际的项目中需要在更微观的层次上对模型图元进行修改或编辑，这时就要用到零件和部件工具。零件可以将模型图元分解成独立的、可单独进行编辑的零件，以便我们处理节点或研究细部；部件可由零件创建生成，也可以通过添加操作由零件和模型图元组合创建而成，并可创建指定比例的单独的部件视图，例如图 13.2-1 中所示的斗栱构件就可以通过建模后再生成部件来为其绘制不同视图的技术图纸。打开素材文件夹中的"零部件"项目文件，先来为墙体创建零件，点选任意墙体，通过编辑类型进入到编辑部件对话框，如图 13.2-2 所示，可见墙体从内至外分为四个构造层次。

选中一段墙体，点击"创建"工具面板上的"创建零件"命令，如图 13.2-3 所示，则墙体分解成零件，选中任意零件，勾选属性面板中的"显示造型操纵柄"，则

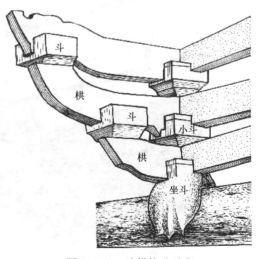

图 13.2-1 斗栱构造示意

265

编辑部件

族：基本墙
类型：外保温墙350mm- 20+60+240+30 2
厚度总计：350.0
阻力(R)：0.0000 (m²·K)/W
热质量：0.00 kJ/K
样本高度(S)：6096.0

层

外部边

	功能	材质	厚度	包络	结构材质
1	面层 1 [4]	C_外饰-面砖1,XXX	20.0	☑	
2	保温层/空气层 [3]	隔热层/热障 - 刚性隔热层	60.0	☑	☐
3	核心边界	包络上层	0.0		
4	结构 [1]	砖石建筑 - 砖	240.0	☐	☑
5	核心边界	包络下层	0.0		
6	面层 2 [5]	涂层 - 外部 - 渲染 - 米色,	30.0	☑	☐

内部边

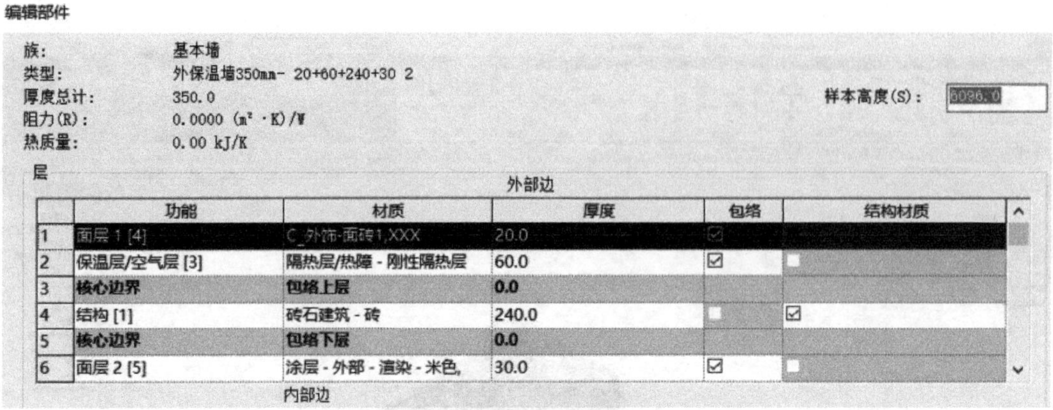

图 13.2-2　某类型墙体编辑部件对话框

零件边缘出现可供拖曳的夹点，点击拖动即可拉长或缩短零件，如图 13.2-4 所示。在视图中不选择任何的图元，点击属性面板中的“零件可见性”后的“显示原状态”则可将零件隐藏，显示为分解前的状态，点选“显示零件”则可恢复零件的显示，如图 13.2-5 所示。

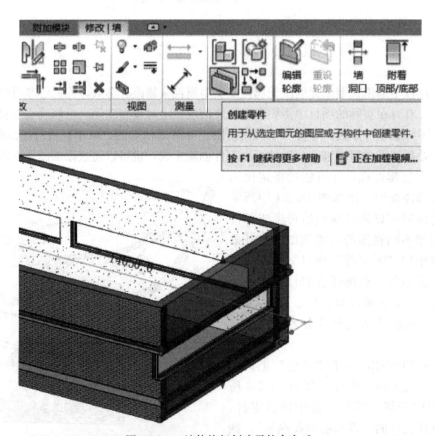

图 13.2-3　墙体执行创建零件命令后

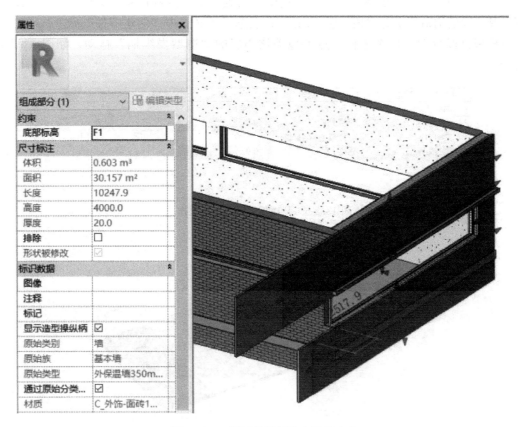

图 13.2-4 通过操纵柄拖曳零件夹点

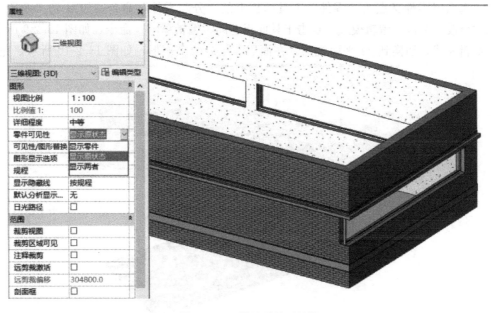

图 13.2-5 设置零件可见性

点击图中的楼板，复制一个移动至视图空白处，楼板的构造层次如图 13.2-6 所示，可见其主要的构造层次有"核心层＋面层"；点选楼板又点击"创建零件"命令，再次点击时楼板已经分解为两个零件，点击拖动核心层的"造型操纵柄"拖动，如图 13.2-7 所示。

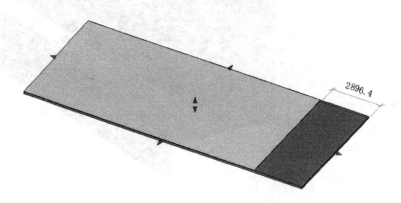

图 13.2-6　某楼板类型的构造层次

图 13.2-7　楼板执行创建零件操作后

点选面层零件又点击"零件"工具面板上的"分割零件"命令，如图 13.2-8 所示，进入"修改｜分区"编辑模式，点击工具面板上的"编辑草图"命令，如图 13.2-9 所示，进入编辑模式，切换到 F1 平面视图，在面层上绘制两个矩形，如图 13.2-10 所示，完成

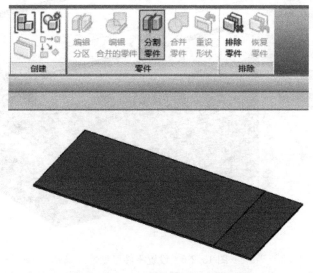

图 13.2-8　对零件进行进一步分割

后点击两次"√"按钮退出编辑,完成后效果如图 13.2-11 所示。

图 13.2-9 编辑草图命令位置

分割零件下的"相交参照"命令可以利用轴线、参照平面等参照工具来分割零件,点击如图 13.2-12 所示的楼板,点击"分割零件"命令,进入"修改｜分区"模式,点击"相交参照"命令,如图 13.2-13 所示。

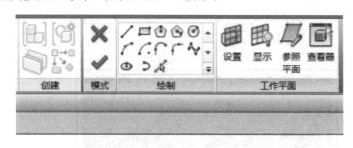

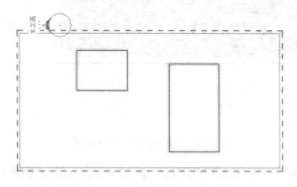

图 13.2-10 绘制矩形草图

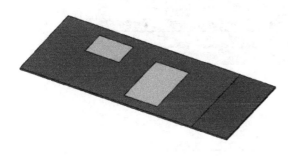

图 13.2-11 完成后效果

在弹出的"相交命名的参照"对话框中将过滤器类型改为"轴网",又点击"选择全部",如图 13.2-14 所示,则将由全部四条轴线分割楼板,点击"确定"返回,将属性面板的"间隙"值改为 50,如图 13.2-15 所示,意为将在分割处产生 50 宽的间隙,点击"√"退出编辑。

系统会根据轴线分割楼板,并产生 50 的间隙,效果如图 13.2-16 所示。下面来创建部件,选中分割后楼板上的三个零件,点击"创建部件"命令,如图 13.2-17 所示,在弹出的对话框中将其命名,如图 13.2-18 所示。

部件创建成功,将其选中,点击"部件"工具面板上的"创建视图"命令,如图 13.2-19 所示,弹出视图列表,根据需要选择视图或将其全部选中,如图 13.2-20 所示。

点击"确定"返回后,视图会自动切换到部件的平面视图中,这时在项目浏览器中也会创建部件的视图列表,如图 13.2-21 所示。

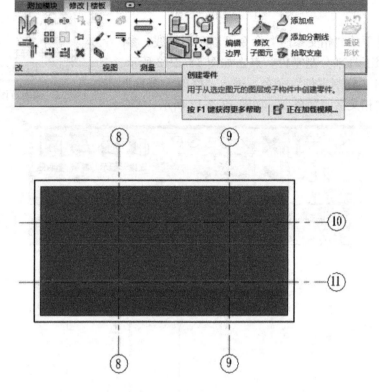

图 13.2-12　楼板执行分割零件操作

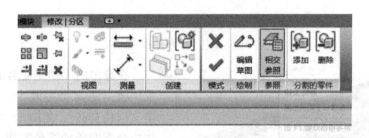

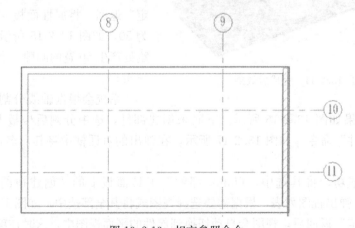

图 13.2-13　相交参照命令

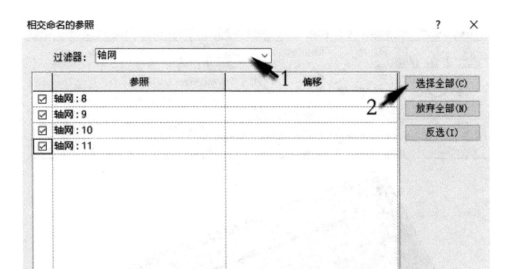

图 13.2-14 选择轴线作为参照

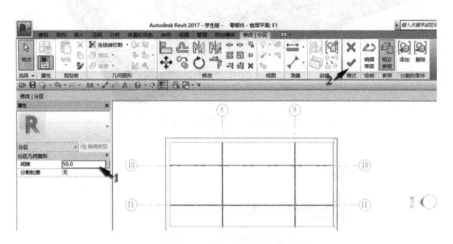

图 13.2-15 修改间隙值

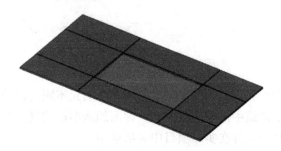

图 13.2-16 轴线作为参照分割楼板效果（带 50 间隙）

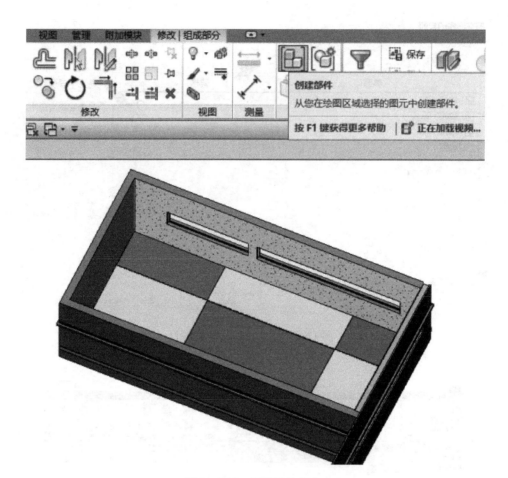

图 13.2-17　创建部件命令

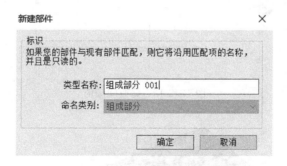

图 13.2-18　命名新建部件

以上我们学习了零件和部件的操作，对于同一个图元不同位置需要做不同的构造处理时比较适用，部件对于建筑中需要单独画放大详图的造型比较复杂的部位或构件是很适用的，请读者熟练掌握其操作并在实际项目中灵活运用。

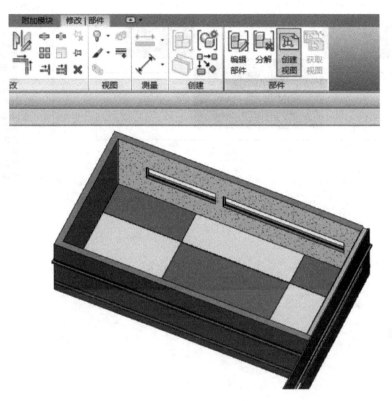

图 13.2-19　部件创建视图

图 13.2-20　选择需要的视图

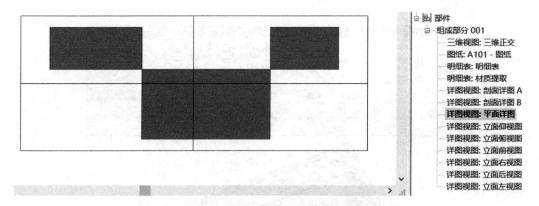

图 13.2-21　部件平面视图及在浏览器上的列表

14 协 同 设 计

协同设计对于许多建筑设计从业人员并不陌生，因为二维的协同设计已在行业中应用多年，协同设计，通常是先确定一个统一的标准，然后各个专业（建筑、结构及设备）的设计人员在一个统一的平台上进行设计，由于Autocad的广泛应用性，很多二维协同设计平台都是基于Autocad的，BIM中的协同设计显然是三维的，无论是三维协同设计还是二维，其目的是一致的，即通过统一的标准、统一的平台，减少各专业之间（以及专业内部）的冲突——错、漏、碰、缺等，真正实现所有图纸信息元的单一性，实现一处修改其他自动修改，最终提升设计效率和设计质量。Revit中协同设计主要通过两种方式：链接和工作集。

14.1 链 接

Revit的连接功能类似于Autocad的外部参照功能，外部参照功能通常是本专业引用其他专业的图纸或是引用协调平台上的图纸，各个专业间绘制自己的部分，出现碰撞的时候配合做出修改，再更新所引用的外部参照。

14.1.1 链接与碰撞检查

打开本章素材文件夹中的"建筑专业"项目文件，如图14.1-1所示，点击"插入"选项卡链接工具面板"链接Revit"命令，浏览到素材文件夹，点击"水专业"文件，在下方定位栏选择"自动-原点到原点"，如图14.1-2所示，点击打开将文件链接至当前文件，如图14.1-3箭头所示，"水专业"文件已显示在视图中，点击"协作"选项卡"坐标"面板上的"运行碰撞检查"命令，如图14.1-4所示。

在弹出"碰撞检查"对话框，将"类别来源"分别设为"当前项目"和链接的文件，点击要检查的类别，如在当前项目下勾选"结构柱"，链接文件下勾选"机械设备"，意味检查此两者间有无碰撞和冲突，如图14.1-5所示，点击"确定"开始检查，系统经过计算后弹出"冲突报告"如图14.1-6所示，上面列举了发生冲突的图元，通过阅读可知水专业的设备与机构柱发生了冲突。点击第一个冲突图元，点击"显示"，则系统会以高亮显示的方式提示冲突的位置，如图14.1-7所示；我们还注意到，冲突报告中列举的发生冲突的图元标识了其ID号，ID号是Revit中图元独有编号，点击"管理"选项卡"查询"面板上的"按ID选择"命令来查找图元，在弹出的对话框中输入冲突一方的ID号"ID374454"，点击"显示"则系统查找到图元并高亮显示，如图14.1-8所示。

如果要对冲突报告进行备案，可以点击冲突报告上的"导出"命令，系统会以".html"的格式将冲突报告导出到指定的目录，如图14.1-9所示。确定冲突的图元与冲突位置后，就可以着手解决，就此例来说，我们既可以与结构专业配合移动机构柱的位置，也可以与水专业配合移动设备，这牵扯到专业知识，在此不做特别的讨论，暂且将

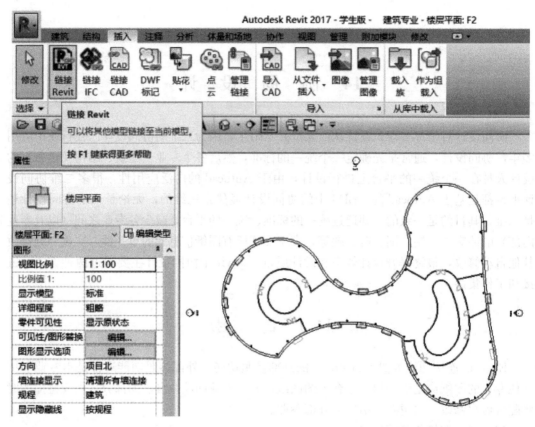

图 14.1-1　打开项目文件

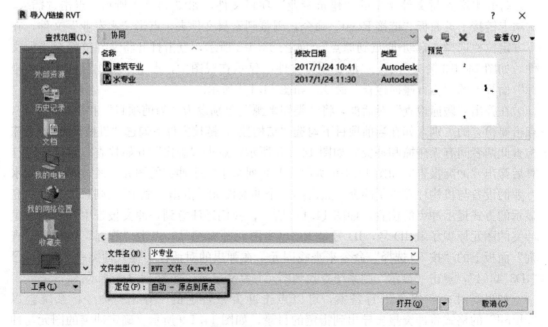

图 14.1-2　链接 Revit 对话框

ID 号为 374454 的柱子删除，再次进行碰撞检查，这次系统显示"未检测到冲突"，如图 14.1-10 所示。

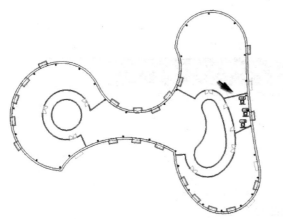

图 14.1-3　链接 Revit 文件后效果

图 14.1-4　"运行碰撞检查"命令

图 14.1-5　设置检查类别

277

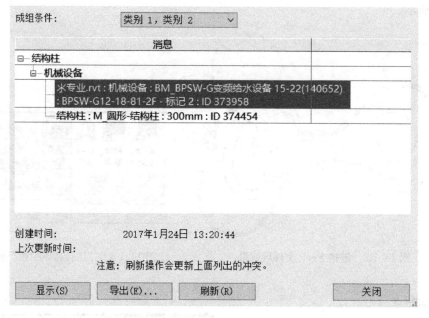

图 14.1-6 检查后的冲突报告

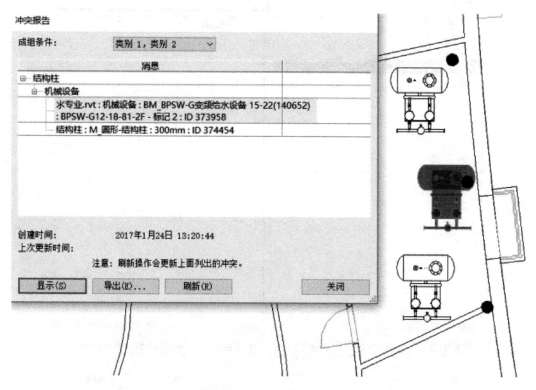

图 14.1-7 显示冲突图元

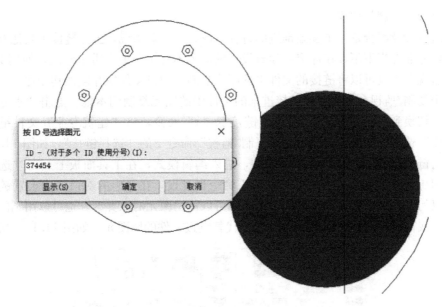

图 14.1-8　按 ID 号查找图元

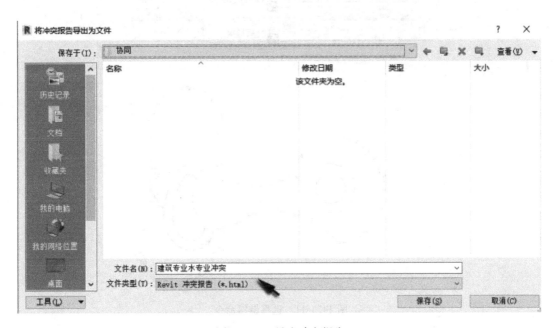

图 14.1-9　导出冲突报告

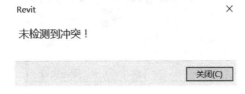

图 14.1-10　冲突解决后运行碰撞检查

14.1.2 复制与监视

建筑设计及配合是一个逐渐推进的过程，就一个专业来说，虽然链接了其他专业的文件并且各专业在当下不存在冲突，随着设计的深入不可避免地会带来修改，使用 Revit 的"复制/监视"工具可以将链接的文件中的图元复制到项目文件中并监视其变化。

使用复制/监视命令先要将链接进来的文件中的图元复制到本地。点击"水专业"项目文件，切换到 F2 平面视图，点击"链接 Revit"命令，将"建筑专业"文件链接。点击"协作"选项卡"坐标"面板的"复制/监视"命令下的"选择链接"，如图 14.1-11 所示，点击链接进来的"建筑专业"文件，进入编辑模式，在工具面板上点击"选项"工具，如图 14.1-12 所示，对"复制/监视"命令做预设，在弹出的对话框内设置链接中的图元是以何类型复制到当前文件中，在此既可以使用图元的原类型，也可以用别的相似图元替换，我们统一用"内部-砌块墙 100"代替链接文件的墙图元，如图 14.1-13 所示。

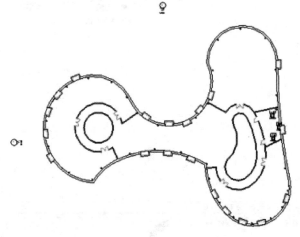

图 14.1-11　选择链接命令

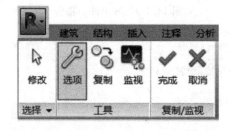

图 14.1-12　对链接文件进行选项编辑

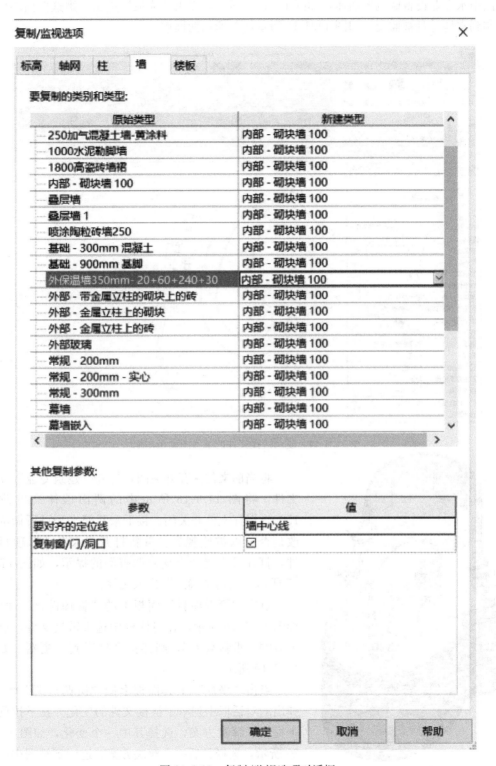

图 14.1-13 复制/监视选项对话框

点击"确定"返回，点击工具面板上的"复制"并将选项栏上的"多个"勾选，点选视图中水专业设备两侧的墙体，如图 14.1-14 所示，点击"完成"退出，则这两面墙体被复制到本地并且被监视，即图 14.1-15 所示箭头所示两面墙。

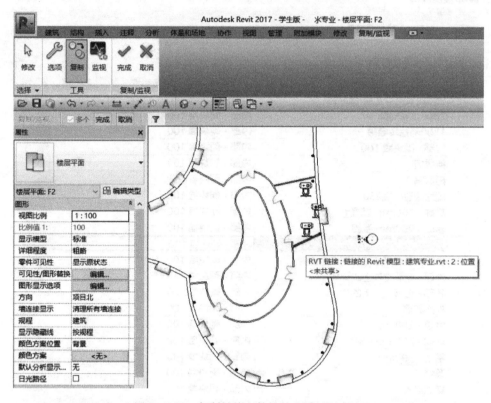

图 14.1-14　复制链接文件的某些图元至本地

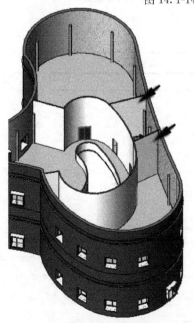

图 14.1-15　监视的图元

将当前文件保存并关闭，打开"建筑专业"项目文件，将图 14.1-16 所示中的两面墙体高度改为 1500，保存文件并关闭。接下来我们来测试所做的修改是否可以被监视到。重新打开"水专业"项目文件，打开时系统会出现协调查阅的提示，如图 14.1-17 所示，点击"确定"进入文件。

点击"管理项目"面板上的"管理链接"命令，如图 14.1-18 所示，在对话框中选中链接文件，点击下方的"重新载入"，则链接文件得到了更新，如图 14.1-19 所示。

点击"坐标"工具面板上的"协调查阅"命令，弹出的对话框中列举了链接文件的变化并在下拉列表中提供了解决方案，选择其中一个变化，如图 14.1-20 所示，选择最后一个解决方案，返回到视图中，墙体发生了变化，如图 14.1-21 所示，证明监视成功。

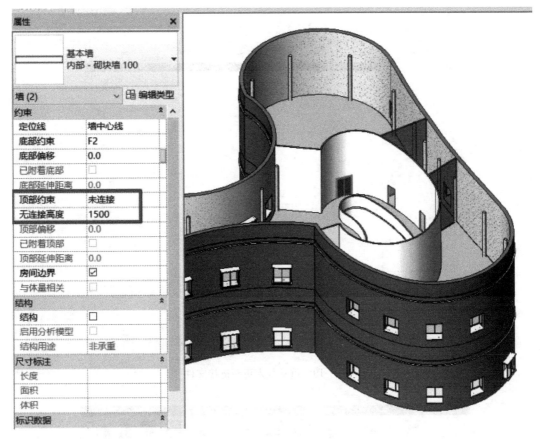

图 14.1-16 修改源文件

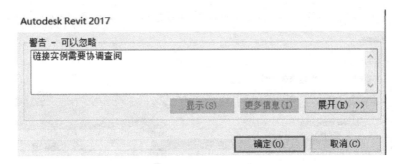

图 14.1-17 协调查阅系统提示

图 14.1-18 "管理链接"命令

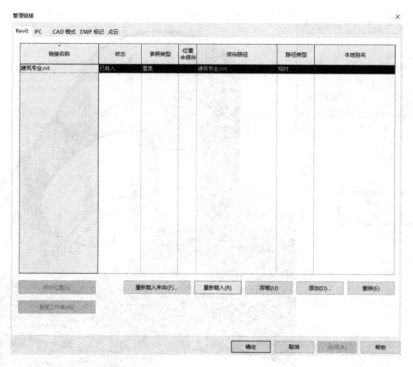

图 14.1-19　重新载入更新链接文件

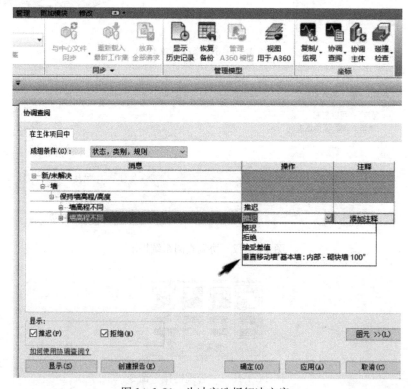

图 14.1-20　为冲突选择解决方案

14.1.3 共享坐标

在我们将某些文件链接到当前文件中后,有时希望能记录这些链接文件与当前文件中图元的相对位置,通过共享坐标功能可以发布并记录这些相对位置,以供下次链接时快速放置到指定位置。打开素材文件夹中的"建筑专业"项目文件,切换到场地平面视图,点击"视图"选项卡"可见性/图形"命令,在对话框中勾选"项目基点",如图 14.1-22 所示。

点击"确定"返回,项目基点显示在视图中,如图 14.1-23 箭头所指,点击"链接 Revit"将素材文件夹中"圆"项目文件链接,点击"管理"选项卡"坐标"下"发布坐标"命令,如图 14.1-24 所示,点击链接文件"圆",弹出"位置、气候和场地"对话框,在其上点击"复制",新建一个名为"圆圈"的定位共享坐标,如图 14.1-25 所示。

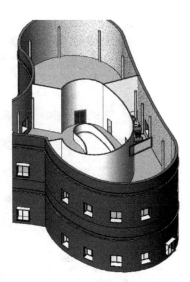

图 14.1-21 解决后效果

重复之前的操作,将素材文件夹中名为"方"的文件链接,通过"发布坐标"为其创建一个名为"方"的定位共享坐标,设置完成后当把鼠标靠近链接文件其高亮显示时,会

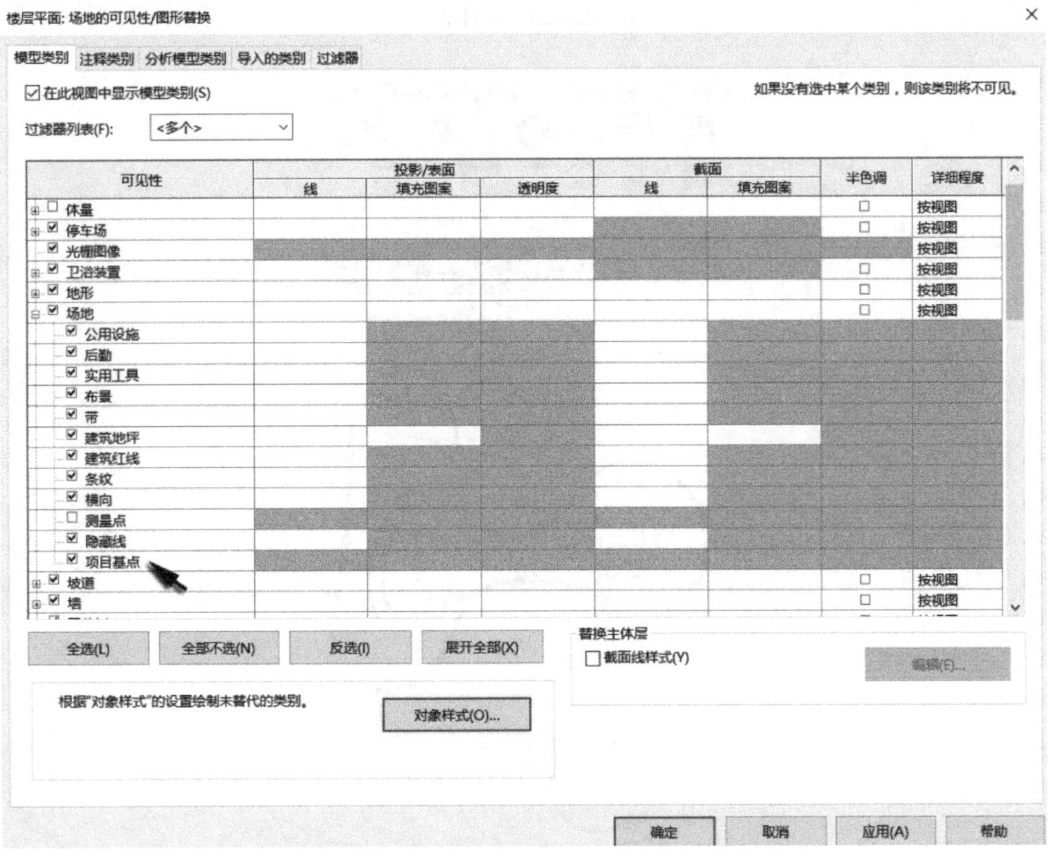

图 14.1-22 场地平面视图的可见性/图形对话框

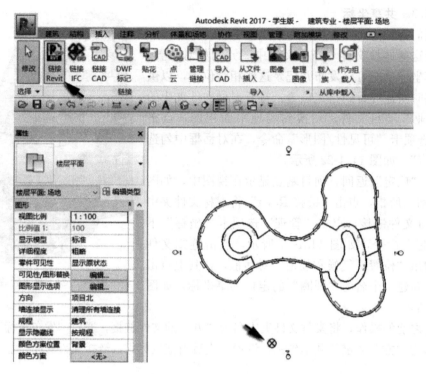

图 14.1-23 项目基点

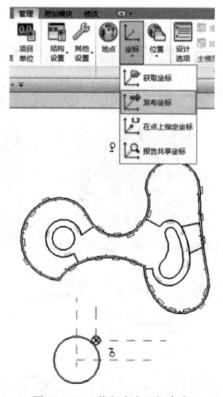

图 14.1-24 执行发布坐标命令

出现说明文字，其中有关于位置的共享坐标名称，如图 14.1-26 所示。

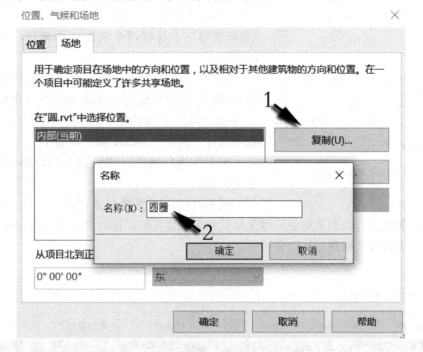

图 14.1-25　命名坐标

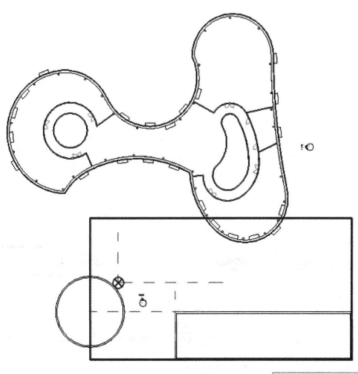

图 14.1-26　为另一链接文件发布坐标

图 14.1-27 保存文件

保存当前文件,在"位置定位已经修改"询问框中选择"保存",如图 14.1-27 所示,之后利用"管理链接"工具将两个链接文件删掉,如图 14.1-28 所示。

利用"链接 Revit"命令重新链接"圆"文件,将对话框中的定位设为"自动-通过共享坐标",如图 14.1-29 所示,在弹出的"位置、气候和场地"对话框中选择"圆圈"共享坐标,如图 14.1-30 所示,点击"确定"返回视图,则链接文件自动添加至坐标指定位置。

很多时候在布置建筑总图时,场地中有一幢中心建筑及附属建筑,我们希望能始终保持其相对位置关系,这时共享坐标命令就变得尤为适用,请读者理解其原理并加以掌握。

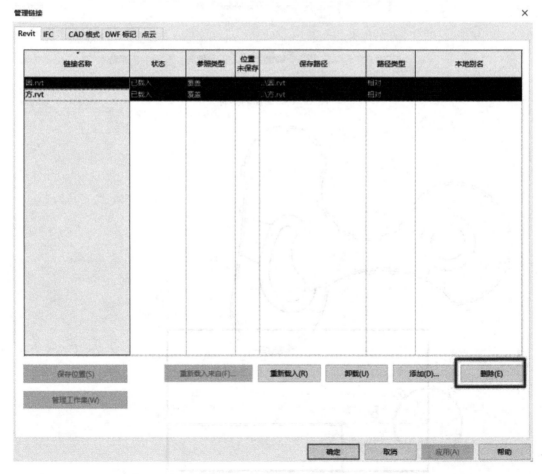

图 14.1-28 删除链接文件

图 14.1-29　导入/连接 RVT 对话框中设置定位方式

图 14.1-30　选择之前发布的坐标

14.2　工　作　集

工作集方式的协同设计是基于网络的（局域网或互联网），不同于链接其他专业文件的方式，工作集中不同专业都以放置在网络服务器的中心模型为工作对象，当然针对不同专业权限是有预设和限制的，每个专业设计本专业的部分，然后同步到中心模型，牵扯到专业冲突的问题，通过发布请求、授权等方式通知其他专业，实现专业配合解决冲突，关系如图14.2-1所示。工作流程上来说，管理的一方如设计总负责人或项目经理须先将工作集设置好，具体工作可能包括将中心模型共享至服务器，设定不同专业读取和修改的权限等。下面我们通过一个实例来学习工作集协同设计的内容，关于网络设置的部分超出了笔者的专业，所以我们仅以一种最常用的方式来处理服务器设置的部分。

在本地磁盘新建一个文件夹，将其命名为"中心文件"，如图14.2-2所示，将其选中点击右键，选择"属性"，在弹出的对话框中点击"共享"，在弹出的下一级对话框中点击"共享"返回，如图14.2-3所示。

图14.2-1　工作集工作原理示意

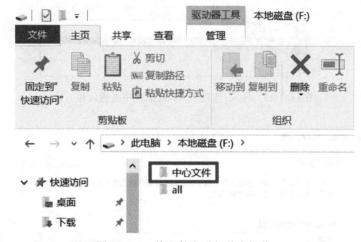

图14.2-2　将文件夹进行共享操作

图14.2-3　共享操作步骤图

点击"确定"按钮弹出"文件共享"对话框，提示文件夹已共享，且有共享路径，如图 14.2-4 所示，点击"完成"按钮退出。

图 14.2-4　完成文件夹共享操作

在计算机"网络"下中找到共享的"中心文件"文件夹，点击右键后选择"映射网络驱动器"，如图 14.2-5 所示，则弹出映射网络驱动器对话框，驱动器默认为"Z:"，点击

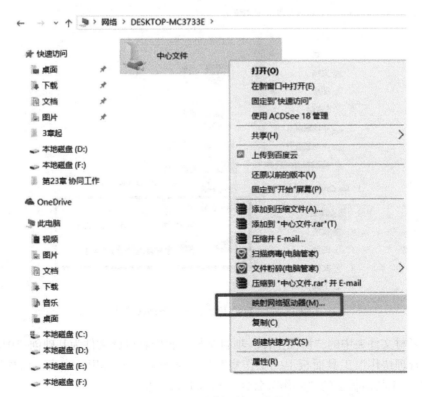

图 14.2-5　映射网络驱动器

"确定",如图 14.2-6 所示,这时浏览到"我的电脑",网络共享服务器已经创建成功并显示,如图 14.2-7 所示。

图 14.2-6　映射网络驱动器对话框

图 14.2-7　网络共享文件路径创建成功

打开素材文件夹中的"协同主体"项目文件,我们将以此文件为基础创建中心模型文件。在"管理协作"工具面板上"工作集"处于灰显状态不可用,点击"协作"选项卡"管理协作"工具面板上的"协作"命令,如图 14.2-8 所示。

系统会弹出保存后继续的提示,如图 14.2-9 所示,系统会出现网络连接的选择框,如图 14.2-10 所示，点击第一个选项，点击"OK"，与网络服务器完成了连接，此时"工作集"命令已经出于正常显示状态变为可用，如图 14.2-11 所示。

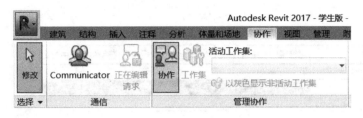

图 14.2-8　管理协作

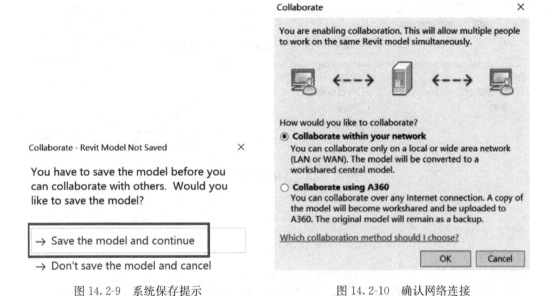

图 14.2-9　系统保存提示　　　　图 14.2-10　确认网络连接

图 14.2-11　工作集激活

点击"工作集"命令，在弹出的对话框中点击"新建"按钮新建一个工作集并将其命名为"Structure"；点击"重命名"按钮将"Workset1"改名为"Architecture"，如图 14.2-12、图 14.2-13 所示。

重复"新建"的命令新建工作集"MEP"，点击"确定"系统弹出"指定活动工作集"问询框，选择"否"，如图 14.2-14、图 14.2-15 所示。

下面将特定图元指定给特定的专业，选中全部图元，利用过滤器只保留"结构柱"部分，在属性面板中将其"工作集"设为"Structure"，如图 14.2-16、图 14.2-17 所示；重复

293

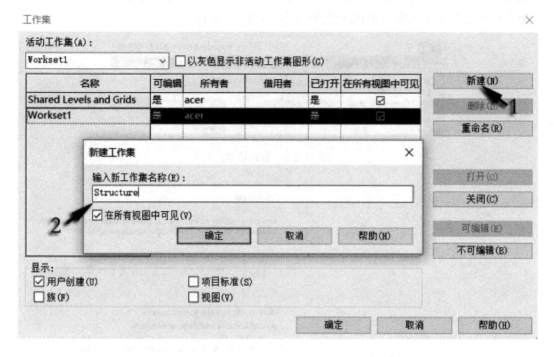

图 14.2-12　新建并命名工作集

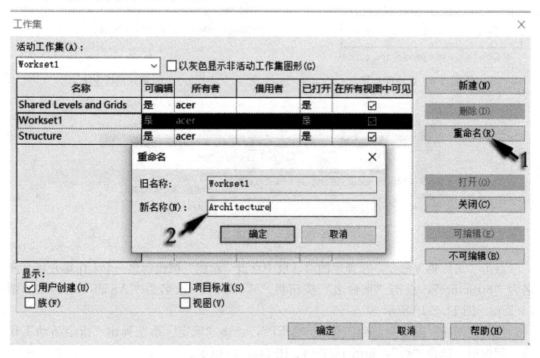

图 14.2-13　重命名当前工作集

294

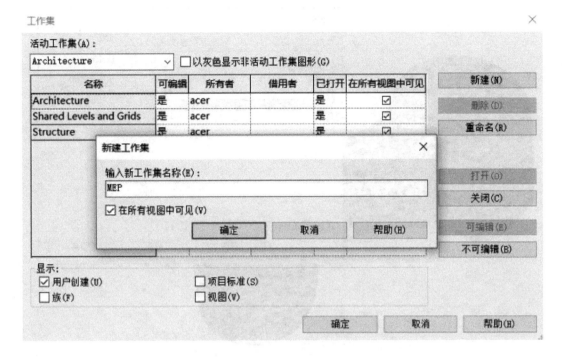

图 14.2-14　新建 MEP 工作集

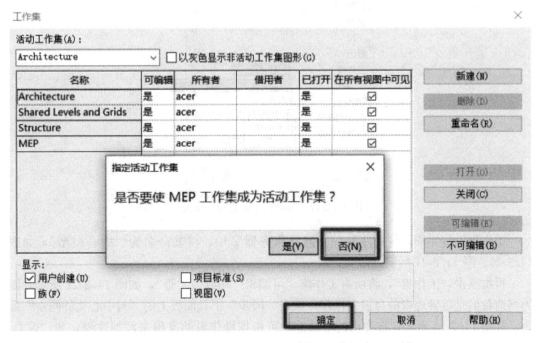

图 14.2-15　系统询问框

此操作将图中的水专业设备选中并指定工作集为"MEP",如图14.2-18、图14.2-19所示。

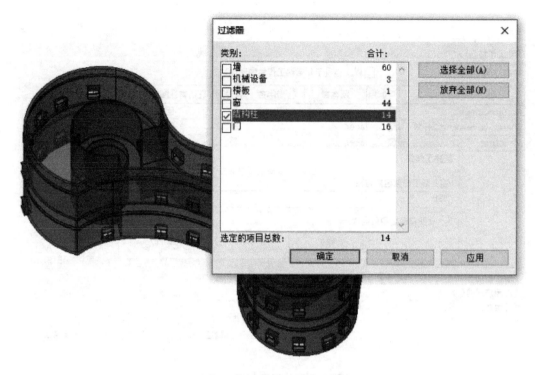

图14.2-16 通过过滤器选择结构部分图元

图14.2-17 为结构工作集指定图元

工作集设置完毕,将文件另存至网络服务器Z中,将其命名为"中心模型",如图14.2-20、图14.2-21所示。

再次点击"工作集",将所有工作集"可编辑"均改为"否",如图14.2-22所示,因为当前我们是以管理者的身份来操作。点击"同步"工具面板上的"与中心文件同步"命令,如图14.2-23所示,在弹出的对话框中可根据操作者的身份来添加注释,如"设总-工作集模型保存;权限分配完成",如图14.2-24所示,以此种方式来备案工作内容和工作进度。切换到网络服务器,中心模型已创建成功,如图14.2-25所示。

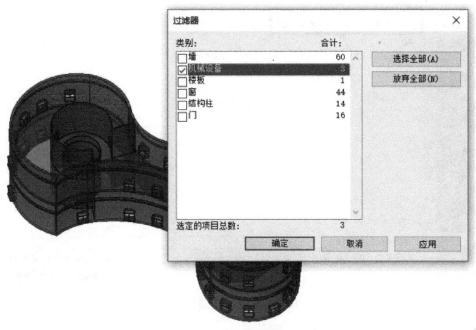

图 14.2-18 通过过滤器选择水专业图元

图 14.2-19 为设备专业工作集指定图元

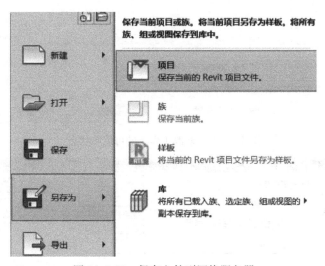

图 14.2-20 保存文件到网络服务器

297

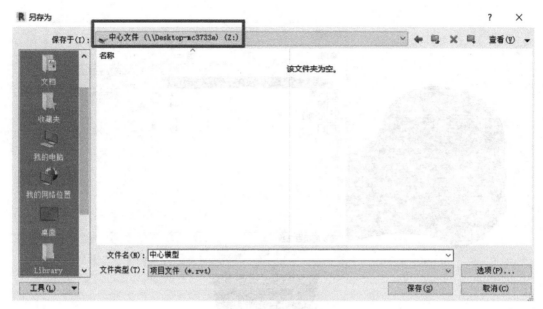

图 14.2-21 文件路径

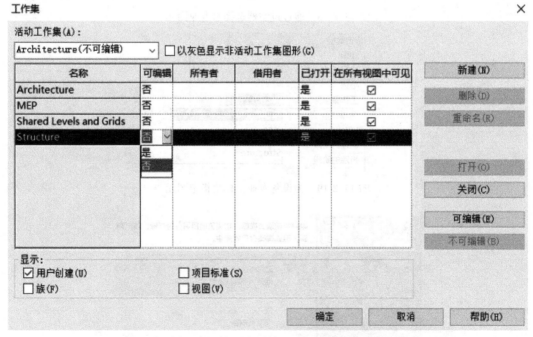

图 14.2-22 修改工作集的可编辑状态

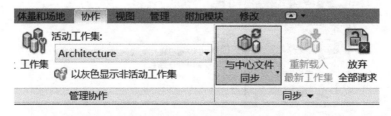

图 14.2-23 同步到中心文件

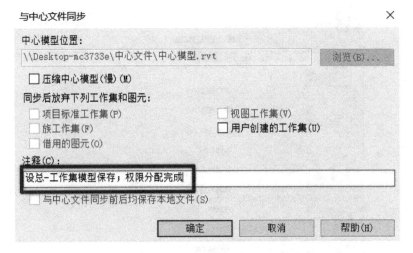

图 14.2-24　模拟项目管理者身份分配权限

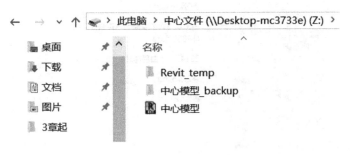

图 14.2-25　查看网络服务器

关闭文件，下面我们转换身份，以 Structrue（结构专业）的身份打开中心模型。点击应用程序菜单，点击"选项"，如图 14.2-26 所示，在弹出的选项对话框中将用户名改为"structure"，如图 14.2-27 所示。

打开中心模型文件，打开时勾选"新建本地文件"不勾选"从中心分离"，如图 14.2-28 所示。

进入文件后先来获得权限，点击"工作集"，在弹出的工作集对话框中，将 Structure 后的"可编辑"改为"是"，如图 14.2-29 所示，点击"确定"系统会询问"是否使 Structure 工作集成为活动工作集"点击"是"，如图 14.2-30 所示。

移动一根结构柱至中庭，如图 14.2-31 所示，修改完成后点击"与中心文件同步"下的"立即同步"，如图 14.2-32 所示，意为将修改传递至中心模型，关闭文件并"保留对图元和工作集的所有权"，如图 14.2-33 所示。这样我们就以结构专业的身份修改了结构柱，而修改的权限是之前管理者在共享中心模型时设定好的。

关闭文件后这次以 Architecture 即建筑专业的身份打开中心模型并获得权限，操作与之前的内容类似，如图 14.2-34、图 14.2-35 所示。

为了确保当前的中心模型是最新版本，点击同步工具面板上的"重新载入最新工作集"，如图 14.2-36 所示，作为建筑专业检阅图纸时发现中庭内有不该出现的结构柱，但

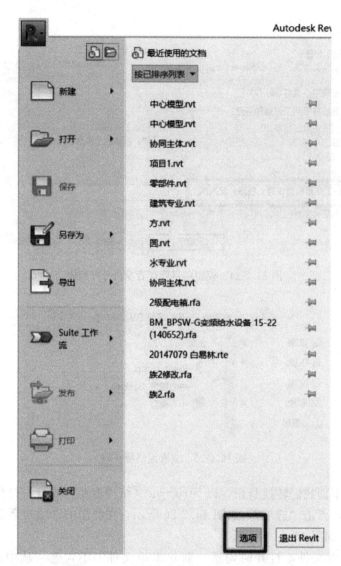

图 14.2-26 应用程序菜单下"选项"命令

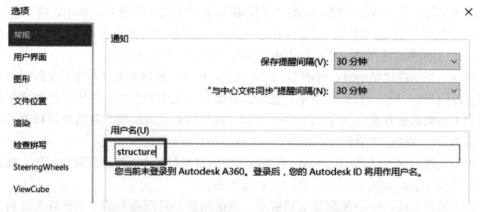

图 14.2-27 修改用户名以结构专业身份登录

图 14.2-28　打开中心模型文件

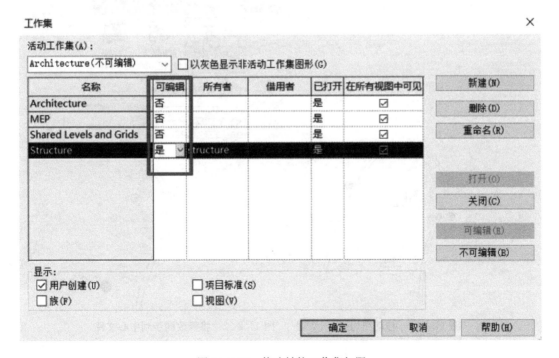

图 14.2-29　修改结构工作集权限

因为权限的原因不能将其移动。

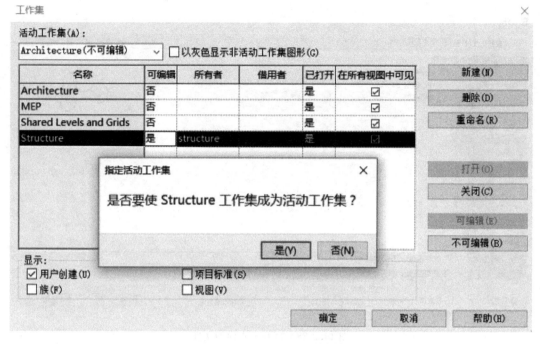

图 14.2-30　将结构工作集激活为活动工作集

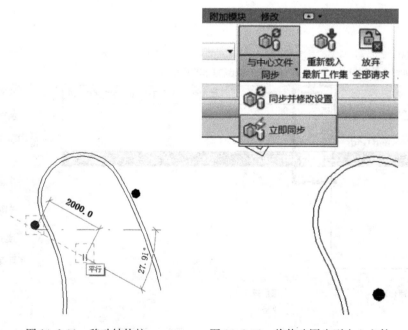

图 14.2-31　移动结构柱　　图 14.2-32　将修改同步到中心文件

点击结构柱旁的图标，如图 14.2-37 所示，系统弹出无法编辑图元的提示，如图 14.2-38 所示，那么需要向结构专业报告这一冲突，点击"放置请求"按钮，系统弹出编

图 14.2-33 系统提示

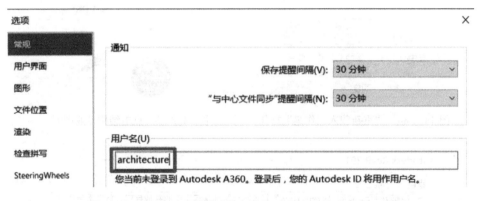

图 14.2-34 以建筑专业用户名登录中心模型文件

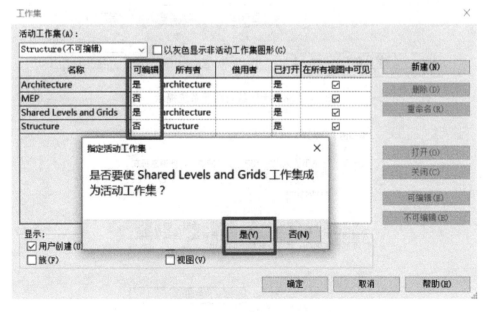

图 14.2-35 修改权限及设为活动工作集

辑请求已放置的提示，将其关闭，如图 14.2-39 所示。关闭文件，再以结构专业的身份登录，在平面下方视图控制栏有"编辑请求"的图标，点击弹出"编辑请求"对话框，如图 14.2-40 所示，查看请求并根据专业判断给出处置方案，处置方案的选项在对话框的下方，如图 14.2-41 所示，如果选择"授权"，则建筑专业就获权编辑认为不合理的柱子，但获得的权限仅限于请求中的，这样就完成了各个专业之间的配合，且这个配合是完全通过网络基于一个中心模型完成的，是动态快捷的，并且很少会发生专业间的误操作，以上实例可以帮助我们理解工作集方式的操作流程及配合方式。

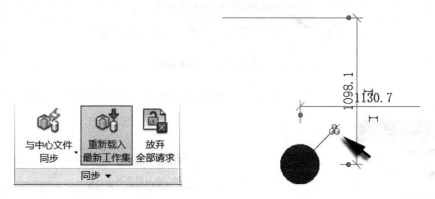

图 14.2-36　"重新载入工作集"操作　　　图 14.2-37　点击结构专业图元

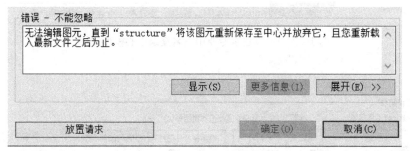

图 14.2-38　无法编辑图元系统提示

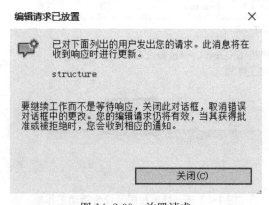

图 14.2-39　放置请求

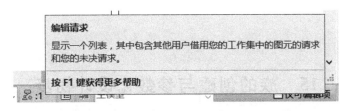

图 14.2-40　查看编辑请求

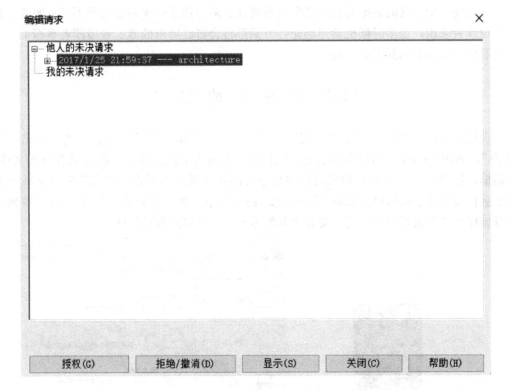

图 14.2-41　处理编辑请求

15 族的创建与参数化设计初步

1.5 节中讲到了族的概念，本章学习自定义创建族，学习这部分内容有很大的现实意义——首先一个丰富的族库对提高建模的准确性、多样性及效率的意义是不言自明的；其次对设计者来说，很多时候也希望创建各方面都符合自己要求的族。希望读者掌握了本章的内容后，能体会到其中的乐趣。

15.1 注释族的创建

在通用界面"族"下点击"新建"，如图 15.1-1 所示，或者在项目环境下点击"新建-族"，如图 15.1-2 都可以开始创建族的操作，点击后系统会弹出"新族-选择样板文件"对话框，如图 15.1-4 所示；如果没有弹出中文的族样板文件列表，则读者需要下载中文版的族样板文件手动拷贝至如图 15.1-3 所示的目录下。关于注释族，从图 15.1-4 罗列的注释族样板文件就可看出，其主要分为各类标记族、注释族和符号族。

 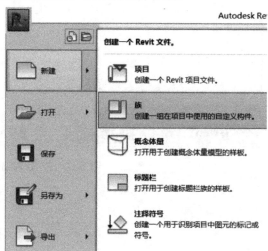

图 15.1-1　欢迎界面下新建族操作　　图 15.1-2　应用程序菜单下新建族操作

图 15.1-3　族样板文件文件夹路径

图 15.1-4 选择族样板文件对话框

15.1.1 门窗标记族的创建

以"公制门标记"为族样板文件新建一个族,进入族编辑环境,视图中两个参照平面的交点可理解为添加门标记时的定位点,如图 15.1-5 所示;点击"文字"工具面板上的"标签"命令,如图 15.1-6 所示,在添加标签之前可以先对使用 的标签类型做修改,点击属性面板上的"编辑类型"按钮,弹出类型属性对话框,复制出一个新类型将其命名,然后将"文字大小"改为 3.5mm,如图 15.1-7 所示;在"格式"工具面板上还可设置标签的对齐方式,如图 15.1-8 所示,设置完成后在视图中靠近原点的位置点击。

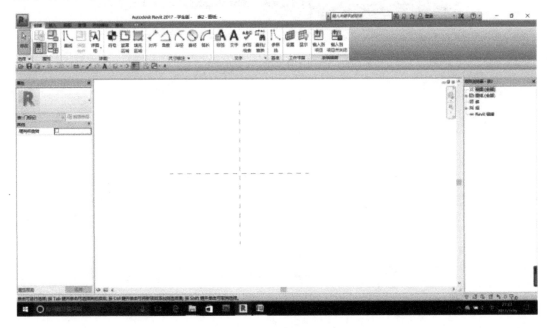

图 15.1-5 族编辑环境界面

307

图 15.1-6 使用"标签"工具添加文字

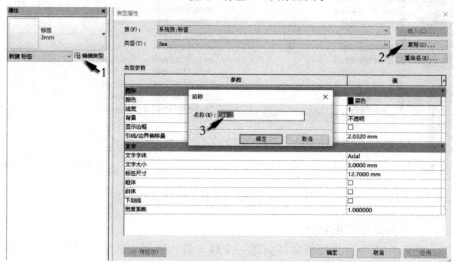

图 15.1-7 编辑文字类型属性步骤图

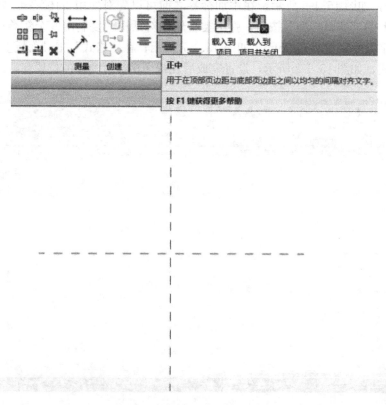

图 15.1-8 设置文字对齐方式

点击后弹出"编辑标签"对话框,先选择字段"类型标记",点击"将参数添加到标签"按钮,添加后将"类型标记"的"样例值"处输入一个门编号格式,如"M1021",如图 15.1-9 所示,注意"样例值"输入的编号格式是为了给标签提供一个样本,完成后点击"确定"。回到视图中,调整标签与原点的相对位置关系,如图 15.1-10 所示。新建一个项目文件来检验门标记效果,点击"新建-项目",如图 15.1-11 所示,选择素材文件夹的"中国样板 2"为项目样板文件,如图 15.1-12 所示。

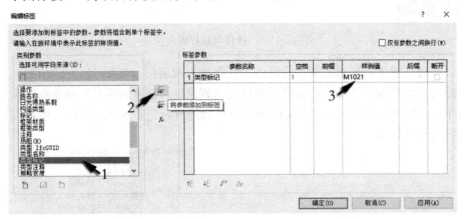

图 15.1-9　编辑标签对话框

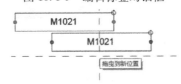

图 15.1-10　输入门编号样例值

图 15.1-11　新建项目文件操作

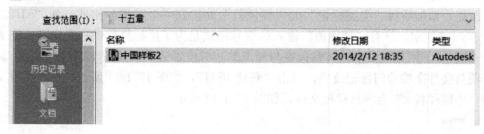

图 15.1-12 选择项目样板文件

进入项目环境下，任意绘制一段墙体，任意插入两扇门，如图 15.1-13 所示；按 Ctrl+Tab 键切换回族编辑环境，将编辑好的门编辑族通过"载入到项目"命令载入新建的项目文件中，如图 15.1-14 所示；点击门则系统自动进行标记，如图 15.1-15 所示，证明创建的门标记族已经生效。

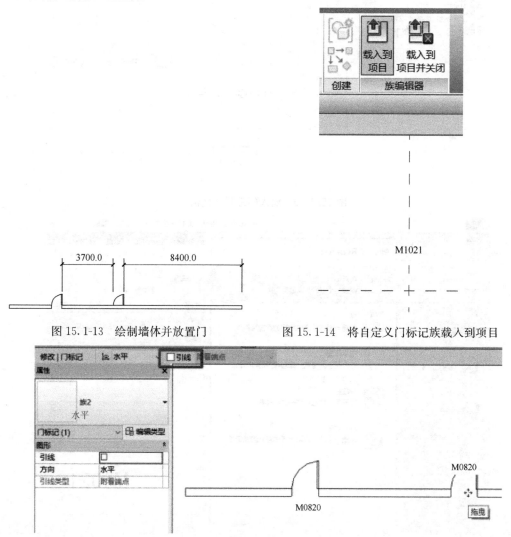

图 15.1-13 绘制墙体并放置门　　　图 15.1-14 将自定义门标记族载入到项目

图 15.1-15 使用载入的门标记族标记门

窗标记的创建与门标记类似，在墙体上任意插入两扇窗，如图15.1-16所示，点击"新建-族"，在族样板文件列表中选择"公制窗标记"，如图15.1-17所示，点击打开进入族编辑环境，操作与创建门标记族类似，区别在于样例值项目需输入窗的编号类型，如"C0912"，如图15.1-18所示；完成后点击"载入到"项目，因为当前打开的文件有两个，系统会询问载入哪一个文件，选择"项目2"，如图15.1-19所示，进入项目环境，点击窗系统自动对其进行了标记，如图15.1-20所示，证明窗标记族创建成功。

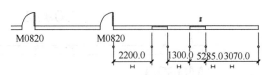

图 15.1-16　绘制墙体并放置窗

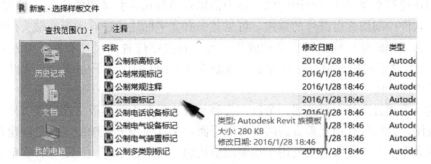

图 15.1-17　选择族样板文件

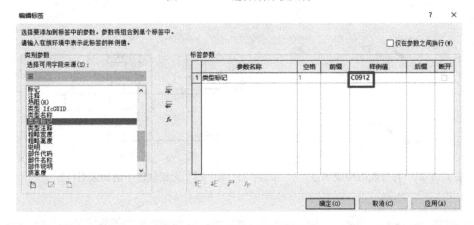

图 15.1-18　输入窗标记样例值

图 15.1-19　将自定义窗标记族载入到项目

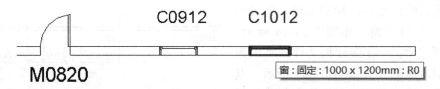

图 15.1-20　使用自定义族标记窗

15.1.2　符号族的创建

【剖切索引符号族的创建】不同于上一节中讲到的标记族，符号族除了文字还有图形的部分，如图 15.1-21 所示。此节我们结合索引符号来学习如何创建符号族，剖切索引符号通常用在建筑平面图或立面图中以一端为剖切号的形式索引详图的位置，图 15.1-22 所示是天正软件中剖切索引符号的样式，可见其上有文字标注，还有圆形、端头剖切号等图形元素，为了保证符号族呈现出来的效果，要对其关键位置的尺寸有所了解及控制，图 15.1-23 所示对于剖切索引符号尺寸的标注是在 1∶100 的比例下完成的，所以其绝对尺寸应为图中尺寸的 1/100。

新建一个项目文件，再新建一个以"公制常规注释"为族样板文件的族文件，进入后观察其视图，绘图区有相互垂直的两个参照平面，工具面板上框选的工具是创建符号族最为常用的命令：如"直线"工具用于绘制图形轮廓，"填充区域"工具用来填充某些指定的范围或图形，"尺寸标注"用来标识尺寸，"标签"工具则用来创建文字，如图 15.1-23 所示。

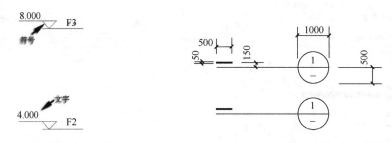

图 15.1-21　符号族的构成示意　　　图 15.1-22　天正软件中剖切索引符号

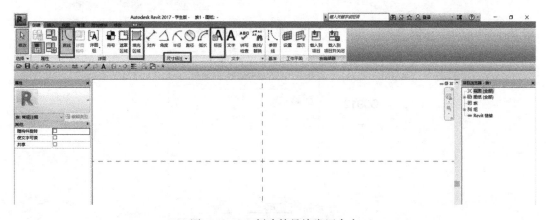

图 15.1-23　创建符号族常用命令

先来创建圆形端头的部分，点击"直线"工具进入"修改 | 放置线"模式，点选绘制工具面板上的"圆形"工具，如图 15.1-24 所示，以图中参照平面的交点为圆心画一个圆，再绘制一条水平中线，如图 15.1-25 所示；完成后点击"文字"面板上的"标签"工具在中线上下两侧分别创建文字。

点击标签命令后弹出"编辑标签"对话框中发现无可用的字段，点击"添加参数"，如图 15.1-26 所示箭头 1 所指位置，弹出"参数属性"对话框，点选"实例"将其设为类型参数，名称处输入"大样图编号"点击"确定"返回，现在就可将大样图字段添加并在"样例值"处输入"01"，如图 15.1-27 所示。

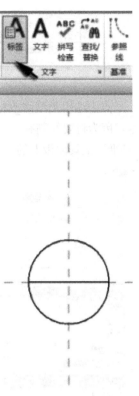

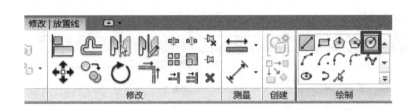

图 15.1-24　点选圆形绘制工具

图 15.1-25　绘制索引符号的圆形端头

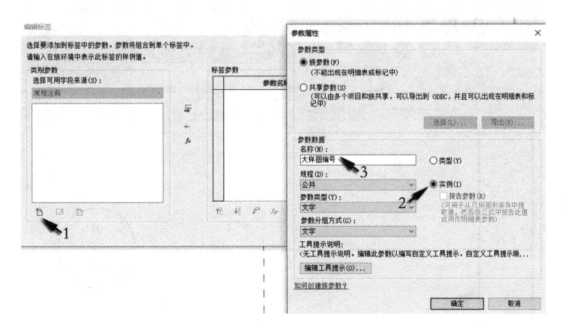

图 15.1-26　添加类型参数操作步骤图

标签参数					
	参数名称	空格	前缀	样例值	后缀	断开
1	大样图编号		1	01		☐

图 15.1-27　设置标签参数

点击编辑类型修改标签文字的大小为 4mm，如图 15.1-28 所示。下面创建剖切端的符号，因为将要绘制有一定宽度的剖切号，尺寸上要有所控制，所以先来绘制参照线，点击"基准"工具面板上的"参照线"命令在图中绘制帮助定位的参照线，如图 15.1-29 所示。

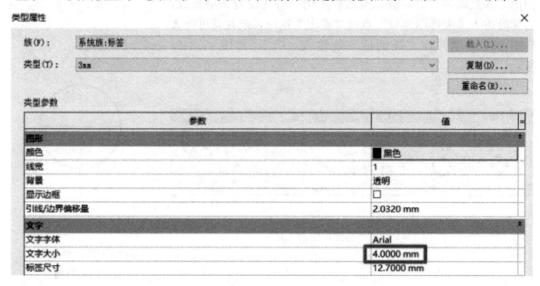

图 15.1-28　编辑文字大小

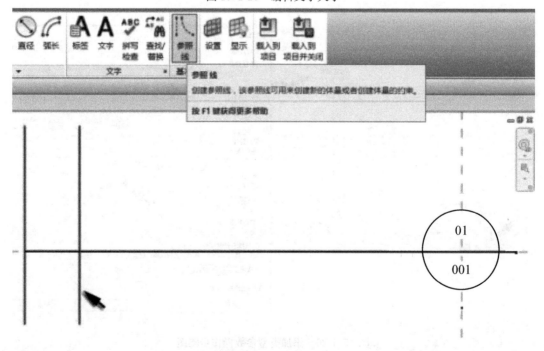

图 15.1-29　绘制参照线

点击"详图"工具面板上的"填充区域"命令，如图 15.1-30 所示，在参照线的帮助下绘制剖切号，如图 15.1-31 所示，绘制完成后在原点参照线与垂直参照线间标注尺寸，如图 15.1-32 所示。

选中尺寸标注，点击"属性"工具面板上的"族类型"按钮，如图 15.1-33 所示，弹出"族类型"对话框，点击"添加参数"按钮，将标注尺寸命名为"引线长度"并勾选"实例"将其指定为实例参数，如图 15.1-34 所示。

图 15.1-30　填充区域命令

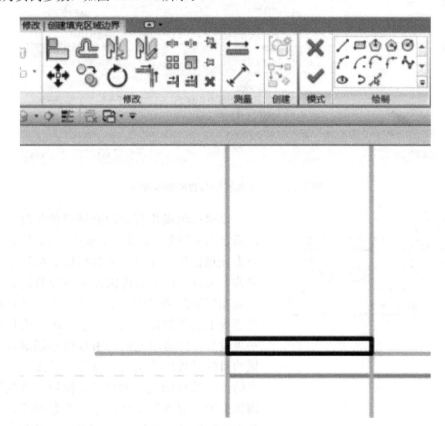

图 15.1-31　绘制剖切符号

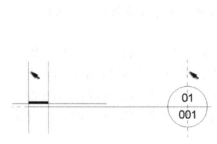

图 15.1-32　标注参照线距离

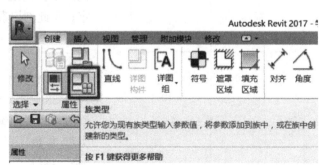

图 15.1-33　为标注尺寸添加参数

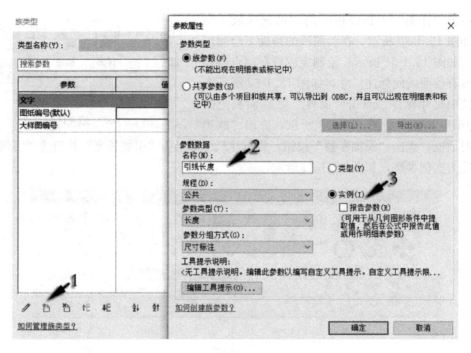

图 15.1-34 添加实例参数操作步骤图

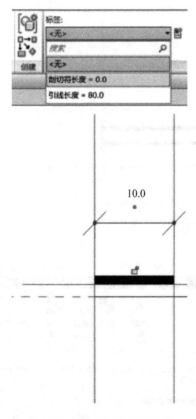

图 15.1-35 标注剖切符长度

以同样的操作标注填充图形的长度，并也将其指定为实例参数，完成后如图 15.1-35 所示，但点击任意标注尺寸时，工具面板上会显示参数的名称，为以上两个长度添加实例参数的目的是确保其在实际的项目中，引线尺寸是可通过修改属性面板上的数值而改变的；接下来要进行另外的一项设置，即将填充区与引线的端部绑定，这么做的目的是确保当引线长度发生长短变化时，填充的剖切符也随之一起移动，使用"修改"工具面板上的"对齐"工具，先点击参照线，再捕捉到引线的端点，如图 15.1-36 所示，捕捉点击之后视图中会出现一个锁定的图标，点击即将两者绑定；至此剖切索引符号族创建完成，点击"载入到项目"将其载入项目文件检验效果，如图15.1-37 所示。

在项目文件中点击"符号"工具，如图 15.1-38所示，在视图中放置剖切索引符号，点击修改"大样图编号"，这时系统会弹出"正在改变类型参数"的提示，如图 15.1-39 所示，点击"是"继续。

【类型参数与实例参数】当点击符号再次放置

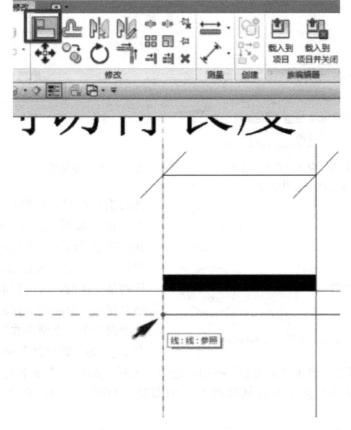

图 15.1-36　添加实例参数

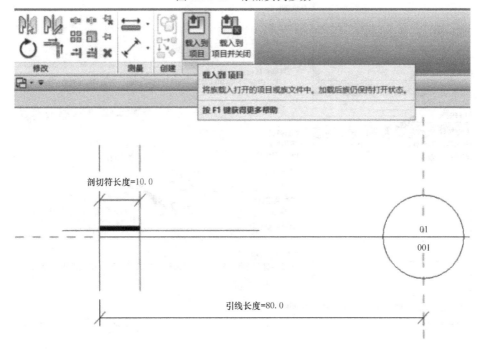

图 15.1-37　载入到项目

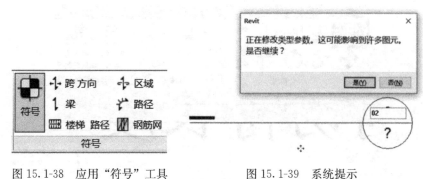

图 15.1-38 应用"符号"工具放置剖切索引符号　　图 15.1-39 系统提示

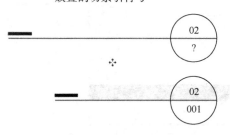

图 15.1-40 文字编号不可编辑

剖切索引符时，发现其"大样图编号"也为 02，如图 15.1-40 所示，这是因为我们刚刚修改了其类型属性，而在实习项目中，索引的大样图编号是顺序的，排列是变化的，所以当前的索引符号不适合使用，原因在于我们在创建族时将此项设为了"类型参数"而不是"实例参数"，为了解决这个问题按 Ctrl＋Tab 键返回族编辑环境，点击"族类型"按钮，选中"大样图编号"点击下发的"编辑参数"按钮，在参数属性对话框中将其修改为实例参数，如图 15.1-41 所示，点击"确定"返回。

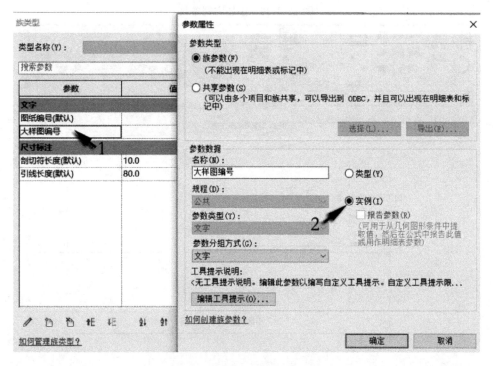

图 15.1-41 返回族文件修改为实例参数

重新载入到项目中，系统会弹出"族已存在"问询框，如图 15.1-42 所示，选择"覆盖现有版本"进入项目文件，再次放置符号，并点击符号中"大样图编号"的位置修改其为 08，如图 15.1-43 所示。

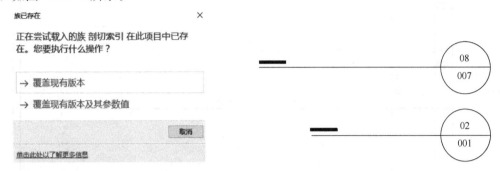

图 15.1-42　重新载入到项目文件并覆盖之前版本　　　图 15.1-43　修改编号

点击修改属性面板上的"引线长度"修改其数值，会发现剖切索引符号的长度是可以修改的，证明创建成功，如图 15.1-44 所示。

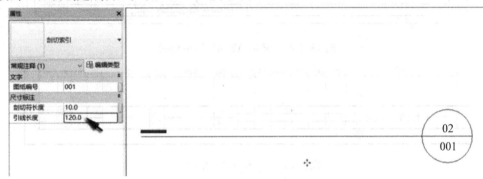

图 15.1-44　修改属性面板上引线数值

通过此实例可以帮助我们理解实例参数和类型参数的概念，在第一章中我们学习了图元的类型属性和图元属性的概念，类型参数与实例参数是与此同理的，类型参数创建后会显示在其类型属性中，实例参数则会显示在图元的属性面板上，请读者注意区分二者的特性并能正确使用。以上我们学习了符号族的创建办法与如何通过添加参数来控制其在项目文件中的效果。

15.1.3　标题栏族的创建

【创建图框】标题栏族主要用于创建图框，图 15.1-45 是使用天正软件插入图框命令创建的 A2 画幅 1∶100 的图框，图框最外的矩形是图纸打印范围线，内部右下角是图签，左上角是各专业的会签栏，我们将使用 Revit 创建这个图框，笔者将图框内各个部分标注了尺寸，便于我们创建时控制各图元的尺寸。图 15.1-46 是图签部分的放大显示，对于图纸来说，图签上的内容有部分是常量，有部分是变量，如每张图纸都有的信息标题如"工程名称"、"项目名称"、"审定"、"审核"、"校对"等是常量，而接在常量后面的基本都是变量，每个项目的具体的工程名称，项目名称等肯定是变化的，在用 Revit 创建图框这些参数时要注意区分。

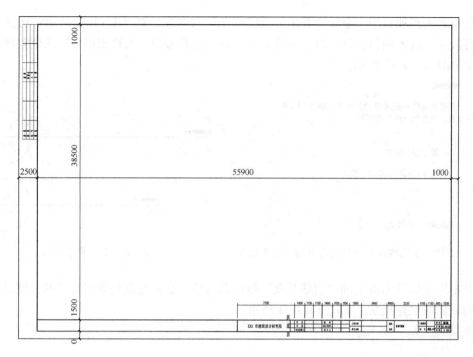

图 15.1-45　常用 A2 画幅图框样式

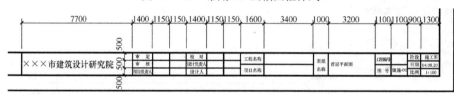

图 15.1-46　图签单元格尺寸

点击应用程序菜单下"新建"按钮，在下一级菜单中选择"标题栏"，如图 15.1-47 所示，系统会弹出样板文件对话框，选择"A2 公制"，如图 15.1-48 所示，进入族环境。

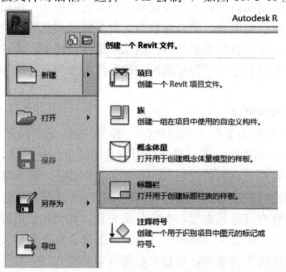

图 15.1-47　新建标题栏命令位置

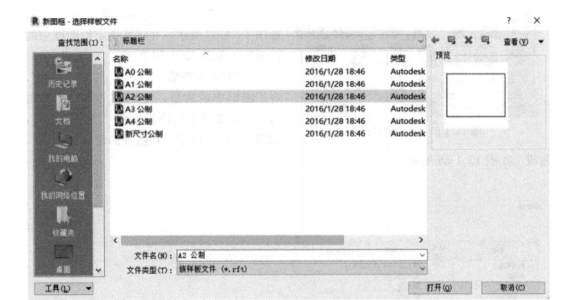

图 15.1-48 选择样板文件

开始绘制图框中的线,点击"创建"选项卡"详图"工具面板的"直线"工具,进入"修改丨放置线"模式,参考本节第一、第二张图中的尺寸标注绘制线,如图 15.1-49 所示,绘制完成后,修改不同线的线宽,将图签中的部分线在"子类别"下拉列表中改为中粗线,如图 15.1-50 所示。

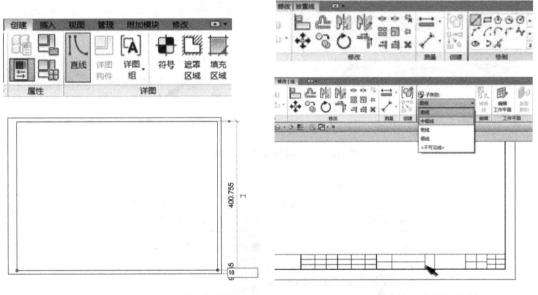

图 15.1-49 使用"直线"工具划分图签　　　图 15.1-50 修改线的子类别

如果子类别中的线宽不能满足使用,点击"管理"选项卡"设置"工具面板上的"对象样式"命令,如图 15.1-51 所示,在对话框中点选"图框",点击"新建"按钮,在"新建子类别"中新建"图框粗线"类别,如图 15.1-52 所示,点击"确定"返回,将新

图 15.1-51 "对象样式"

建的"图框粗线"子类别的线宽值改为 8，如图 15.1-53 所示，并将其指定给图框中的内矩形，如图 15.1-54 所示。

下面为图签添加文字，如前文所说，对于图框中的常量，使用"文字"工具填写，点击文字工具面板上的"文字"工具，如图 15.1-55 所示，将图签的常量标题填写完成，如图 15.1-56 所示。

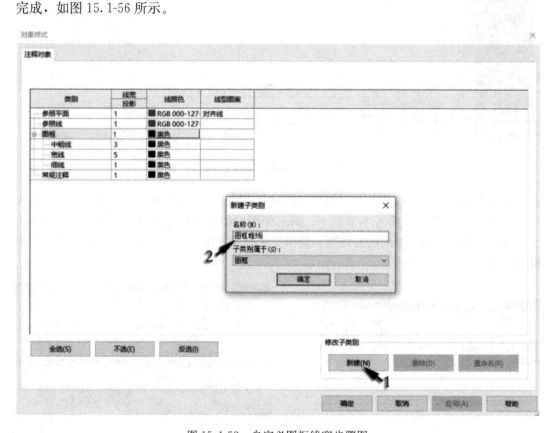

图 15.1-52 自定义图框线宽步骤图

图 15.1-53 为新建线型指定线宽

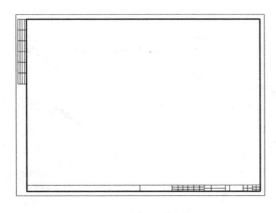

图 15.1-54 线宽修改后效果

图 15.1-55 "文字"工具位置

图 15.1-56 使用"文字"工具填写图签上常量标题

常量填写完毕后，下面用"标签"工具为常量标题后面添加变量的文字，再次强调"文字"和"标签"工具的区别是使用"文字"工具填写的信息在项目文件中不能被修改，使用"标签"工具填写的则是变量，可以修改，使用"标签"工具在每个常量标题后面依次点击，在弹出的"编辑标签"对话框中添加字段，输入样例值，如图 15.1-57 所示。

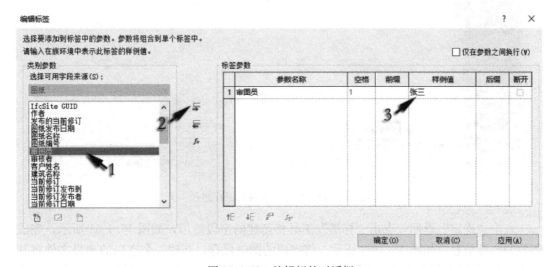

图 15.1-57 编辑标签对话框

【共享参数】输入的过程中会发现，对于某些图签中的某些常量标题在族样板文件没有对应的字段，也就无法直接添加，这时需要我们来新建共享参数。点击"编辑标签"对话框中左下角的"新建参数"按钮，如图 15.1-58 箭头 1 所示，在弹出的参数属性对话框

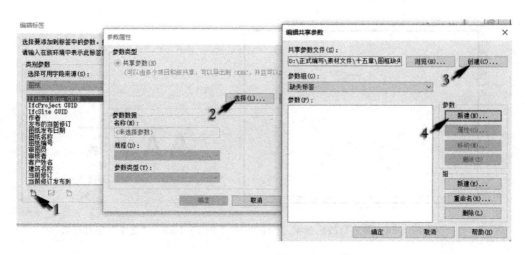

图 15.1-58 新建共享参数及设置步骤图

中点击"选择",如箭头 2 所示,在弹出的"编辑共享参数"对话框中点击"创建"按钮,如箭头 3 所示,然后指定一个目录用以保存新创建的共享参数信息,如图 15.1-59 所示;继续点击"编辑共享参数"对话框中的"新建"按钮新建共享参数,如箭头 4 所示,弹出"参数属性"对话框,在其上设置名称及参数类型,如图 15.1-60 所示。

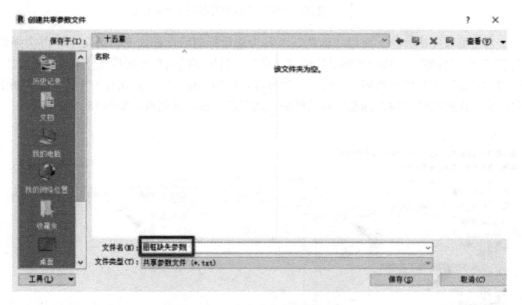

图 15.1-59 指定共享参数保存路径

点击"确定"返回,点击"标签"工具将新建的字段使用,如图 15.1-61 所示,完成图签的全部信息,如图 15.1-62 所示。将完成的图框保存,新建一个空白的项目文件将其载入,并创建图纸使用载入的图框,如图 15.1-63 所示,点击"项目参数"命令,点击"项目参数"对话框中的"添加"按钮,如图 15.1-64 所示,弹出"参数属性"对话框,点选"共享参数",又点击"选择",将共享参数列表中的共享参数一一添加至项目信息,如图 15.1-65 所示,将添加进来的共享参数类别设为"项目信息",如图 15.1-66 所示。

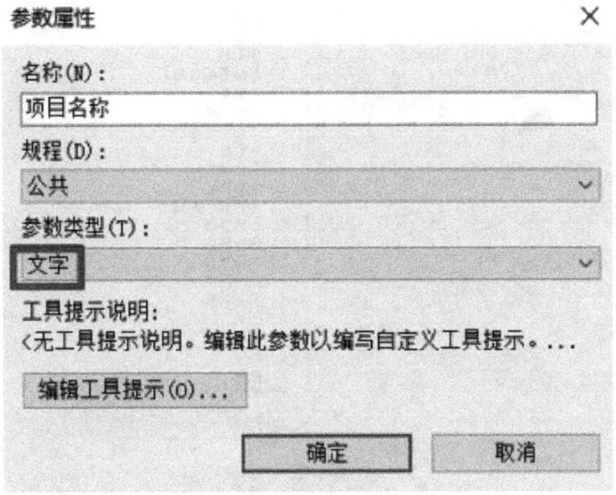

图 15.1-60　参数属性对话框 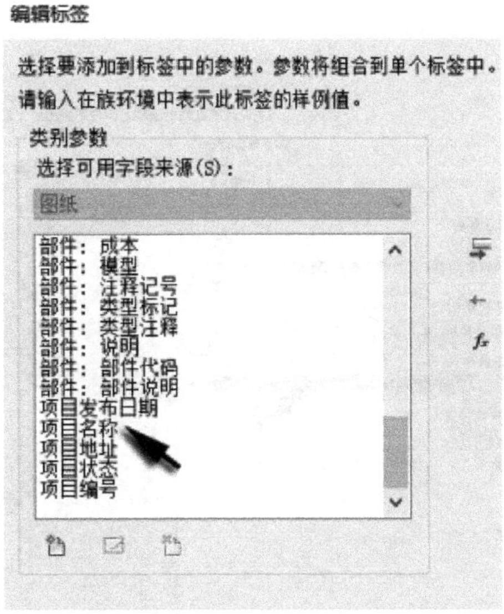　　　　　图 15.1-61　新字段创建成功

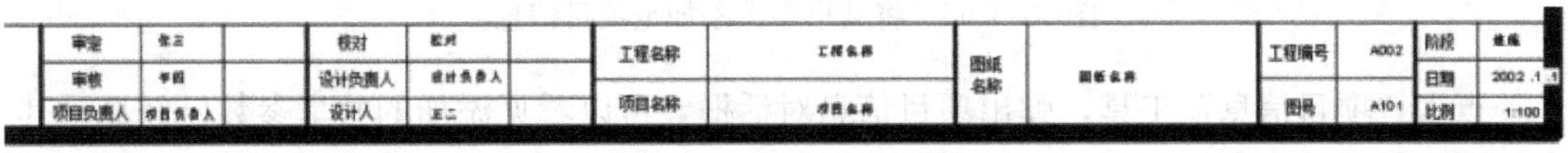

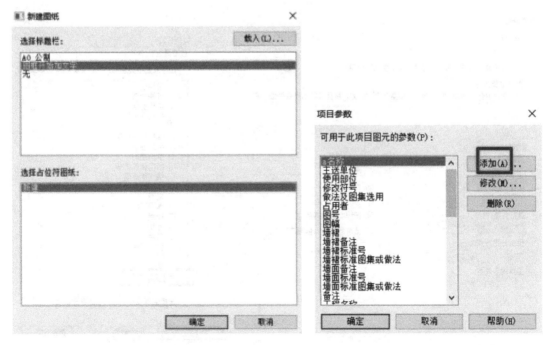

图 15.1-62　完成图签信息

图 15.1-63　使用自定义图框创建图纸　　　图 15.1-64　点击项目参数
对话框上"添加"按钮

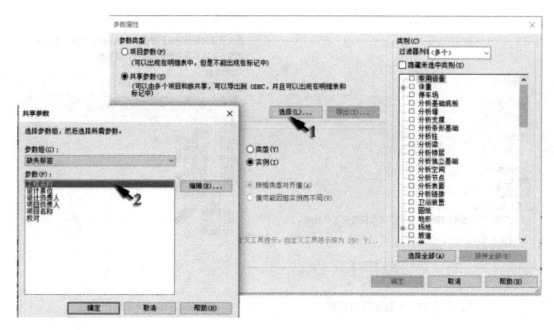

图 15.1-65　将共享参数添加至项目信息

点击"项目信息"工具，弹出项目信息对话框，可以看见添加的共享参数已经显示其中，填写后面的信息，如图 15.1-67 所示，完成后点击"确定"，图框中的信息也随之改变，如图 15.1-68 所示。

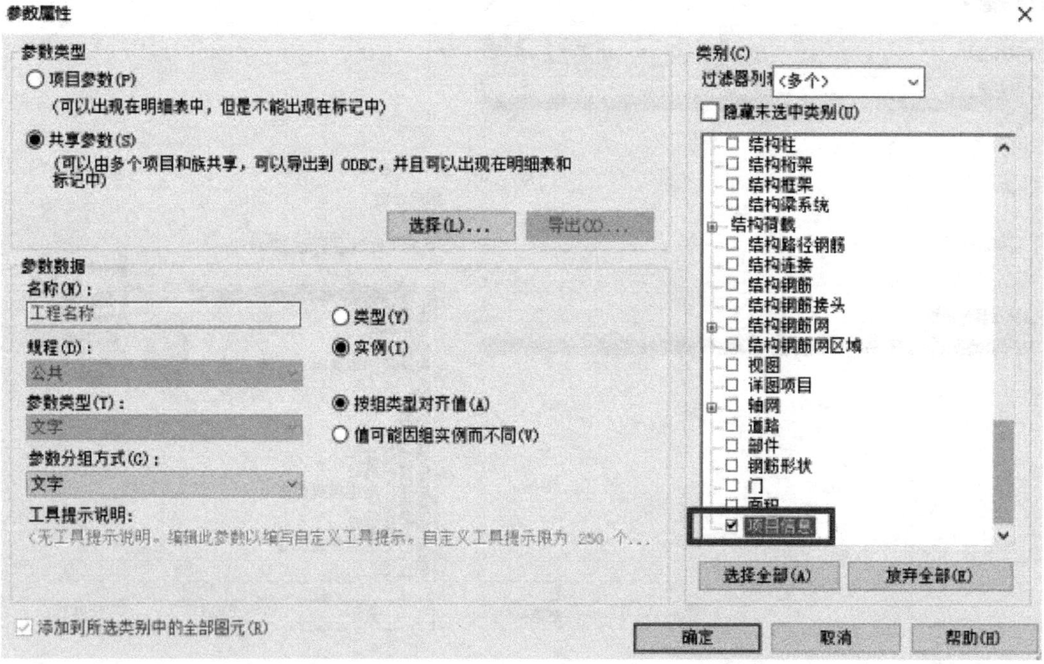

图 15.1-66　为添加后的共享参数指定类别

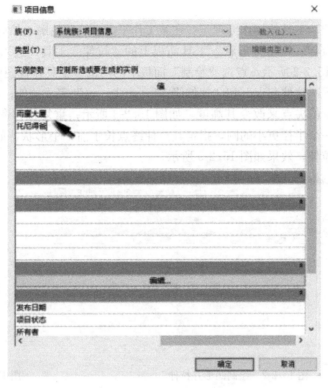

图 15.1-67　项目信息对话框

校对		工程名称	雨童大厦
设计负责人	托尼得爸	项目名称	项目名称
设计人	设计者		

图 15.1-68　图框中的项目信息同步改变

15.2　模型族的创建

除了二维的注释族，Revit 还可以创建三维的模型族。对注释族来说，复杂的形式也不外乎符号和标签文字外加一些参数上的控制，对于三维的模型族，形状上的变化就要复杂得多。Revit 创建形状的工具主要有"拉伸"、"融合"、"旋转"、"放样"、"放样融合"，如图 15.2-1 所示；形状上的创建完成后，族参数上的介入也会对最终产生的模型族效果产生很大的影响。

15.2.1　模型族形状的创建

本节学习模型族形状的创建方式，新建一个以"公制常规模型"为族样板文件

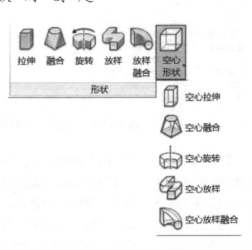

图 15.2-1　"形状"工具面板

的族。

【拉伸】"拉伸"工具的操作原理是：在某工作平面上绘制轮廓，然后指定拉伸距离系统即可自动完成拉伸。点击"形状"工具面板上的"拉伸"工具，进入"修改｜创建拉伸"模式，如图15.2-2所示，点选"绘制"面板上的"圆"工具在视图中绘制一个圆形，在属性面板中设置"拉伸起点"和"拉伸终点"，点击"√"完成拉伸；切换到立面视图，可以通过拖曳形状的夹点来改变其高度，如图15.2-3所示；重复拉伸命令，在之前绘制的形状中间绘制一个半径更小的圆，指定其拉伸终点长于前一个形状，如图15.2-4所示，点击"√"完成拉伸，效果如图15.2-5所示。

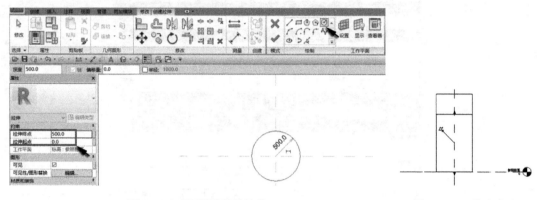

图15.2-2 绘制圆形并拉伸　　　　　　　　图15.2-3 拖曳夹点修改高度

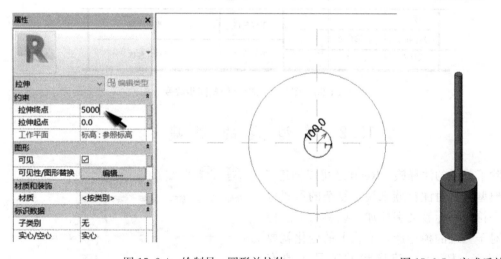

图15.2-4 绘制另一圆形并拉伸　　　　　　图15.2-5 完成后效果

【融合】"融合"工具的操作原理是：分别在两个工作平面上绘制两个轮廓，指定两个轮廓间的垂直距离后系统即可自动完成融合。点击"形状"工具面板上的"融合"工具，系统会默认先进入"修改｜创建融合底部边界"模式，如图15.2-6所示，先绘制一个矩形作为底部轮廓，在属性面板上指定距离为5000，然后点击"模式"面板上的"编辑顶部"命令，则进入"修改｜创建融合顶部边界"模式，绘制一个小一点的矩形，如图15.2-7所示，并将其旋转一定的角度，完成点击"√"完成融合，效果如图15.2-8所示。

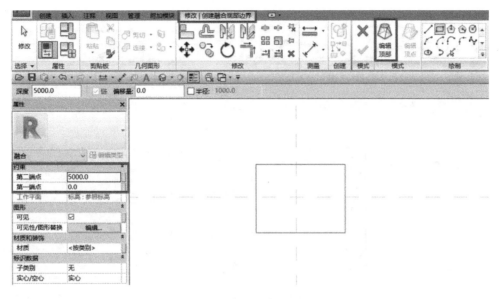

图 15.2-6 创建融合命令的底部轮廓

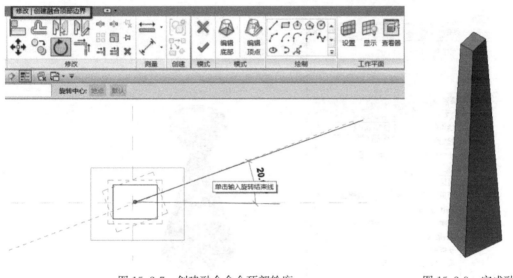

图 15.2-7 创建融合命令顶部轮廓　　图 15.2-8 完成融合操作后效果

【旋转】"旋转"工具的操作原理是：绘制边界轮廓线及基准轴，在属性面板中指定旋转的角度即可。点击"旋转"进入"修改｜创建旋转"模式，系统会默认先绘制边界线轮廓，如图 15.2-9 所示，当然也可点击"轴线"先绘制轴线，使用"线"工具任意绘制一个形状如图 15.2-9 所示的轮廓，完成后点击"轴线"，如图 15.2-10 所示，轴线可以通过绘制也可通过拾取完成，在属性面板中指定旋转角度 270°，如图 15.2-11 所示，点击"√"退出编辑，旋转后效果如图 15.2-12 所示，由于我们指定的旋转角度为 270°，所以形状中有部分缺口。

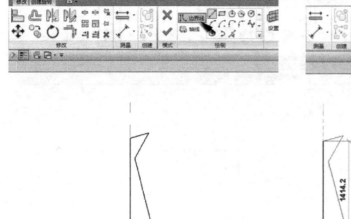
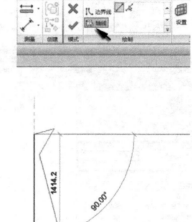

图 15.2-9　绘制边界线轮廓　　　　图 15.2-10　拾取轴线

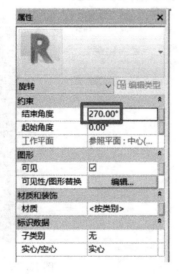

图 15.2-11　指定旋转角度　　图 15.2-12　旋转操作完成后效果

【放样】"放样"工具的操作原理是：先绘制放样要追随的路径，然后转到立面或三维视图绘制放样轮廓即可。点击"放样"工具进入"修改|放样"模式，点击"放样"面板上的"绘制路径"，如图 15.2-13 所示，绘制一个圆形，系统会在路径上生成一个红色的参照点，如图 15.2-14 箭头所示，路径绘制完成后点击"√"返回，点击"放样"面板上的"编辑轮廓"命令，如图 15.2-15 所示，系统会弹出"转到视图"对话框，任意选择一个立面视图，点击"打开视图"如图 15.2-16 所示，在立面中以红色的参照点定位，用"线"工具绘制一个轮廓如图 15.2-17 所示，完成后点击"√"退出编辑，效果如图 15.2-18 所示。

330

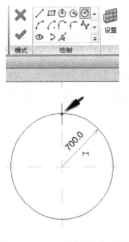

图 15.2-13 绘制路径命令   图 15.2-14 绘制圆形路径

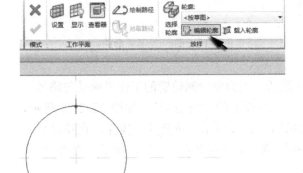

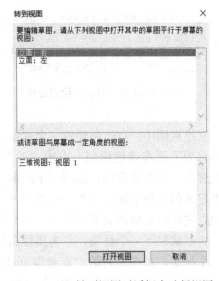

图 15.2-15 编辑轮廓命令   图 15.2-16 转到视图对话框中选择视图

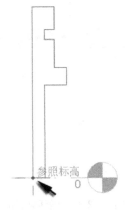

图 15.2-17 绘制放样轮廓   图 15.2-18 完成放样后效果

【放样融合】"放样融合"工具兼有"放样"、"融合"两种工具的特点，其操作原理是：绘制放样要追随的路径，路径的两个端点会显示为两个控制点，然后转到立面或三维视图分别在路径端点定义的平面上绘制两个放样轮廓。点击"放样融合"工具，点击"绘制路径"，如图 15.2-19 所示，在视图中绘制一段弧形，如图 15.2-20 所示，点击工具面板上的"编辑轮廓"命令，弹出"转到视图"对话框，选择三维视图，如图 15.2-21 所示。

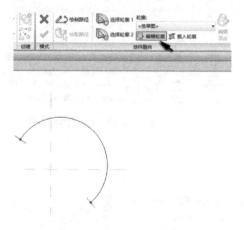

图 15.2-19　点击"绘制路径"　　　　　图 15.2-20　绘制弧形路径

三维视图中，点击路径的一个端点将其激活，因为要绘制轮廓的工作平面是与路径垂直的，为了更准确地绘制，点击"工作平面"面板上的"查看器"，如图 15.2-22 所示，系统弹出工作平面窗口，绘制一个圆形，如图 15.2-23 所示，重复这一操作，在路径另一端点定义的工作平面上绘制一个半径小一些的圆，完成后如图 15.2-24 所示，点击"√"退出，放样融合后的效果如图 15.2-25 所示。

为形状赋予一个材质，点击属性面板材质后的"编辑"按钮，弹出材质浏览器，先复制一个材质，点击下方的"资源浏览器"，在资源浏览器材质的列表中选择一个木材质，如图 15.2-26 所示，点击"确定"退出，效果如图 15.2-27 所示。

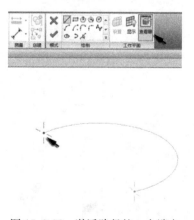

图 15.2-21　选择目标视图　　　　　图 15.2-22　激活路径的一个端点

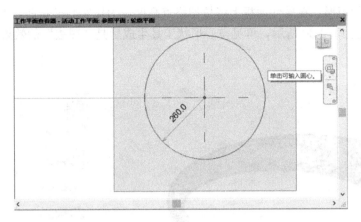

图 15.2-23 查看器中绘制圆形

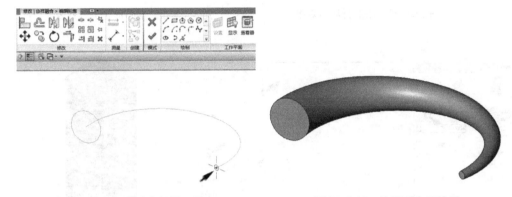

图 15.2-24 激活路径另一端点　　　　　图 15.2-25 放样融合后效果

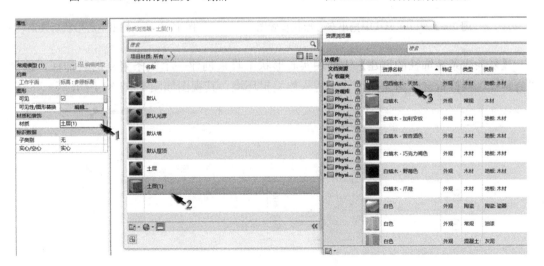

图 15.2-26 为形状添加材质步骤操作

还可以用"空心形状"工具创建空心形状,如图 15.2-28 所示,"空心形状"工具一般用于在实心形状中减去一部分;使用"拉伸"工具创建一个实心形状,其轮廓如图 15.2-29 所示箭头 1 所示,使用"空心拉伸"工具,先在平面视图中绘制一个与实心形状

333

轮廓部分重合的矩形，在属性面板上将拉伸终点高度设为比实心形状低，点击"√"退出编辑，效果如图 15.2-30 所示，可见空心形状工具生成后是"减去"的效果。

图 15.2-27　添加材质后效果　　　　　图 15.2-28　空心形状工具列表

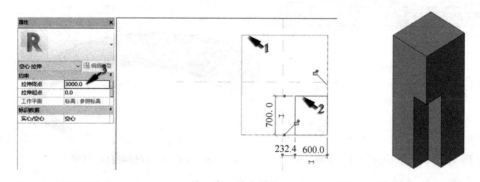

图 15.2-29　在形状中挖出空心形状步骤图　　　图 15.2-30　挖出空心形状后效果

【复杂线条装饰柱的创建】下面用实心形状工具来创建一个线条繁复的装饰柱，选择"公制柱"族样板文件新建一个族，进入族编辑环境，其视图如图 15.2-31 所示。

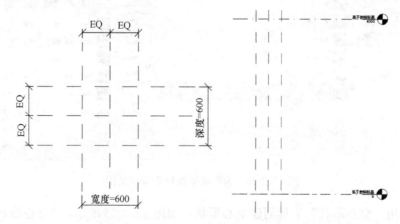

图 15.2-31　"公制柱"族样板文件族编辑环境界面

334

先使用"拉伸"工具创建柱身部分，点击"拉伸"工具进入"修改 | 创建拉伸"模式，选择绘制面板上的"圆形"工具，在平面视图中画一个圆，在属性面板中将其拉伸终点设为 4000，即 4 米高，点击"√"完成编辑模式，如图 15.2-32 所示。

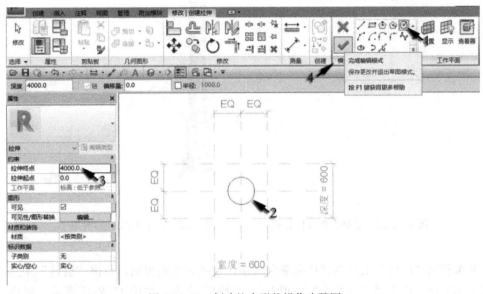

图 15.2-32　创建柱身形状操作步骤图

下面来创建柱础部分的装饰线条，点击"放样"工具，点击"绘制路径"在平面视图中绘制放样路径，如图 15.2-33 所示，圆形状同柱身，点击"√"后返回，点击"编辑轮廓"，选择"转到视图"对话框中的任意立面，如图 15.2-34 所示，在柱础部分绘制如图 15.2-35 所示轮廓，完成后点击"√"完成放样，效果如图 15.2-36 所示。

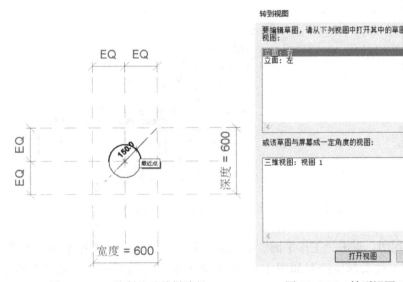

图 15.2-33　绘制柱础放样路径　　　　图 15.2-34　转到视图对话框

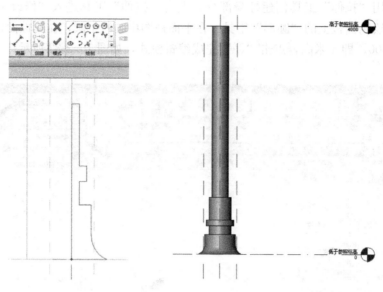

图 15.2-35 绘制柱础放样轮廓　　图 15.2-36 柱础完成后效果

下面利用"旋转"工具创建柱头部分线条，切换到立面视图，点击"旋转"工具，先设置工作平面，点击"工作平面"面板上的"设置"命令，如图 15.2-37 所示，弹出"工作平面"对话框，如图 15.2-38 所示，选择"参照平面：中心（前/后）"点击"确定"。

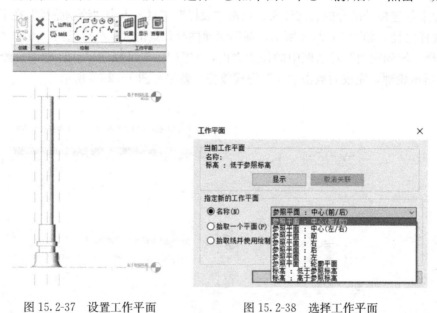

图 15.2-37 设置工作平面　　图 15.2-38 选择工作平面

切换到三维视图，点击"工作平面"面板的"显示"高亮显示工作平面，如图 15.2-39 所示，在视图中柱头部位绘制如图 15.2-40 所示轮廓，完成后点击"轴线"绘制柱中心垂直向下的直线作为轴线，如图 15.2-41 所示，完成后点击"√"退出，效果如图 15.2-42 所示。

 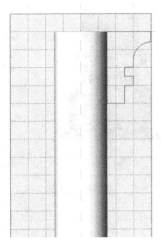 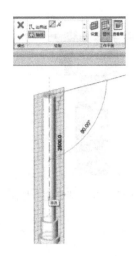

图 15.2-39　显示工作平面　　　图 15.2-40　绘制轮廓　　　图 15.2-41　选择轴线完成旋转操作

新建一个项目文件，将建好的装饰柱载入到项目中检验效果，如图 15.2-43 所示，在项目文件中放置装饰柱，切换到立面视图，点击"修改柱"工具面板上的"附着顶部/底部"命令，如图 15.2-44 所示，点选 F3 标高线，发现柱头部分产生了附着，柱身没有随之一起移动，如图 15.2-45 所示。

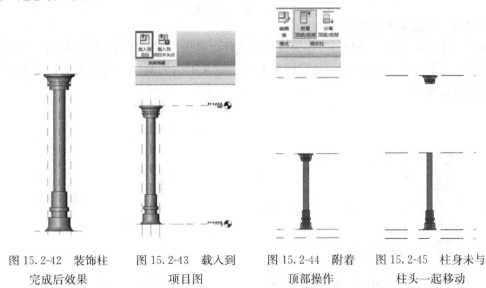

图 15.2-42　装饰柱完成后效果　　　图 15.2-43　载入到项目图　　　图 15.2-44　附着顶部操作　　　图 15.2-45　柱身未与柱头一起移动

按 Ctrl+Tab 键返回到族文件中，移动柱身顶部夹点与柱头顶端对齐，点击出现的锁定图标，将两者位置锁定，如图 15.2-46 所示，重复同样的操作将柱身底部与柱础底部锁定，如图 15.2-47 所示，修改完毕重新载入到项目，在"族已存在"对话框中点击"覆盖现有版本"，如图 15.2-48 所示，项目中的装饰柱会自动发生变化，柱身与柱头对齐，如图 15.2-49 所示。

337

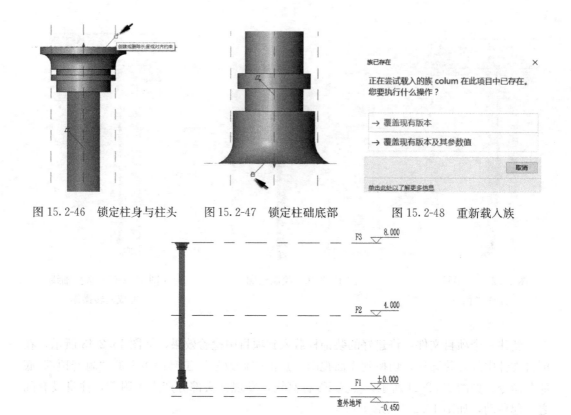

图 15.2-46　锁定柱身与柱头　　图 15.2-47　锁定柱础底部　　图 15.2-48　重新载入族

图 15.2-49　修正后效果

15.2.2　门窗族的创建

新建一个族,选择"公制门"作为族样板文件,进入族编辑环境,平面视图、立面如图 15.2-50、图 15.2-51 所示,可见视图中系统已定义了门的洞口、内外方向、宽度、翻转控制符号等参数。

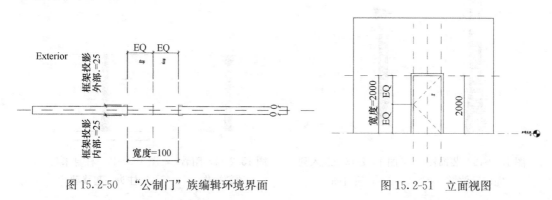

图 15.2-50　"公制门"族编辑环境界面　　　图 15.2-51　立面视图

通过"拉伸"命令创建门的主体部分,点击"拉伸"命令,先设置工作平面,切换到平面视图,点击"工作平面"面板上的"设置",如图 15.2-52 所示,弹出"工作平面"对话框,点击"拾取一个平面",如图 15.2-53 所示,在平面视图拾取墙体中心的参照平面,如图 15.2-54 所示,弹出"转到视图"对话框,选择"立面:内部"作为工作平面,如图 15.2-55 所示。

338

图 15.2-52　点击"设置"命令开始工作平面设定操作　　图 15.2-53　点击"拾取一个平面"

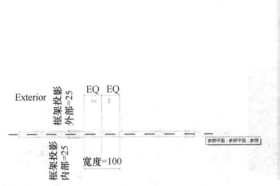 

图 15.2-54　在平面视图中拾取平面　　图 15.2-55　转到视图对话框

利用"矩形绘制"工具在门洞中绘制门的轮廓线，在属性面板设置拉伸起点和终点，分别为 30 和-30，如图 15.2-56 所示，即门的厚度为 60。

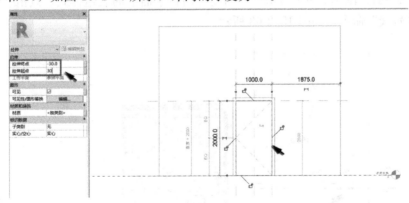

图 15.2-56　拉伸操作步骤图

点击属性面板上材质栏处的"编辑"按钮，在材质浏览器中选择一个木材质赋予门，如图 15.2-57 所示，将视图控制栏的视觉样式设为"真实"，效果如图 15.2-58 所示；点选门主体，在属性面板中将其"子类别"设为"嵌板"，如图 15.2-59 所示；门主体创建完成后，需要为其添加门把手，虽然当前处在族编辑环境，仍然可以通过载入族的方式向族内载入其他的族，点击"插入"选项卡"载入族"命令，浏览到本章素材文件夹，将

"门把手"族载入，如图15.2-60所示。

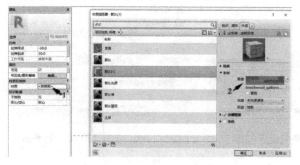

图15.2-57　为门赋予材质

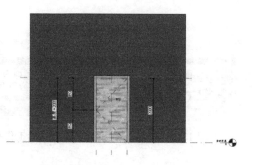

图15.2-58　添加材质后立面效果

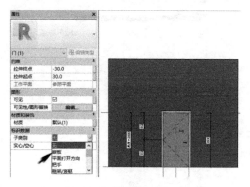

图15.2-59　为形状指定子类别

图15.2-60　点击"载入族"命令

利用"构件"命令放置门把手，调整其尺寸定位，切换到立面视图调整其在门上的位置，如图15.2-61、图15.2-62所示；下面完善门在平面上的表达样式，点击"详图"面板上的"符号线"命令，如图15.2-63所示。

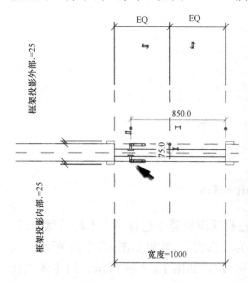

图15.2-61　平面视图中
放置门把手

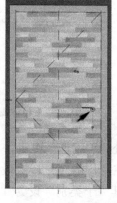

图15.2-62　立面视图
中调整门把手位置

图15.2-63　点击
"符号线"命令

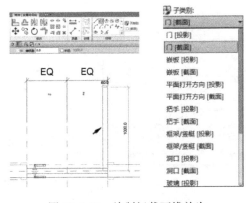

图 15.2-64 绘制门截面线并为其指定子类别

在"修改丨放置符号线"模式下,绘制门在平面上的截面,并将其子类别设为"门[截面]",如图 15.2-64 所示;绘制弧线表达门的开启方向,并将其子类别设为"平面打开方向[截面]",如图 15.2-65 所示;不修改系统自带翻转控制符号,点击"载入到项目"将族载入项目文件并任意绘制一段墙加以放置,又利用项目文件中的门命令任意放置另外两扇门,如图 15.2-66 所示,可见依照建筑制图的习惯,平面上门板的截面线与门把手是不需要显示的,返回到族编辑环境中,点击"模式"选项卡上的"可见性设置"按钮来控制门在平面中的可见性设置,如图 15.2-67 所示。先点选门板,点击"可见性设置"命令,在可见性设置对话框中将"平面/天花板平面视图"、"当在平面/天花板平面视图中被剖切时"勾选去掉,点击"确定",如图 15.2-68 所示;同理将门开启的截面线的可见性对话框中"平面/天花板平面视图"勾选去掉,如图 15.2-69 所示点击"确定"返回,将族重新载入到项目并覆盖之前的版本,门重新以正确的方式显示在平面中,如图 15.2-70 所示。最后还有一个问题需要解决,为了保证门把手的位置与门边缘的相对位置在门宽度高度发生变化时保持不变,在平面及立面上标注尺寸,并将尺寸锁定,如图 15.2-71 所示,至此一个平开门族就创建完成了。

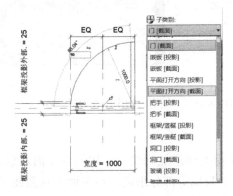

图 15.2-65 绘制开启方向线并为其指定子类别

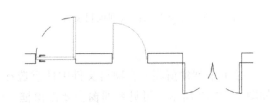

图 15.2-66 将自定义门族载入到项目文件并放置

图 15.2-67 可见性设置命令位置

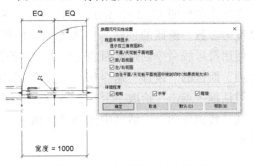

图 15.2-68 门板的可见性设置

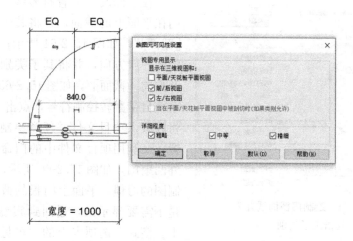

图 15.2-69　门开启截面线可见性设置

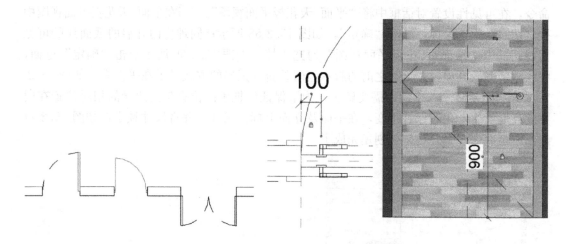

图 15.2-70　重新载入门族到项目文件　　　图 15.2-71　锁定门把手距离边缘位置

接下来创建窗族，在项目文件中任意选择一个窗类型添加到墙体，切换到立面观察，如图 15.2-72 所示，可见普通窗主要由窗框、竖梃、玻璃等部分组成，在平面上其截面主要的表达形式是截面线。以"公制窗"为族样板文件新建一个族，进入族环境，其平面视图、立面视图如图 15.2-73 所示，图 15.2-74 所示，系统提供了墙体、开洞位置、默认窗台高度等参数。窗族的创建与门族类似，使用"拉伸"命令创建窗框、竖梃、玻璃等构件，使用符号线命令创建截面表达形式。切换到平面视图，点击"拉伸"命令，点击"工作平面"面板的"设置"命令来设置工作平面，如图 15.2-75 所示，在弹出的"工作平面"对话框中点击"拾取一个平面"，点击视图中墙体中心的参照平面，如图 15.2-76 所示，在"转到视图"对话框中选择"立面：内部"，如图 15.2-77 所示，至此工作平面设置完毕。

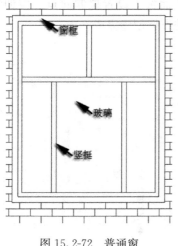
图 15.2-72 普通窗构件示意

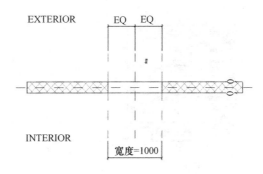
图 15.2-73 公制窗族编辑环境界面

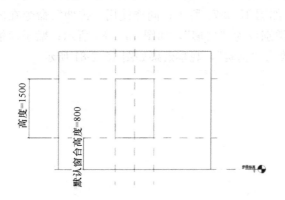
图 15.2-74 立面视图

图 15.2-75 设置工作平面开始操作

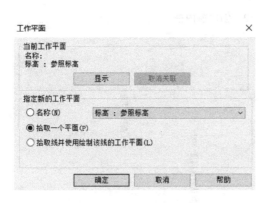
图 15.2-76 工作平面对话框

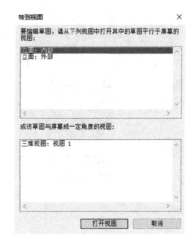
图 15.2-77 选择要转到的视图

在墙体开洞中绘制一个矩形，向内偏移 60，属性面板上设置拉伸起点、拉伸终点；将子类别设为"框架/竖梃"，如图 15.2-78 所示，窗的外框创建完成。

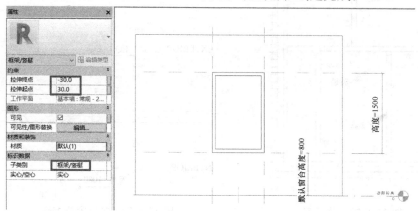

图 15.2-78　通过拉伸常见窗框的操作

重复之前的操作，创建窗的内框，偏移尺寸 40 作为内框的宽度，绘制完成后使用"镜像"命令复制出另外一侧的内框，如图 15.2-79 所示；同样使用"拉伸"命令在内框中创建窗玻璃，拉伸厚度设为 10，子类别设为"玻璃"，如图 15.2-80 所示；赋予窗框一个木材质，将视图控制栏的视觉样式改为"真实"，观察效果如图 15.2-81 所示。

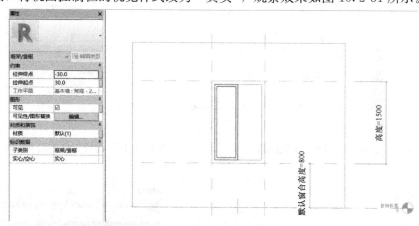

图 15.2-79　创建窗内框

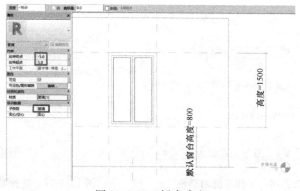

图 15.2-80　创建玻璃

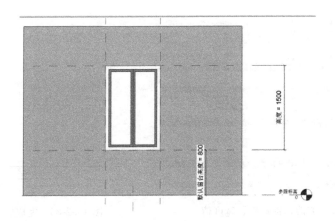

图 15.2-81 赋予材质后立面效果

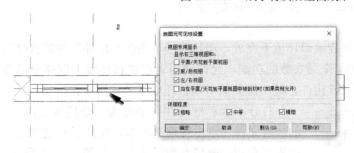

图 15.2-82 窗截面线的可见性设置

下面对窗在平面上的显示进行设置,切换到平面视图,将窗框玻璃等构件的截面线选中,点击"可见性"设置按钮,在"族图元可见性设置"对话框中的图元显示选项设置如图 15.2-82 所示;点击"详图"工具面板上的"符号线"工具,如图 15.2-83 沿窗框截面线边缘绘制两条线,将其子类别设为"框架/竖梃截面",如图 15.2-84 所示;将窗族载入到项目文件中,添加至墙体,切换到立面视图,将窗选中,点击属性面板上的"编辑类型"按钮,在类型属性对话框中修改窗的宽度与高度数值,如图 15.2-85 所示,视图中的窗根据数值发生变化,证明窗族是可用的,切换到平面视图,窗的截面形式也是正确的,如图 15.2-86 所示。

图 15.2-83 点击"符号线"工具　　图 15.2-84 为截面线指定子类别

345

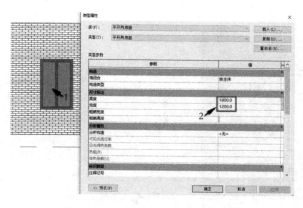

图 15.2-85　修改窗的高度、宽度值

图 15.2-86　完成后平面视图效果

15.3　全局参数的使用

以往对于族参数的控制多在族编辑环境下完成，项目环境下为各类构件添加参数时操作比较繁琐，Revit2017 新增加了全局参数的功能，允许使用者在项目环境下创建全局参数并以此驱动项目中的其他图元或构件，其功能类似与项目环境下的实例参数。

图 15.3-1　"全局参数"工具

打开本章素材文件夹中名为"全局参数练习"的项目文件，点击管理选项卡，在其下的设置工具面板可看到"全局参数"工具，如图 15.3-1 所示，点击弹出全局参数对话框，点击下方"新建参数"图标，则弹出全局参数属性对话框，在其上可对全局参数进行基本的设置，如图 15.3-2 所示，此界面与之前的章节中族编辑环境下的参数设置界面十分类似；再打开是项目文件中，有三段已经绘制好的叠层墙体并标注了长度尺寸，如图 15.3-3 所示，我们通过一个练习来熟悉全局参数的操作。

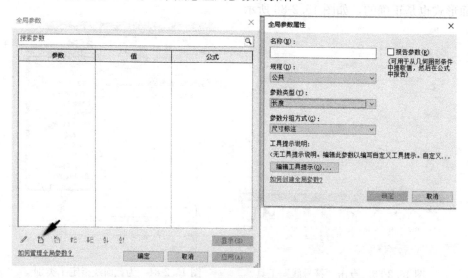

图 15.3-2　全局参数属性对话框

先点选最左面墙体的标注尺寸，然后点击"标签尺寸标注"面板上的创建参数图标，如图 15.3-4 箭头所示，弹出全局参数属性对话框，为此尺寸标注添加名为"叠层墙长度"的全局参数，如图 15.3-5 所示，添加完成后全局参数会显示在标签列表中，同时添加参数后的尺寸标注周围会出现一个笔状的全局参数图标，如图 15.3-6 所示，点击此图标也可调出全局参数对话框；点选中间墙体的尺寸标注，然后点击标签下的"叠层墙长度"全局参数，如图 15.3-7 所示，这时添加了此参数的尺寸标注直接驱动中间的墙体，其长度与左侧的墙体变为一致，由此可见，项目环境下全局参数作用类似于"可快速添加"的实例参数，请读者体会并灵活运用。

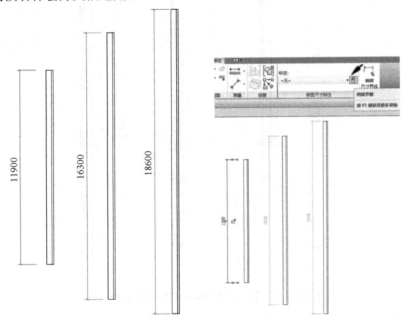

图 15.3-3 叠层墙体及其长度尺寸　　图 15.3-4 创建参数图标

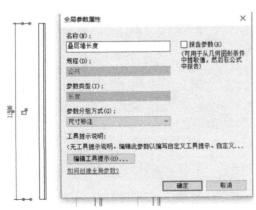
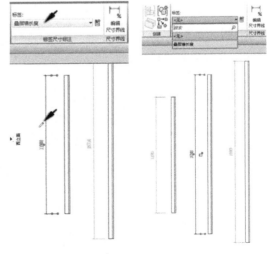

图 15.3-5 添加全局参数　　图 15.3-6 全局参数图标　　图 15.3-7 "叠层墙长度"全局参数

重复这一步骤，为最右侧墙体的尺寸标注也添加全局参数"叠层墙长度"，则墙体在参数的驱动下发生了长度上的变化，三段全局参数相同的墙体长度变为一致，如图15.3-8所示。

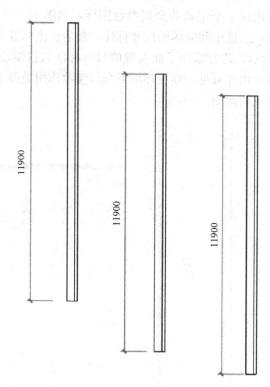

图15.3-8　全局参数相同的三段墙体长度一致